U0379315

本书获得西安电子科技大学教材和
研究生精品教材立项资助

电子封装技术专业核心课程教材

# 电子封装结构设计

田文超　刘焕玲　张大兴　主编

西安电子科技大学出版社

# 内 容 简 介

　　本书共 7 章，包含三大部分内容，分别为电子封装机械结构设计（第 1～3 章）、电子封装热设计（第 4～6 章）和电子封装电磁设计（第 7 章）。电子封装机械结构设计部分主要介绍了封装定义、封装层次、封装内容、封装功能、多种封装结构形式、封装基板技术、机械振动及振动原理、电子产品中最常见的 PCB 振动和悬挂元件振动；电子封装热设计部分主要介绍了电子封装结构热控制理论基础、电子器件封装热设计和 PCB 热设计；电子封装电磁部分主要介绍了高速信号和高速电路系统、高速电路中常用电子元件特性及高速电路 PCB 的布局布线策略。

　　本书可供机械、电子、微电子、材料等专业的高年级本科生和研究生使用，也可作为相关工程技术人员及科技管理人员的学习参考书。

**图书在版编目(CIP)数据**

**电子封装结构设计**/田文超，刘焕玲，张大兴主编. —西安：西安电子科技大学出版社，2017.1
电子封装技术专业核心课程教材
ISBN 978 - 7 - 5606 - 4236 - 9

Ⅰ. ① 电…　Ⅱ. ① 田…　② 刘…　③ 张…　Ⅲ. ① 电子技术—封装工艺—结构设计　Ⅳ. ① TN05

**中国版本图书馆 CIP 数据核字(2016)第 323192 号**

策划编辑　邵汉平
责任编辑　雷鸿俊
出版发行　西安电子科技大学出版社(西安市太白南路 2 号)
电　　话　(029)88242885　88201467　　邮　　编　710071
网　　址　www.xduph.com　　　　　　电子邮箱　xdupfxb001@163.com
经　　销　新华书店
印刷单位　陕西华沐印刷科技有限责任公司
版　　次　2017 年 1 月第 1 版　　2017 年 1 月第 1 次印刷
开　　本　787 毫米×1092 毫米　1/16　印张　15.5
字　　数　357 千字
印　　数　1～3000 册
定　　价　32.00 元
ISBN 978 - 7 - 4236 - 9/TN

**XDUP　4528001 - 1**

＊＊＊ 如有印装问题可调换 ＊＊＊

# 前　　言

当今世界已经进入一个信息化时代，信息化程度的高低已成为衡量一个国家综合国力的重要标志。微电子技术是发展电子信息产业和各项高新技术中不可缺少的基础。微电子工业领域的两大关键性技术分别是芯片制造和电子封装。微电子技术的发展与电子封装的进步是分不开的，芯片功能的实现，需依靠封装来完成信号引出，实现与外界连接和信号传输，因此封装技术是芯片功能实现的重要组成部分。电子封装是将集成电路设计和微电子制造的裸芯片组装为电子器件、电路模块和电子整机的制造过程，或者是将微元件再加工及组合构成满足工作环境的整机系统的制造技术。

电子封装是《2025 中国制造》中第一大类"1. 新一代信息技术"中第一小类"1.1 集成电路及专用设备"中的重点发展的第三部分"集成电路封装"部分，是国家重点发展的领域，也是朝阳产业。

电子封装技术是在保证可靠性的前提下，实现传输速度提高、热量能力扩散、I/O 端口数增加、器件尺寸减小和生产成本降低的主要方法。电子封装技术除芯片设计、芯片制造等半导体器件领域，还包括芯片载体、电子元器件组装、互连等技术，是一门电路、工艺、结构、元件、材料紧密结合的多学科交叉的工程学科，涉及微电子、物理、化学、机械、材料和可靠性等多个研究领域。

随着大规模和超大规模集成电路技术、新型电子材料技术和封装技术的迅速发展，现代军用和民用电子装备正在向小型化、轻量化、高可靠、多功能和低成本方向发展，尤其机载、舰载、星载和终端移动等电子装备，实现小型化和轻量化对于提高电性能和灵活机动性更为关键。电子封装技术正面临着多功能、小型化、轻量化、高密度、高速度、低功耗和高可靠性等发展趋势带来的严峻挑战。随着集成电路技术的发展，芯片上集成的晶体管密度越来越高，集成度越来越大。

美国空军利用大约 20 年时间，收集整理了电子产品事故数据，分析表明：大约 40% 的故障是连接器失效，大约 30% 的故障与电连接相关，大约 20% 的故障与元器件相关。这些故障大多是由于搬运、振动、冲击、热循环引起的。

电子元器件按照摩尔定律的预测，在不断追求高集成度、高密度的同时，带来了新的问题，即高功率、高热量、超多传输线、寄生效应、高热应力、强辐射、串扰过冲等机、电、热、磁及其相互耦合问题。尤其是无铅焊料的要求，对封装又提出了新的挑战。随着电子元器件集成度的提高，封装成本所占总成本的比例快速增长。目前，有关综合描述电子封装中的机、电、热、磁及其相互耦合的书籍还不多。

2013 年，在西安电子科技大学召开了第四届全国电子封装技术本科教学研讨会，经过磋商成立了电子封装技术核心课程教材编写委员会，本书就是在这个背景下编写而成的。

本书从封装的概念出发，由浅入深，配合大量图片、实例和公式，分别介绍了电子封装结构中所涉及的主要内容。全书共 7 章，各章主要内容如下：

第 1 章为电子封装概述，首先介绍了封装定义、封装层次、封装内容、封装功能、封装发展；其次叙述了多种封装结构形式；最后介绍了封装基板技术，内容包括基板组成、材料特性、基板分类、工艺、背板、金属基板、陶瓷基板等。

第 2 章为机械振动基础，内容包括机械振动概述和振动原理等。本章为第 3 章的理论基础。

第 3 章为电子部件机械振动，内容包括电子产品中最常见的 PCB 振动和悬挂元件振动。

第 4 章为电子封装结构热控制理论基础，内容包括导热、对流换热、热辐射等。本章为第 5、6 章的理论基础。

第 5 章为电子器件封装热设计，内容包括电子芯片封装结构热应力、DIP 封装热设计、PGA 封装热设计、QFP 封装热设计、BGA 封装热设计、叠层芯片 SCSP 封装元件热应力分析和 3D 封装热设计等。

第 6 章为 PCB 的热设计，内容包括 PCB 上的热源、PCB 结构设计、元器件排列方式、PCB 走线设计、PCB 散热方式等。

第 7 章为高速电路，内容包括高速信号和高速电路系统、高速电路系统 PCB 设计简介、高速电路相关电子学术语、高速电路中常用电子元件特性分析等。

第 1、2、3 章由田文超教授编写，第 4、5、6 章由刘焕玲副教授编写，第 7 章由张大兴副教授编写，全书由田文超教授统稿和定稿。

由于编者水平有限，加上电子封装技术的发展日新月异，作者感觉理论和工艺水平等仍欠成熟，书中不足之处在所难免，恳请广大读者不吝指正。

本书在编写过程中，得到了电子封装技术编委会成员的指导和帮助，在此对各委员在百忙之中给予的支持和帮助表示衷心的感谢，同时还要感谢林科碌硕士、卫三娟硕士和崔昊硕士在本书图片处理、文字校对等工作中提供的帮助。

最后感谢西安电子科技大学出版社在本书出版过程中所提供的大力支持。

编　者

2016 年 8 月

# 目　　录

# 第 1 章　电子封装概述

1946 年 2 月 15 日，世界上第一台电子数字积分计算机（Electronic Numerical Integrator And Calculator，ENIAC）问世，如图 1.1 所示。ENIAC 包含 70 000 个电阻、10 000 个电容、1500 个继电器和 6000 个手动开关。ENIAC 长 30.48 米，宽 1 米，占地面积 170 平方米，重达 30 吨。1973 年 4 月，马丁·库帕（美国著名的摩托罗拉公司的工程技术人员）掏出一个约有两块砖头大的无线电话（也许这就是世界上第一部移动电话）给别人打了一通电话。在今天看来，这似乎很难想象。体积庞大、功耗极高的电子系统如今已经很难看到，取而代之的则是小型化、低功耗、高性能、低成本的便携设备。所有这一切都要归功于半导体集成工业和电子封装技术的迅猛发展。

图 1.1　世界上第一台计算机 ENIAC

## 1.1　封装层次和封装功能

### 1.1.1　封装定义

在真空电子管时代，当时还没有"封装"这一概念，将电子管等器件安装在管座上，构成电路设备，一般称为"组装或装配"。"封装"在电子工程上出现并不久远，它是伴随着三极管和芯片的出现而诞生的。集成电路（Integrated Circuit，IC）材料多为硅或砷化镓等，利用薄膜工艺在晶圆上加工，其尺寸极其微小，结构也极其脆弱。为防止在加工与输送过程中，因外力或环境因素造成芯片破坏而导致芯片功能的丧失，必须想办法把它们隔离"包装"起来；同时，由于半导体元件高性能、多功能和多规格的要求，为了充分发挥其各项功能，实现与外电路可靠的电气连接，必须对这些元器件进行有效的密封，随之出现了"封装"这一概念。

电子封装可定义为：将集成电路设计和微电子制造的裸芯片组装为电子器件、电路模块和电子整机的制造过程，或将微元件再加工及组合构成满足工作环境的整机系统的制造技术。

封装是芯片功率输入、输出同外界的连接途径，同时也是器件工作时产生的热量向外扩散的媒介。芯片封装后形成了一个整体，保护器件不受或少受外界环境的影响。通过一些性能测试、筛选和各种环境、条件和机械的实验，确保器件的可靠性，使之具有稳定的、正常的功能。

集成电路与封装的关系，就像人体大脑与躯体之间的关系。如果说 IC 是"大脑"，那么封装则是"神经"和"骨架"。没有封装，芯片就无法实现其应有的功能。封装起着骨骼支撑、皮肤毛发保护、触摸感受的功能。

## 1.1.2　封装层次

一般来说，电子封装分为三个层次。一级封装也称芯片级封装，如图 1.2 所示。在半导体晶圆分割以后，将一个或多个集成电路芯片用适宜的封装形式封装起来，并将芯片焊区与封装的外引脚用引线键合、载带自动键合和倒装芯片键合连接起来，使之成为有实用功能的电子元器件或组件。

图 1.2　一级封装

一级封装包括单芯片组件和多芯片组件两大类。一级封装不仅包含从晶圆分割到电路测试的整个工艺过程，还包含单芯片组件和多芯片组件的设计与制作，以及各种封装材料如引线键合丝、引线框架、贴片胶和环氧模塑料等。

二级封装也称板级封装，如图 1.3 所示。将一级微电子封装产品连同无源元件一起安装到印制板或其它基板上，成为部件或整机。这一级所采用的安装技术包括通孔安装技术和表面贴装技术。二级封装还包括双层、多层印制板，柔性电路板以及各种基板的材料、设计和制作技术。

图 1.3　二级封装

三级封装也称系统级封装，如图 1.4 所示。

图 1.4　三级封装

将二级封装的产品通过选层、互连插座或柔性电路板与母板连接起来，形成一个完整的整机系统。这一级封装包括连接器、叠层组装和柔性电路板等相关材料、设计与组装技术。

图 1.5 所示为封装划分。一级封装利用引线键合将芯片在基板上固定，并进行隔离保护；二级封装为经一级封装后的各器件在基板上的固定和连接；三级封装为将电路板装入系统中组成电子整机系统。图 1.6、图 1.7 所示分别为手机和笔记本电脑的封装过程。

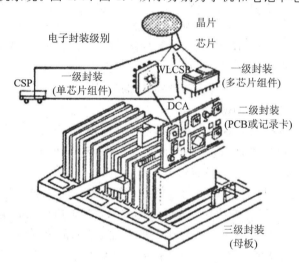

图 1.5　封装划分

(a) 单晶硅片制造

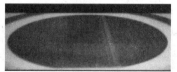

(b) 集成电路制造

(c) 一级电子封装

(d) 二级电子封装

(e) 设备组装

图 1.6　手机封装过程

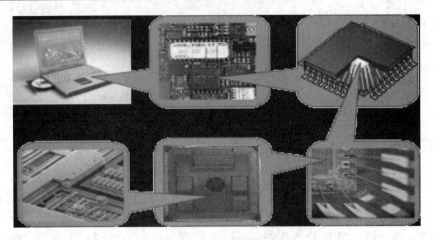

图 1.7　笔记本电脑封装过程

### 1.1.3　封装内容

电子封装的功能是对微电子器件(IC)进行保护,提供能源和进行散热冷却,并将微电子部分与外部环境进行电气和机械连接。无论是单个晶体管芯片,还是超大规模集成电路(Grand Scale Integration,GSI),都必须进行封装。

电子封装包括电源分配、信号分配、散热通道、机械支撑和环境保护。

(1)电源分配。电子封装首先要能接通电源,使芯片与电路流通电流。其次,电子封装的不同部位所需的电源有所不同,应将不同部位的电源分配恰当,以减少电源的不必要损耗。同时还需考虑接地线分配问题。

(2)信号分配。为使电信号延迟尽可能减小,在布线时应尽可能使信号线与芯片的互连路径及通过封装的输入/输出(Input/Output,I/O)引出的路径达到最短。对于高频信号还应考虑信号间的串扰以进行合理的信号分配布线。

(3)散热通道。各种电子封装都要考虑器件、部件长期工作时如何将聚集的热量散出的问题。不同的封装结构和材料具有不同的散热效果,对于功耗大的电子封装还应考虑附加热沉或使用强制风冷、水冷方式,以达到在使用温度要求的范围内系统能正常工作。

(4)机械支撑。电子封装可为芯片和其它部件提供牢固可靠的机械支撑,还能在各种恶劣环境和条件变化时与之相匹配。

(5)电气环境保护。半导体IC和其它半导体器件的许多参数,如击穿电压、反向电流、电流放大系数、低频噪声以及器件稳定性、可靠性等,都直接与半导体表面密切相关。

半导体器件制造过程中的许多工艺措施也是针对半导体表面问题的。半导体芯片被制造出来,在没有将其封装之前,始终都处于周围环境的威胁之中。在使用中,有的环境条件极为恶劣,更需将芯片严加保护。因此,电子封装提供对芯片的环境保护显得尤为重要。

电子封装是一个整体的概念,包括从一级封装到三级封装的多项内容。微电子封装所包含的范围应包括单芯片封装设计和制造、多芯片与系统级封装设计和制造、芯片后封装工艺、各种封装基板设计和制造、芯片互连与组装、封装总体电性能、机械性能、热性能、可靠性设计、封装材料、封装工模夹具及绿色封装等多项内容。

## 1.1.4　封装功能

电子封装具有以下功能：

（1）电气特征保持功能。由于芯片的不断发展，对芯片的高性能、小型化、高频化、低功耗、集成化等要求越来越高。类似信号完整性、电源完整性、集肤效应、邻近效应、串扰耦合、寄生效应等都会对设备的性能产生影响，在进行封装设计时必须考虑。

（2）机械保护功能。针对类似航天等特殊环境下的芯片及设备，所承受的高低温、强振动冲击对芯片等的保护要求越来越高。通过封装技术保护芯片表面以及连线引线等，可使其免受外力损害及外部环境的影响。

（3）应力缓和功能。随着设备应用环境的变化以及芯片集成密度的提高，由热等外部环境的变化或者芯片自发热等都会产生应力。利用封装技术释放应力，以防止芯片等发生损坏。

## 1.1.5　封装发展

自贝尔实验室在 1947 年发明第一只晶体二极管开始，就进入了芯片封装的时代，经过 60 多年的发展，芯片封装技术大致经历了四个阶段。

第一阶段以通孔器件和插件为主，芯片封装的形式主要配合手工锡焊装配，因此通常有长长的引脚。典型的封装为铁壳三极管等分立器件和塑料双列直插封装。这类封装因为实现手工低成本电路板焊接，至今仍有一定的市场份额。

第二阶段是随着 20 世纪 80 年代自动贴片的需要，各种表面贴片焊接技术（Surface Mount Technology，SMT）迅猛发展。为配合 SMT 自动贴片的需要，出现了各种表面贴片焊接器件（Surface Mounted Device，SMD）封装。这类封装通常在两翼或周边有扁平的引脚，可以方便地被精确放置到涂了焊膏的电路板上，以配合回流焊连接。因为 SMT 封装成本相对较低，现在还大量生产，甚至很多只有两三个引脚的二极管、三极管也采用 SMT 封装，以适应高效率生产。

第三阶段出现在 20 世纪 90 年代。随着单芯片功能的复杂化，I/O 口越来越多，从最早期的两三个引脚一直发展到约 50 个以上，终于遇到了瓶颈。因为第二阶段封装引脚只能分布在封装体四周，只是"线"封装。类似四边引线扁平封装（Quad Flat Pack，QFP）的封装技术需要机械冲压切筋成形工艺，将引脚分离。但是随着引脚越来越多，QFP 等封装的引脚只能越来越细，节距越来越窄。到后来，如果引脚大于 500 只，则已很难控制引脚的平整度，SMT 轻微的贴片公差都会导致焊锡搭桥或断路，成品率很难保证。20 世纪 90 年代，芯片封装从周边"线"封装成功发展到"面"封装，球栅阵列封装（Ball Grid Array，BGA）是"面"封装的代表，I/O 口分布于整个芯片封装体背面，保证了足够的焊点尺寸和节距，工艺难度显著降低，而可靠性却大大增加。BGA 封装是目前主流的封装形式。

第四阶段出现在 20 世纪 90 年代末和本世纪初。随着电子产品日益微型化，运行速度要求越来越快，尤其是手提电话和个人数据助理（Personal Data Assistant，PDA）等产品越来越集成化、微型化，导致集成电路芯片封装体也相应微型化，这样 BGA 芯片都显得太大了。提高封装率（封装体和晶片的尺寸比例）的要求变得越来越重要，于是芯片尺寸封装（Chip Scale Package，CSP）技术就发展起来了。

图 1.8～图 1.11 分别为电子封装发展趋势示意图。

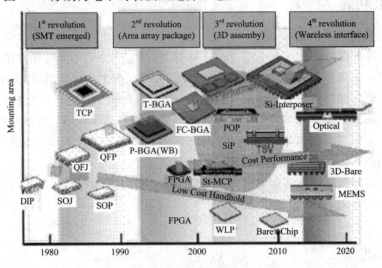

图 1.8　电子封装发展(一)

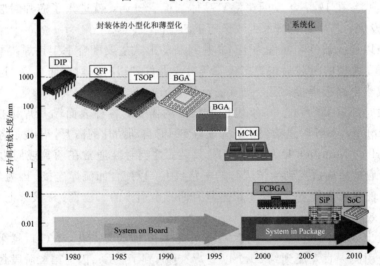

图 1.9　电子封装发展(二)

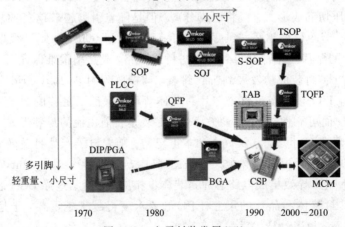

图 1.10　电子封装发展(三)

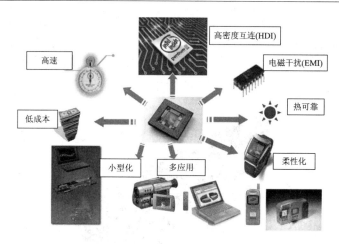

图 1.11　电子封装发展（四）

从上面几个图中可以看出，电子封装发展趋势是高密度、低价格。基于此，封装的基本类型约每 10～15 年变革一次：如 1955 年起主要是晶体管外形（Transistor Outline，TO）圆形金属封装，对象为晶体管和小规模集成电路，引线数为 3～12 根；1965 年起主要是双列直插式封装（Double In-Line Package，DIP），先是陶瓷 DIP，后来为塑料 DIP，引线数为 6～64 根；1980 年出现了表面贴装封装（SMT），主要封装形式有小外形晶体管封装（Small Outline Transistor，SOT）、翼形（L 形）引线小外形封装（Small Outline Package，SOP）等，引线数为 3～300 根；1990 年起出现了球焊阵列封装（BGA）和芯片尺寸封装（CSP）。BGA 的外引线为焊料球，球栅排列在封装的底面，可焊球数达 100～1000 个以上，封装基板可以为陶瓷和印制电路板（Printed Circuit Board，PCB）。随着封装技术的发展，无线封装技术将成为发展方向。

# 1.2　封装结构形式

## 1.2.1　DIP（双列直插式封装）

如图 1.12 所示，采用 DIP 封装的芯片由 Au 浆料固定在陶瓷底座上，Al 键合丝将芯片电极同外基板电路连接。底座与陶瓷盖板由玻璃封接，使芯片密封在陶瓷之中与外界隔离。玻璃具有封接密封和应力缓冲作用，经过玻璃过渡，可以使陶瓷与 Fe/Ni 系金属的热膨胀系数相匹配。

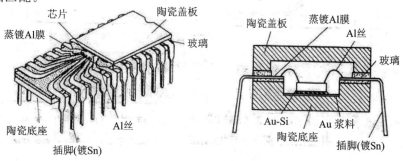

图 1.12　DIP 封装

　　DIP 是最早的芯片封装方法。采用 DIP 封装时,针脚分布于两侧,且直线平行布置,直插入 PCB,以实现机械固定和电气连接。DIP 一般仅适用于 PCB 的单面,由于针脚直径和间距都不能太细,故 PCB 上通孔直径、间距和布线间距都不能太细,这种封装难以实现高密度封装。图 1.13 所示为 DIP 封装的 8086 微处理器。

图 1.13　DIP 封装的 8086 微处理器

## 1.2.2　SOP(小外形封装)

　　SOP 封装技术 1968—1969 年由菲利浦公司开发成功,以后逐渐派生出 J 型引脚小外形封装(Small Outline J-leaded package,SOJ)、薄小外形封装(Thin Small Outline Package,TSOP)、甚小外形封装(Very Small Outline Package,VSOP)、缩小型 SOP(Shrink Small-Outline Package,SSOP)、薄的缩小型 SOP(Thin Shrink Small Outline Package,TSSOP)及 SOT(小外形晶体管)、小外形集成电路(Small Outline Integrated Circuit,SOIC)等。

　　如图 1.14 所示,SOP 是表面贴装型封装之一,引脚从封装两侧引出,呈海鸥翼状(L字形)。其材料有塑料和陶瓷两种。SOP 也叫 I 型引脚小外型封装(Small Outline L-leaded package,SOL 封装)或双侧引脚扁平封装(Dual Flat Package,DFP)。

图 1.14　SOP 封装

## 1.2.3　PGA(针栅阵列插入式封装)

　　如图 1.15 所示,针栅阵列插入式封装(Pin Grid Array package,PGA)的针脚不是单排或双排,而是在整个平面呈针阵分布。与 DIP 封装相比,PGA 封装在不增加针脚间距和面积的情况下,可以按平方的关系增加针脚数,提高封装效率。

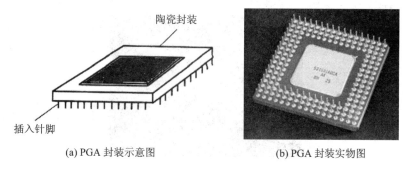

(a) PGA 封装示意图　　　　　　　　　　(b) PGA 封装实物图

图 1.15　PGA 封装

## 1.2.4　QFP(四边引线扁平封装)

如图 1.16 所示，QFP 封装呈扁平状，鸟翼形引线端子的一端由芯片四个侧面引出，另一端沿四边布置在同一 PCB 上。QFP 封装不是靠针脚插入 PCB 上，而是采用 SMT(表面贴装技术)方式，即通过焊料等贴附在 PCB 表面相应的电路图形上。图 1.17 所示为 QFP 封装的 80286 和 SAM4L 微处理器。

图 1.16　QFP 封装　　　　　　　图 1.17　QFP 封装的 80286 和 SAM4L 微处理器

## 1.2.5　BGA(球栅阵列封装)

BGA 是在 PGA 和 QFP 的基础上发展而来的。BGA 封装基于 PGA 的阵列布置技术，采用微焊球阵列来取代插入式的针脚；基于 QFP 的 SMT 工艺，采用回流焊技术实现键合焊接。BGA 所占的实装面积小，对端子间距的要求不苛刻，便于实现高密度封装，具有优良的电学性能和机械性能。目前，BGA 封装已成为电子制造产业中主流的封装模式，尤其是在 CPU(Central Processing Unit，中央处理器)以及 DSP(Digital Signal Processor，数字信号处理)等高端封装中获得了广泛应用。

BGA 焊球在电子封装中的主要功能如下：

(1) 提供芯片和基板之间的电连接和机械支持；

(2) 作为芯片和基板之间的散热通道提供热传导功能；

(3) 为芯片和基板之间提供间隙，防止芯片电路和基板电路短接。

图 1.18 所示为 BGA 封装实物图；图 1.19 所示为 BGA 封装结构图；图 1.20 所示为 PGA 封装的微处理器；图 1.21 所示为 BGA 封装的微处理器。

图 1.18　BGA 封装实物图

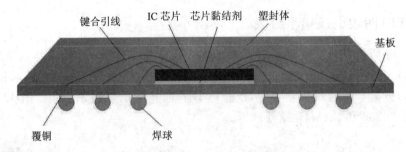

图 1.19　BGA 封装结构图

图 1.20　PGA 封装的微处理器

图 1.21　BGA 封装的微处理器

　　BGA 的封装类型多种多样，其外形结构有方形或矩形。根据其焊料球的排布方式可分为周边型、交错型和全阵列型 BGA；根据基板的不同，主要分为塑封球栅阵列（Plastic Ball Grid Array，PBGA）、陶瓷球栅阵列（Ceramic Ball Grid Array，CBGA）和载带球栅阵列（Tape Ball Grid Array，TBGA）三类。

### 1.2.6　CSP(芯片级封装)

CSP(Chip Scale Package)即芯片级封装。作为新一代的芯片封装技术,在 BGA 的基础上,CSP 的性能又有了很大的提升。图 1.22 所示为采用 CSP 封装的芯片。CSP 的面积(组装占用印制板的面积)与芯片尺寸相同或比芯片尺寸稍大一些,而且很薄。这种封装形式是由日本三菱公司在 1994 年首先提出来的。由于 CSP 封装的面积大致和芯片一样,大大节约了印制电路板的表面积。其外引线为小凸点或焊盘,既可四周引线,也可以底面上阵列式布线,引脚间距为 0.5～1.0 mm。

图 1.22　CSP 封装芯片

CSP 封装有多种定义:日本电子工业协会定义 CSP 为"芯片面积与封装体面积之比大于 80%的封装";美国国防部元器件供应中心的 J-STK-012 标准定义 CSP 为"大规模集成电路(Large Scale Integrated Circuit,LSI)封装产品的面积小于或等于 LSI 芯片面积的120%的封装";松下电子工业公司定义 CSP 为"LSI 封装产品的边长与封装芯片的边长的差小于 1 mm 的产品"。

CSP 封装芯片面积与封装面积之比小于 1∶1.14,是接近 1∶1 的理想情况。在相同封装体积下,可以装入更多的芯片,从而增大封装容量。CSP 封装内存不但体积小,同时也更薄,其金属基板到散热体的最有效散热路径仅有 0.2 mm,大大提高了内存芯片在长时间运行时的可靠性,线路阻抗显著减小,芯片速度也随之得到大幅度的提高。

CSP 封装内存芯片的中心引脚形式有效地缩短了信号的传导距离,其衰减随之减少,芯片的抗干扰、抗噪性能也能得到大幅提升,使得 CSP 的存取时间比 BGA 改善15%～20%。在 CSP 的封装方式中,内存芯片通过锡球焊接在 PCB 上,由于焊点和 PCB 板的接触面积较大,所以内存芯片在运行中所产生的热量可以很容易地传导到 PCB 上而散发出去。

### 1.2.7　3D 封装

3D 封装也称叠层芯片封装(Stacked Die Package),是指在不改变封装体外形尺寸的前提下,同一个封装体内,在垂直方向叠放两个以上芯片的封装技术。3D 封装主要有两类:埋置型 3D 封装和叠层型 3D 封装。

埋置型封装如图 1.23 所示,即将元器件埋置在多层布线的基板内或埋置、制作在基板内部。埋置型叠层封装是将 LSI、VLSI(Very Large Scale Integrated circuits)、2D-MCM

(2D-Multi Chip Module)或者已封装的器件,利用无间隙叠装互连技术封装而成。这类 3D 封装形式目前应用最为广泛,其工艺技术中应用了许多成熟的组装互连技术,如引线键合技术(Wire Bonding, WB)、倒装芯片技术(Flip Chip, FC)等。图 1.24 所示为采用薄膜工艺,制作多层布线结构内埋置 MIM(Metal-Insulator-Metal)电容、电感、电阻及多层布线单元等。

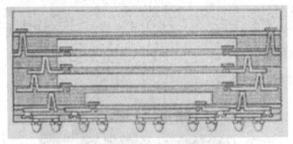

图 1.23　埋置型 3D 封装

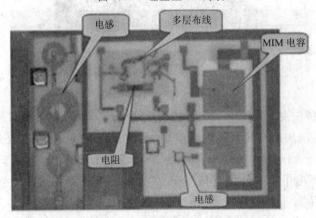

图 1.24　埋置型无源元件封装

　　图 1.25 所示为四叠层型 3D 封装结构,芯片间通过金丝连线相连,PBGA 封装形式同基板相连。整个结构共有四层芯片。第一、三层芯片(Die1、Die3)是 FLASH;第二层芯片(Die2)是隔离片;第四层芯片(Die4)是 SRAM。第一、四层芯片黏合剂(DA1、DA4)是银膏(Epoxy paste QM1546);第二、三层芯片黏合剂(DA2、DA3)是粘贴膜(Film HS231)。图 1.26 所示为三叠层 3D 封装结构图。

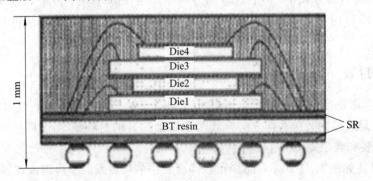

图 1.25　四叠层 3D 封装结构

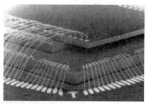

图 1.26　三叠层 3D 封装结构

图 1.27 所示为 Fujitsu 研制的八芯片堆叠 SIP。图 1.28、图 1.29 所示分别为三叠层和四叠层封装实物图。

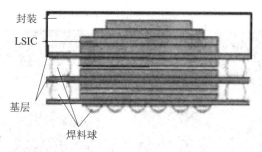

封装
LSIC
基层
焊料球

图 1.27　八芯片堆叠 SIP

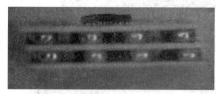

图 1.28　三层薄膜载体基板堆叠

图 1.29　四层薄膜载体基板堆叠

## 1.2.8　MCM 封装

MCM(Muti Chip Module，多芯片组件)是将多个(2 个或以上)未封装或裸露的 LSI 电路芯片和其它微型元器件组装在同一块高密多层布线互连基板上，封片装在同一外壳内，形成具有一定部件或系统功能的高密度微电子组件技术。

MCM 封装为多芯片组件，是 20 世纪 80 年代中后期首先在美国兴起和发展起来的高密度微组装技术，是高级混合集成电路(Hybrid Integrated Circuit，HIC)的典型产品，将多个裸芯片高密度地安装，并互连在多层布线 PCB、厚膜多层陶瓷基板或薄膜多层布线(硅、陶瓷或金属基)基板上，整体封装起来，构成能完成多功能、高性能的电子部件、整机、子系统乃至系统所需功能的一种新型微电子组件。图 1.30 和图 1.31 所示分别为通过导线和通孔相连的 MCM 封装。图 1.32 所示为 MCM 封装实物图。

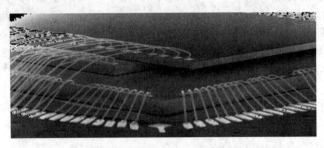

图 1.30　MCM 封装(通过导线相连)

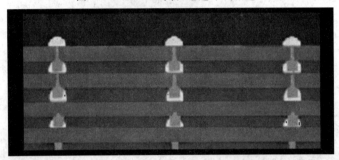

图 1.31　MCM 封装(通过通孔相连)

图 1.32　MCM 封装实物图

## 1.2.9　SOC 技术

系统级芯片(System On Chip，SOC)技术始于 20 世纪 90 年代中期。随着半导体工艺技术的发展，IC 设计者能够将愈来愈复杂的功能集成到单硅片上，SOC 正是在集成电路(IC)向集成系统(Information System，IS)转变的大方向下产生的。

1994 年，Motorola 发布了 Flex Core 系统，用来制作基于 68000 和 Power PC 的定制微处理器。1995 年 LSI Logic 公司为 Sony 公司设计了 SOC。这些技术可能是基于 IP(Intellectual Property) 核完成 SOC 设计的最早报导。由于 SOC 可以充分利用已有的设计积累，显著提高专用集成电路(Application Specific Integrated Circuit，ASIC)的设计能力，因此发展非常迅速，引起了工业界和学术界的关注。

SOC 的定义多种多样。由于其内涵丰富、应用范围广，很难给出准确定义。一般来说，SOC 称为系统级芯片，也称为片上系统，指一个产品或一个有专用目标的集成电路，包含完整系统，并有嵌入软件的全部内容。SOC 又是一种技术，用以实现从确定系统功能开始到软/硬件划分，并完成设计的整个过程。

从狭义角度讲，SOC 是信息系统核心的芯片集成，将系统关键部件集成在一块芯片上；从广义角度讲，SOC 是一个微小型系统。如果将 CPU 称为大脑，那么 SOC 就是包括大脑、心脏、眼睛和手的系统。学术界一般倾向将 SOC 定义为将微处理器、模拟 IP 核、数字 IP 核和存储器(或片外存储控制接口)集成在单一芯片上，通常是客户定制的，或是面向特定用途的标准产品。

美国国家航空航天局(National Aeronautics and Space Administration，NASA)定义 SOC 为：将所有的电脑部件或者其它电子系统组合到单一的集成电路或芯片上，其中可能包含数字、模拟、混合和射频信号功能，所有这些功能模块全部集成在单一的芯片基板上。

SOC 包括微处理器或者 DSP 核、内存、时间源振荡器和锁相回路、定时计数器和上电复位发生器、标准接口、电压调节器和电路等。

如图 1.33 所示，SOC 芯片由系统级控制逻辑模块、微处理器/微控制器 CPU 内核模块、DSP 模块、嵌入的存储器模块、外部通信的接口模块、含有 ADC /DAC 的模拟前端模块、电源提供和功耗管理模块集成。对于无线 SOC，还有射频前端模块、用户定义逻辑(可以由现场可编程门阵列(Field Programmable Gate Array，FPGA)或 ASIC 实现)以及微电子机械系统(Micro-ElectroMechanical Systems，MEMS)模块。SOC 芯片内嵌有基本软件(RDOS 或 COS 以及其它应用软件)模块或可载入的用户软件等。

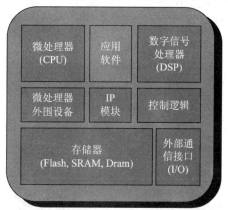

图 1.33　SOC 结构

图 1.34 所示是 Apple A4 SOC 微处理系统，采用堆栈式封装(Package On Package，POP)技术，内部集成了内存部件和处理器核心，在功能上远远超出了普通处理器，同时也大大节约了封装结构体积。

图 1.34　Apple A4 SOC 微处理器

## 1.2.10　SIP 技术

《国际半导体技术指南》将 SIP(System-In-Package)定义为：将半导体器件、无源器件、连线集成在一个封装体中。

如图 1.35 所示，SIP 也叫系统级封装，是在 SOC 基础上发展起来的一种新型集成封装方式。SIP 根据所需系统功能，采用模块化设计方法将多种元件(无源器件、有源器件、MEMS 器件及光学器件等)封装于一块高密度互连基板上，形成具有功能多样化、体积小型化的单个标准封装组件，体现为一个系统模块或者子系统模块。

图 1.35　SIP 封装技术

如图 1.36 所示，相对以前大多数单芯片封装，SIP 系统包括有源器件、无源器件和分离器件，利用封装工艺将多芯片集成在一起，以获得多功能。就板级加工而言，SIP 与 MCM 有区别。MCM 将多种器件堆叠起来获得高性能，而 SIP 还包括其它封装形式，如 POP 和 MCM 等。

图 1.36　SIP 技术 GSM 模块

SIP 系统级封装技术从 20 世纪 90 年代提出到现在，经过 20 多年的发展，已被学术界和工业界广泛接受，成为国内外电子领域研究热点，并被认为是今后电子封装技术发展的主要方向之一。随着集成电路技术的进步以及元器件微型化的发展，SIP 技术为电子产品性能提高、功能丰富与完善及成本降低提供了可能。

SIP 技术不仅用于军用产品以及航空航天、电子整机与系统需要小型化的领域，而且在工业产品甚至消费电子类产品，尤其是便携式电子产品方面，同样具有广阔的应用前景。SIP 技术促进了微电子技术的不断发展，从而满足市场的需求。

SIP 技术的诞生，是与 SOC 技术的兴起分不开的。SOC 技术在不断发展过程中遇到了许多瓶颈，SIP 技术刚好弥补了 SOC 技术的不足。

### 1.2.11　微系统技术

美国国防部高级研究计划局（Defense Advanced Research Projects Agency，DARPA）的微系统办公室（MTO）将微系统技术定义为：将微电子器件、光电子器件和 MEMS 器件融合集成在一起，开发芯片级集成微系统的新技术。如图 1.37 所示，芯片级集成微系统的主要特点是异类器件通过三维集成途径，形成芯片级高性能微小型电子系统，比 SOC、SIP、MEMS 以及各种三维集成的混合集成电路、功能模块具有更高的集成水平和更强的功能。

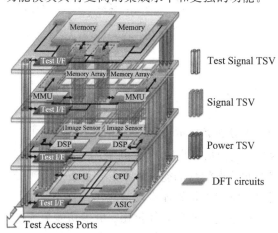

图 1.37　微系统技术

微系统技术从微观角度出发，通过集成各种先进技术，以期实现功能突破。图 1.38 所示集成微系统包括传感、光通信、数据处理、MEMS 执行、能源架构（Architectures）和算法（Algorithms）六方面的集成。传感、光通信、数据处理和 MEMS 执行器件是微系统的核心硬件，而架构和算法是构筑微系统的宏观基础。

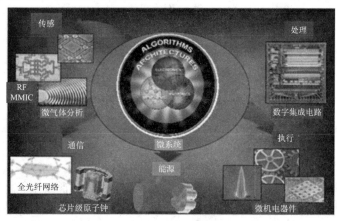

图 1.38　集成微系统

欧洲将微系统技术定义为两类以上技术的微集成。MEMS 是微系统的可动器件或可动模块，通过 MEMS 与微电子的结合，来实现性能的改善和新功能的增加。如图 1.39 所示，微系统区别于微电子产品的最主要特征是"能看、能动"，既不但拥有计算、存储模块，还新增了感知与执行模块（MEMS），而且计算与存储模块的性能得到了显著提升。

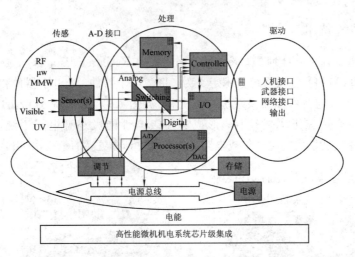

图 1.39　微系统开发平台

集成微系统可以在一个三维集成的芯片级微结构内,综合集成微电子器件(包括数字、模拟、混合信号集成)、光电子/光子器件和 MEMS 器件等各类器件的芯片,具有多种传感器互相补充的探测能力;可完成复杂信号海量数据的传输、存储和实时处理,并能有效地通过网络和人机界面实现对战场武器系统的控制与指挥。

微系统具有更高性价比、更多功能集成等特点。如图 1.40 所示,随着系统复杂度的不断提升,其开发周期和制造成本迅速增长。采用 SIP 或三维集成封装技术,开发微系统更快捷有效、经济合算。

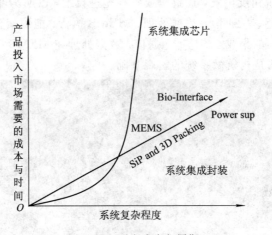

图 1.40　开发成本与周期

自摩尔定律首次预测硅片上晶体管的数量每 18 个月翻一番以来,高集成度一直都是 IC 人员追求的目标。然而随着晶体管的密度增加,开发所需相应生产工艺的成本也随之增加,互补金属氧化物半导体(Complementary Metal Oxide Semiconductor,CMOS)技术成为最昂贵的技术,尺寸与经济的平衡点已被打破。

图 1.41 所示为后摩尔定律。后摩尔定律的核心是"功能集成"。按照后摩尔定律,微系统不必一味追求"特征尺寸的缩小",而是以"功能集成"为新的发展方向。

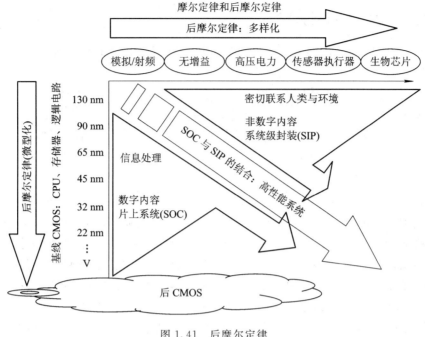

图 1.41　后摩尔定律

# 1.3　封装基板技术

封装基板是印制电路板(PCB)中的术语。印制电路板可以为电子元器件提供电流导通与信号传送的互连导线；可作为支撑电子元器件的物理载体；在某些情况下，还可作为电子元器件热传导的导热通路。

随着 IC 封装技术的发展，引脚数量的增多、布线密度的增大及基板层数的增多，使得传统的 QFP 等封装形式在其发展上有所限制。20 世纪 90 年代中期，一种以 BGA、CSP 为代表的新型 IC 封装形式问世，随之也产生了一种半导体芯片封装的新载体，这就是 IC 封装基板，又称为 IC 封装载板。

以 BGA、CSP、载带自动焊(Tape Automated Bonding，TAB)、MCM 为代表的封装基板，是半导体芯片封装的载体，基板可以为芯片提供电气互连、支撑、散热、保护、组装等功效，缩小封装产品的体积，改善电性能及散热性能，实现超高密度或多芯片模块化的目的。

基板的封装示意图如 1.42 所示。由图可看出，将硅晶体通过引线键合与封装基板相连接，最后密封于一个封装壳体，实现集成电路所要求的电气性能。

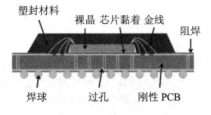

图 1.42　基板的封装

### 1.3.1　基板组成和材料特性

PCB 的原材料主要有覆铜板、半固化片、干膜/湿膜、阻焊油墨等。

**1. 覆铜板**

覆铜箔层压板(Copper Clad Laminates，CCL)又称覆铜箔板或覆铜板，其组成主要有树脂、补强材料和金属箔。

一般覆铜板可以分为两大类：刚性 CCL 与挠性 CCL。其中，刚性 CCL 主要由环氧树脂、玻纤布与铜箔组成。

1) 树脂

在 PCB 的生产过程中，高分子树脂是重要的原料之一。根据不同类型的基板要求，可以采用不同类型的树脂。常用的树脂有：酚醛树脂、环氧树脂、聚酯树脂，以及一些特殊树脂，如聚酰亚胺 PI 树脂、聚四氟乙烯 PTFE 树脂、BT 树脂和聚苯醚 PPE 树脂。

一般树脂按其加工性能可以分为热固性树脂和热塑性树脂。热固性树脂是指树脂加热后，分子内进行交联反应，逐渐硬化成型，形状稳定，再受热也不软化、不熔化的一种树脂。热塑性树脂是具有受热软化、冷却硬化的性能，可以对其多次加工成型。

目前，多数 PCB 所用的树脂是热固性树脂，树脂加热固化之后，再加热也不会熔化。不同的树脂体系对应的高温压合参数有所不同。

2) 补强材料

常用的补强材料有木浆纸、玻璃纤维纸、玻纤布、石英纤维布、芳香聚酰胺布及其它合成纤维布等。

在 PCB 应用中，使用最广的补强材料是 E 级玻璃纤维布，其材料性能能够满足大多数场合的电和机械性能的要求，E 级表征其碱金属氧化物含量小于 1%。

玻纤布采用玻璃细丝编织而成。覆铜板使用的玻纤布一般是平纹布，是一般的电子级玻璃布，如图 1.43 所示。

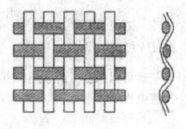

图 1.43　平纹玻纤布

表征玻纤布的性能指标有：经纱、纬纱的种类，织布的密度、厚度，单位面积的重量、幅度及抗张强度等。

3) 金属箔

金属箔主要有铜箔、铝箔、银箔、金箔等，覆铜板中主要使用铜箔。

铜箔(Copper Foil)指纯铜皮，印制电路中是指压制覆铜板所用的金属铜层或多层板外层用的金属铜层。目前业内常用的铜箔种类有电解铜箔、压延铜箔、高温高延展性铜箔、低轮廓铜箔、超低轮廓铜箔和涂树脂铜箔。

电解铜箔（Electrodeposited Copper Foil）简称 ED 铜箔，指用电沉积制成的铜箔。将铜溶解制成溶液，在专用的电解设备中将硫酸铜电解液在直流电的作用下，电沉积制成铜箔，然后根据要求对原箔进行表面处理、耐热层处理和防氧化等一系列的表面处理。

压延铜箔（Rolled Copper Foil）又称锻轧铜箔（Wrought Copper Foil），指用辊轧法制成的铜箔。将铜板经过多次重复辊轧而制成的原箔（又叫毛箔），根据要求进行粗化处理。由于压延加工工艺的限制，其宽度很难满足刚性覆铜板的要求，所以在刚性覆铜板上使用极少；由于压延铜箔耐折性和弹性系数大于电解铜箔，因此适用于柔性覆铜板上。

高温高延伸性铜箔（High Temperature Elongation Electrodeposited Copper Foil）简称 HTE 铜箔，又称 HD 铜箔（High Ductility Copper Foil）。在高温时可保持优异的延伸率。

涂树脂铜箔（Resin Coated Copper Foil）简称 RCC 铜箔，又称为附树脂铜箔或背胶铜箔。它是在薄电解铜箔的粗化面上涂覆一层或两层特殊组成的树脂胶液，经烘箱干燥脱去溶剂，树脂成为半固化的 B 阶段。RCC 所用的铜箔厚度一般不超过 18 $\mu$m，目前常以 12 $\mu$m 为主。它在积层法多层板 BUM 的制作过程中，起到代替传统半固化片与铜箔的作用，作为绝缘介质和导体层。

低轮廓铜箔（Low Profile Copper Foil）简称 LP 铜箔。一般铜箔的原箔的微结晶非常粗糙，呈粗大的柱状结晶，其切片横断层的棱线起伏较大。而低轮廓铜箔的结晶很细腻，为等轴晶粒，是不含柱状的晶体，呈成片层状结晶，且棱线平坦。LP 铜箔表面粗糙度比普通铜箔小，同时具备高温高延伸率和高抗拉强度，一般用于多层印制电路板和高密度印制电路板。

超低轮廓铜箔（Very Low Profile Copper Foil）简称 VLP 铜箔。其表面粗糙度更低，同时具有更好的尺寸稳定性、更高的硬度等特点。VLP 铜箔的表面近乎于平滑，粗糙度通常在 2 $\mu$m 以下，因此主要用于挠性电路板、高频线路板和超微细电路板。

**2. 半固化片**

在多层电路板层压时使用的半固化片，是覆铜板在制作过程中的半成品。半固化片（PrePreg，PP）又称黏结片，是由树脂和增强材料构成的一种预浸材料。其制造过程是：首先将玻纤布含浸树脂，接着将玻纤布通过一种可控热源使树脂半固化，大多数被浸渍到玻璃纤维布中的挥发物此时已经干燥，这个阶段通常被称作预浸料坯阶段或 B 阶段。B 阶段是指高分子物相当部分已关联，但此时物料仍然处于可溶、可熔状态。

半固化片有两种用途：一是直接用于压制覆铜板，此时通常称为黏结片；另一种直接作为商品出售，用于多层板的压合，这就是通常所说的半固化片。

在温度和压力作用下，半固化片具有可流动性，并能很快地固化和完成黏结过程，是多层印制板压合时不可或缺的原材料。

**3. 干膜/湿膜**

感光性膜是一种光成像材料，又称为光致抗蚀剂。光致抗蚀剂是通过某种化学方法获得的能够抵抗某种蚀刻溶液或电镀溶液侵蚀的感光材料。

抗蚀剂均是由主体树脂和光引发剂或光交联剂组成的。现在使用的光致抗蚀剂一般是水溶性干膜抗蚀剂，简称干膜。干膜的组成中含有有机酸根，会与强碱反应而成为有机酸的盐类，可被水溶掉。

干膜的组成结构如图 1.44 所示，包括 PE 聚乙烯保护膜、光阻胶剂和 PET 覆盖膜。

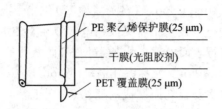

图 1.44　干膜的组成结构

聚乙烯保护膜是覆盖在感光胶层上的保护膜，防止灰尘等污物粘污干膜。

聚脂类覆盖膜的作用是：① 避免干膜阻剂层在未曝光前遭到刮伤；② 聚酯薄膜在曝光后显影前撕去，防止曝光时的氧气向抗蚀剂层扩散，破坏游离基，引起感光度下降。

光阻胶剂是干膜的主体，经适当波长与能量的光源曝光后，即可形成抗蚀层，抵抗某种蚀刻液的侵蚀。

湿膜是由高感光树脂合成，配合感光剂、色料、填充粉及少量溶剂，所制成的高精密度、高性能、稀碱显像液态线路、图形油墨，适合制造高精密度印制板。

表 1-1 是干膜与湿膜抗蚀剂的对比。

表 1-1　干膜与湿膜抗蚀剂的对比

| 类　别 | 干膜抗蚀剂 | 液态抗蚀剂 |
|---|---|---|
| 解析度 | 3 mil | 1 mil |
| 填平性 | 差 | 较好 |
| 成本 | — | 比干膜低 40%～60% |
| 废水处理 | 膜厚，处理量大 | 无保护膜，膜薄，处理量小 |
| 净化间要求 | 房间：100K 级<br>设备：10K 级 | 房间：10K 级<br>设备：1K 级 |
| 使用蚀刻剂 | 酸性或碱性蚀刻剂 | 酸性或碱性蚀刻剂 |

注：1 mil＝25.4 $\mu$m。

**4. 阻焊油墨**

阻焊油墨是一种液态感光热固型高分子材料，由主剂和硬化剂以一定比例混合均匀而成。由于油墨感光，在紫外光照射下，将引发树脂单体聚合为体型大分子结构，从而不溶于显影液。将油墨印刷于板上，经过预烘、曝光、显影、烘干等工艺，即可形成阻焊保护层。

常见的组焊油墨有绿色、红色、黑色、蓝色等，一般以绿色居多。

**5. 基板常见的性能指标**

1）玻璃化转变温度

玻璃化转变温度（Glass Transition Temperature）简称 $T_g$ 温度。$T_g$ 温度是材料的一个重要特性参数，材料的许多特性都在玻璃化转变温度附近发生急剧的变化。

一般板材按照 $T_g$ 温度可以分为三个等级：150℃ 以下是低 $T_g$ 材料，150～170℃ 是中 $T_g$ 材料，170℃ 以上是高 $T_g$ 材料。

目前 PCB 的 $T_g$ 温度一般是 130～140℃，而在印制板的制程中，有几个工序的加工温度会超过此温度，主要包括层压、烘板、热风整平(喷锡)、组装回流焊、波峰焊等，要求板材有较高的 $T_g$ 温度。基材的 $T_g$ 温度提高了，印制板的耐热性、耐潮湿性、耐化学性、耐稳定性等特征都会提高和改善。

2) 介电常数与介电损耗

(1) 介电常数。介质在外加电场时会产生感应电荷而削弱电场，介质中电场与原外加电场(真空中)的比值即为相对介电常数(Permittivity 或 Dielectric Constant)，又称诱电率，它与频率相关。介电常数是相对介电常数与真空中绝对介电常数的乘积。

介电常数除了直接影响信号的传输速度以外，还在很大程度上决定特性阻抗。在微波通信中，使不同部分的特性阻抗匹配尤为重要。

一方面，特性阻抗的计算公式为

$$Z_0 = \frac{87}{\sqrt{(\varepsilon_r + 1.41)}} \ln \frac{5.98h}{0.8w + t} \tag{1-1}$$

式中：$Z_0$ 为印刷导线的特性阻抗；$\varepsilon_r$ 为绝缘材料的介电常数；$h$ 为印制导线与基准面之间的介质厚度；$w$ 为印制导线的宽度；$t$ 为印制导线的厚度。

从公式(1-1)可以看出，影响特性阻抗的因素有介电常数 $\varepsilon_r$、介质厚度 $h$、导线宽度 $w$ 和导线厚度 $t$。因此，特性阻抗与覆铜板基材关系非常密切，尤其是介电常数的选择尤为重要。在其它参数固定的前提下，介电常数 $\varepsilon_r$ 越低，信号传输速度越快。

另一方面，从电磁波理论中的麦克斯韦公式可知，正弦波信号在介质中的传播速度 $v$ 与光速 $c$ 成正比，而与传输介质的介电常数 $\varepsilon_r$ 均方根成反比，即

$$v = \frac{c}{\sqrt{\varepsilon_r}} \tag{1-2}$$

信号在介质材料中的传输速度将随着其介电常数的增大而减小。因此，要获得高的信号传输速度，就必须降低材料的介电常数。

另外，基板材料的介电常数是基板材料的各种介质材料的综合体现。例如，FR-4 基板材料是由环氧树脂和 E 型玻纤布组成的，所以 FR-4 基板材料的介电常数 $\varepsilon_r$ 值可用下式表示：

$$\lg\varepsilon_t = V_R\lg\varepsilon_R + V_g\lg\varepsilon_g \tag{1-3}$$

式中，$\varepsilon_r$ 为覆铜板基板材料的介电常数，$\varepsilon_R$ 和 $\varepsilon_g$ 分别为树脂和玻纤布的介电常数，$V_R$ 和 $V_g$ 分别为树脂和玻纤布的体积百分数。这说明覆铜板基板材料的介电常数是由基板材料中的树脂体积含量和增强材料体积含量及相应的介电常数来决定的。综合公式(1-1)和公式(1-3)，采用低 $\varepsilon_r$ 的材料，必须选用低介电常数的树脂和低介电常数的增强材料。

(2) 介电损耗。介电损耗是指电介质在交变电场中，由于消耗部分电能而使电介质本身发热的现象。因为电介质中含有能导电的载流子，在外加电场作用下产生导电电流，消耗掉一部分电能，转为热能。介电损耗是表示绝缘材料质量的指标之一，表示绝缘材料在电压作用下所引起的能量损耗。介电损耗愈小，绝缘材料的质量愈好，绝缘性能也愈好。介电损耗通常用介电损耗角正切来衡量。

介电损耗角正切又称介质损耗角正切，是指电介质在单位时间内单位体积中，将电能转化为热能而消耗的能量。它是表征电介质材料在施加电场后介质损耗大小的物理量，以 $\tan\delta$ 来表示，$\delta$ 是介电损耗角。

随着电子技术的迅速发展，信息处理和信息传播速度提高，为了扩大通信通道，使用频率向高频领域转移，它要求基板材料具有较低的介电常数和介电损耗角正切。只有降低 $\varepsilon_r$ 才能获得高的信号传播速度，也只有降低 $\tan\delta$，才能减少信号传播损失。

3）热膨胀系数

热膨胀系数（Coefficient of Thermal Expansion，CTE）是指物质在热胀冷缩效应作用之下，几何特性随温度的变化而发生变化的规律性系数。

在 PCB 加工制程中，材料受热后，其膨胀程度不同，将导致板件翘曲；或在元器件组装过程中，当基板与芯片的 CTE 系数相差很大时，受热后二者膨胀程度不同，将导致芯片从基板上脱落。因此，在 PCB 设计与选材过程中，根据不同材料的 CTE 不同进行结构分析与优化。

**6. 板材的发展趋势**

随着科技的不断进步，PCB 的上下游各行业均关注产品的环保化。环保型 PCB 不仅要求采用环保型覆铜板，也要求所用化学原料和制作工艺的环保化。总体来说，PCB 板材的发展有两大趋势，一是无卤化（Halogen Free），一是无铅化（Lead Free）。

1）无卤化要求

无卤即无卤素。卤素主要指化学元素周期表中的卤族元素，包括氟（F）、氯（Cl）、溴（Br）、碘（I）、砹（At）。目前，阻燃性基材的阻燃剂多为溴化环氧树脂。溴化环氧树脂中，四溴双酚 A、聚合多溴联苯、聚合多溴联苯乙醚、多溴二苯醚是覆铜板的主要阻燃材料，其成本低，与环氧树脂兼容。但相关机构研究表明，含卤素的阻燃材料（聚合多溴联苯 PPB、聚合多溴联苯乙醚 PBDE）燃烧时会放出二噁英、苯呋喃等，发烟量大，气味难闻，属高毒性气体，致癌，摄入后无法排出，不环保，影响人体健康。因此，欧盟禁止在电子信息产品中以 PPB、PBDE 作为阻燃剂。

目前，大部分无卤材料主要以磷系和磷氮系为主。含磷树脂在燃烧时，受热分解生成偏聚磷酸，极具强脱水性，使高分子树脂表面形成炭化膜，隔绝树脂燃烧表面与空气的接触，使火熄灭，达到阻燃效果。含磷氮化合物的高分子树脂燃烧时产生不燃性气体，协助树脂体系阻燃。无卤板材的主要优势如下：

（1）无卤材料的绝缘性：由于采用磷或氮来取代卤素原子，一定程度上降低了环氧树脂的分子键段的极性，从而提高了板材的绝缘电阻及抗击穿能力。

（2）无卤材料的吸水性：吸水性低于常规卤素系阻燃材料。对于板材来说，低的吸水性对提高材料的可靠性及稳定性有一定的影响。

（3）无卤材料的热稳定性：无卤板材中氮、磷的含量大于普通卤系材料中卤素的含量，其单体分子量及 $T_g$ 值均有所增加。

（4）无卤 PCB 的加工：层压方面，为了保证树脂的充分流动，使得多层板结合力良好，要求调整板料升温速率及多段的压力配合。钻孔方面，钻孔条件直接影响 PCB 在加工过程中的孔壁质量。钻无卤板件时，需在正常的钻孔条件下，适当做一些调整，以减小孔壁的粗糙度。耐碱性方面，一般无卤板材其抗碱性都比普通的 FR-4 材料的要差。

无卤 PCB 板具有较低的吸水率及适应环保的要求，在其他性能方面也能够满足 PCB 的品质要求，因此无卤 PCB 板的需求量已经越来越大。

2）无铅化要求

所谓"无铅"，并非百分百禁绝铅的存在，而是要求铅含量必须减少到低于 0.1% 的水平，同时意味着电子制造必须符合无铅组装工艺的要求。"电子无铅化"也常用于泛指包括铅在内的六种有毒有害材料的含量必须控制在 0.1% 的水平内。

无铅焊料的焊接温度比通常锡铅焊料的焊接温度要高出 30～40℃，要求印制板基材的 $T_g$ 温度高，耐热性好；也要求多层板层压与金属化孔可靠，不可出现受热分层或孔壁断裂等。这是无铅化对印制板性能的新要求。

## 1.3.2　基板分类和工艺

### 1. 基板的分类

根据不同的特征，可将印制电路板分为不同的类别，常见的分类方法如下：

（1）按层次分：单面印制板、双面印制板、多层印制板。

（2）按材质分：有机材质、无机材质。

（3）按结构分：刚性印制板、挠性印制板、刚性—挠性结合印制板。

（4）按使用工艺分：加成法、半加成法、减成法。

（5）按产品特点及应用领域分：背板、高密度互连板、刚挠结合板、金属基板、埋入式板件、IC 封装载板等。

图 1.45 是一个典型的四层 PCB 结构图。在内层芯板上下加上半固化片，再放一张铜箔，经层压形成了四层 PCB。

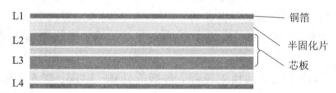

图 1.45　四层 PCB 结构图

### 2. 基板的加工工艺

一般多层板包含 26 道工序，依次是：下料、内层图形、内层蚀刻、内层检验、内层冲槽、棕化/黑化、层压、钻靶/铣边、钻孔、去钻污、沉铜、电镀、外层图形、图形电镀、外层蚀刻、外层检验、阻焊、曝光、显影、字符、表面涂覆、外形、电性能测试、成品检验、终审、包装/入库。图 1.46 所示为多层板的主要加工流程。

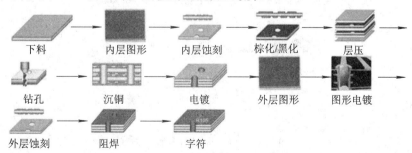

图 1.46　多层板的主要加工流程

总体来说，PCB的工艺制程可分为干制程和湿制程。其中，干制程又可分为机械制程、光学制程等，主要包括下料、钻孔、成形、V刻、冲型、测试等；湿制程又分为电镀制程、表面处理制程等，主要包括内/外层蚀刻、棕化/黑化、微蚀、沉铜、电镀、阻焊、显影、表面涂覆等。

下面按顺序详细介绍各个工序。

1）下料

下料是按生产指示将大块覆铜板剪裁成生产板的加工尺寸。其生产流程是：裁料→检验→磨边→圆角→烘板。

由于覆铜板基材在加工过程中，难免板件中有湿气或未完全释放的应力，这对PCB的工艺有很大影响，需要烘板以去除板内湿气，释放板件内的残余应力。

2）内层图形

内层图形即进行内层图形的转移。内层图形转移一般有两种方法：

（1）网印图像转移：成本低，但只能制作大于或等于0.2 mm的印制导线。

（2）光化学图像转移：能制造分辨率高的清晰图像，一般可制作0.075 mm的线路；薄型干膜可制作0.05 mm的线路。光化学图像转移需使用光致抗蚀剂，是一种能抵抗蚀刻液或电镀溶液浸蚀的感光材料。

现在一般采用光化学图像转移的方法，即通过曝光将底片上的线路图形转移到贴压了感光膜的覆铜板上。

内层图形的生产流程是：前处理→贴膜→曝光。其中，贴膜和曝光要求在无尘间进行，对操作环境有严格控制。① 温、湿度要求：温度为20±2℃，湿度为50±10RH%；② "无尘室"的净化等级达到10 K～100 K级；③ 照明光源要求：因感光膜属于感光性材料，工作区应采用黄光。

图1.47是PCB内层图形的加工流程，包括前处理、贴膜、曝光、显影、蚀刻、褪膜。其原理是将在处理过的铜面上贴上或涂上一层感光性膜层，在紫外光的照射下，将照相底版上的线路图形转移到膜面上，形成一种抗蚀的掩膜图形，那些未被抗蚀剂保护的不需要的铜箔，将在随后的化学蚀刻工艺中被蚀刻掉，经过蚀刻工艺后再褪去抗蚀膜层，得到所需要的裸铜电路图形。

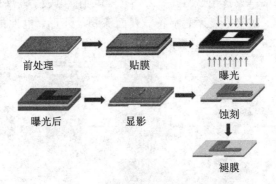

前处理　　　贴膜　　　曝光

曝光后　　　显影　　　蚀刻

褪膜

图1.47　PCB内层图形加工流程

下面对每个工序进行详细介绍。

（1）前处理。前处理的作用是去除铜表面的油污、指印及其它有机污物以及粗化铜表面,增大干膜与铜面的接触面积,增加黏附性能。前处理有三种方法,即机械清洗、化学清洗和电解清洗,内层板一般采用化学清洗的方法。

针对干膜与湿膜,化学清洗可分为干膜前处理与湿膜前处理。

干膜前处理流程为:除油→水洗→微蚀→水洗→烘干。

湿膜前处理流程为:除油→水洗→微蚀→水洗→酸洗→水洗→烘干。

基材经过前处理后表面已无氧化物、油痕等,但如滞留时间过长,则表面会与空气中的氧发生氧化反应,前处理好的板应在较短时间内(一般为 15 min 内)完成贴膜。表 1 – 2 所示为各工序采用的药水及作用。

表 1 – 2　各工序采用的药水及作用

| 工序名称 | 药　水 | 作　用 |
|---|---|---|
| 除油 | 除油剂 | 除去铜表面的油污 |
| 微蚀 | $H_2SO_4$—$H_2O_2$ 体系的微蚀液 | 形成微观粗糙的铜表面 |
| 酸洗 | $1\%\sim3\%$ 的 $H_2SO_4$ | 除去铜表面的氧化物 |

(2) 贴膜。贴膜是将干膜贴到覆铜板的正反面,或采用滚轮涂覆法将湿膜贴到覆铜板的正反面。

① 干膜。干膜贴膜流程为:板面清洁→预热→贴膜→翻板。

贴膜时,先从干膜上剥下聚乙烯保护膜,然后在加热加压条件下将干膜抗蚀剂黏附在覆铜箔板上。

图 1.48 是贴干膜示意图,在热压辊的固定下,芯板随着水平线移动,装干膜的辊筒将干膜贴到板面,剥离杆保证将 PE 聚乙烯保护膜剥离,热压辊保证干膜与板件的结合。

② 湿膜。湿膜涂覆的流程为:入板→湿膜涂布→烘干→出板。

湿膜涂覆是将一层感光油墨均匀地涂布在经过前处理好的铜板表面上,一般可采用丝网印刷或幕帘涂布、滚涂或喷涂等方式涂覆。

图 1.49 是湿膜涂布示意图,在上下滚轮的固定下,板件通过水平传送带不断前进,调节辊控制滚轮涂覆到板面的湿膜厚度。

图 1.48　贴干膜示意图
图 1.49　湿膜涂布示意图

(3) 曝光。曝光(Exposure)是紫外光通过照相底版上的透光区域使其下的干膜发生光聚合反应,形成抗蚀层。

图 1.50 所示为干膜感光原理,在紫外光照射下,光引发剂吸收光能分解成自由基,自由基再引发光聚合单体进行聚合交联反应,形成不溶于稀溶液的体型大分子结构。

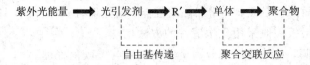

图 1.50　干膜感光原理

① 曝光设备。曝光设备一般有三种：手动曝光机、自动曝光机和 LDI 激光直接曝光。手动曝光机是将欲曝光板子上下底片以手动定位后，送入机台面，吸真空后曝光。

自动曝光机须在板子外框做好工具孔，初步定位后，再由机台上的 CCD 检查底片与孔的对位状况，微调后曝光。

激光直接曝光成像机（Laser Direct Imaging）简称 LDI，是利用特殊感光膜覆盖在板面，直接利用激光扫描曝光。其细线可做到 2 mil 以内，线路精度高，且不需制作底片。

LDI 激光直接成像与传统曝光的差别为：传统曝光是通过汞灯照射底片将图像转移到 PCB 上；而 LDI 是用激光扫描的方法直接在 PCB 上成像，图像更精细。

LDI 激光直接曝光的优势如下：

· 省去了曝光过程中的底片工序，节省了制作底片的成本和时间，减少了因底片涨缩引发的偏差；

· 直接将 CAM 资料成像在 PCB 上，省去了 CAM 制作工序；

· 图像解析度高，精细导线可达 20 $\mu$m 左右，适合精细导线的制作；

· 提升了 PCB 生产的良率。

② 照相底版。照相底版又称菲林底片或底片，根据加工材料的不同可分为重氮片和银盐片。

底片的光绘流程为：曝光→显影→定影→水洗→烘干。

通过电脑主机设定参数（正/负片、尺寸大小等），传递信号至光绘机，用激光扫描并曝光底片，后经显影机显影（还原银离子，将感光片乳剂层受光处的银盐分子中的银离子还原成银原子，底片变为黑白）、定影（中和作用，把感光片上未受光和未受显影液作用的卤素银溶解掉，只保留已还原的银原子）、水洗和烘干。

3）内层蚀刻

内层蚀刻（Developing Etching Stripping）简称 DES。曝光后的内层板，通过内层蚀刻，形成内层线路。

内层蚀刻的原理是：通过显影段在显影液的作用下，将没有被光照射反应的膜溶解掉；通过蚀刻段，在酸性蚀刻液的作用下，将露出的铜蚀刻掉；通过褪膜段，在褪膜液的作用下，将被光照射的干膜褪除，露出内层线路图形。

内层蚀刻的流程为：显影→蚀刻→褪膜。

曝光后板子须放置 10～15 min，让吸收曝光能量的干膜聚合更完全，再进行显影。

（1）显影。显影（Developing）是采用碱性药水，将未发生光解反应的干膜褪除，而已感光的干膜则因聚合成体型大分子结构不会被显影液冲掉，留在铜面上成为蚀刻或电镀的抗蚀膜。其显影原理如图 1.51 所示。

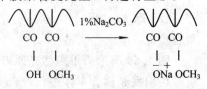

图 1.51　显影原理

图 1.51 中，未见光即未发生聚合反应的干膜与碱

性 $Na_2CO_3$ 溶液发生反应，生成钠盐被显影液溶解，而已感光的干膜则不会发生反应而继续存在于板面。

（2）蚀刻。蚀刻（Etching）即通过药水蚀刻掉没有干膜覆盖部分的铜箔。蚀刻段可分为酸性蚀刻与碱性蚀刻，一般采用 $CuCl_2$ 作为蚀刻液。酸性蚀刻是在 $CuCl_2$ 溶液中加入 HCl，碱性蚀刻是在 $CuCl_2$ 溶液中加入 $NH_3$。

其中，酸性水平蚀刻的反应原理为：

$$Cu + CuCl_2 \rightarrow 2CuCl$$
$$6CuCl + NaClO_3 + 6HCl \rightarrow 6CuCl_2 + NaCl + 3H_2O$$

影响蚀刻质量的关键因素有蚀刻因子与水池效应。

① 蚀刻因子。蚀刻开始时，蚀刻液直接喷淋在未被干膜覆盖的铜表面，此时蚀刻垂直于铜面向下进行，蚀刻进行到一定深度后，铜面上形成凹坑，此时铜面凹坑的上下表面和两个侧面都与蚀刻药水相接触，产生了侧蚀现象。显然铜层越厚，蚀刻时间就需要越久，侧蚀也就越严重，蚀刻质量也就越差。

图 1.52 是侧蚀的产生过程，当铜面较薄时，侧蚀并不明显，当铜面增大时，侧蚀越严重。

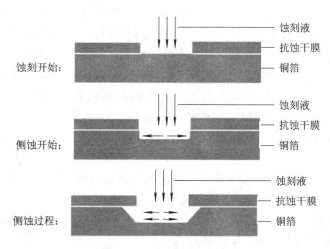

图 1.52　侧蚀的产生过程

蚀刻因子是定量衡量蚀刻质量和蚀刻能力的指标。蚀刻因子的评价方法有很多种，常用图 1.53 来评价酸性蚀刻的蚀刻因子。

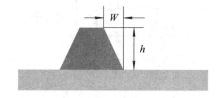

图 1.53　蚀刻因子计算示意图

蚀刻因子采用下式来计算：

$$a = \frac{h}{w} \tag{1-4}$$

即

$$a = \frac{2 \times 铜厚}{下线宽 - 上线宽}$$

普通芯板的蚀刻因子一般为 2~4。

② 水池效应。在水平蚀刻时，上板面中央区域反应后的蚀刻液无法像板边的喷淋液一样快速地流出板外，从而在板中央区域残留了很多反应后不新鲜的蚀刻液，而这些不新鲜的蚀刻液对电路板的蚀刻产生了不良影响，这种影响称为水池效应，如图 1.54 所示。而下板面的蚀刻液反应后可迅速流出板外，因此对于下板面，没有水池效应可言。

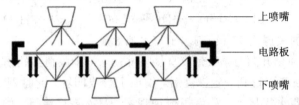

上喷嘴

电路板

下喷嘴

图 1.54　水池效应示意图

在水平酸性蚀刻过程中，蚀刻液通过上下喷淋的方式喷洒到待蚀刻的铜表面，在蚀刻液与铜面接触的表面发生化学反应，从而使芯板上多余的铜被蚀刻掉，而留下必要的线路图形。对于上表面而言，蚀刻刚开始时，蚀刻液直接喷淋在铜表面，使蚀刻液与铜发生化学反应，反应后的溶液成为蚀刻残留液。随着蚀刻的进行，板边区域的残留液很容易流出板外，很快就实现了新旧蚀刻液的交换，使得蚀刻反应持续快速地进行；而越往板中间区域靠近，残留蚀刻液就越难快速地流出板外，因此在板面上，尤其是在板中央区域留下了很多的残留蚀刻液，形成"水池"，使得喷淋下来的蚀刻液无法直接喷洒到铜表面。这样，板中央区域的蚀刻药水更新缓慢，造成整个板面的蚀刻不均匀。

一般抗蚀干膜的厚度是 40 $\mu$m 左右，普通板的铜厚与此接近，蚀刻时间较短，水池效应对蚀刻均匀性影响不大。而对厚铜板而言，其铜厚数倍于干膜，蚀刻速度慢，随着蚀刻的进行铜面形成一凹坑，新旧蚀刻药水的交换变得更加缓慢，因此水池效应对蚀刻均匀性影响较大，这就是厚铜板蚀刻困难的原因。

（3）褪膜。褪膜（Stripping）是将线路图形上的抗蚀干膜剥除，从而露出线路图形。一般采用的褪膜药水是氢氧化钠（NaOH）溶液。

图 1.55 是褪膜原理图，褪膜的实质就是褪膜液中的 $OH^-$ 将感光膜中的氢键切断。

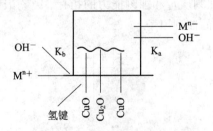

$OH^-$　　$K_b$　　　　　$M^{n-}$
　　　　　　　　　　　　$OH^-$
$M^{n+}$　　　　　　　$K_a$

氢键　CuO　$Cu_2O$　CuO

图 1.55　褪膜原理图

图 1.56 中，图（a）是显影后的图片，可看到板面上还残留有已见光分解的干膜（蓝色部分），露出的铜面是要蚀刻掉的；图（b）中，显影露出的铜已经被蚀刻掉了，露出黄色的基材；图（c）是褪膜后的板件，板面上形成了线路图形；图（d）是烘干后的板件。

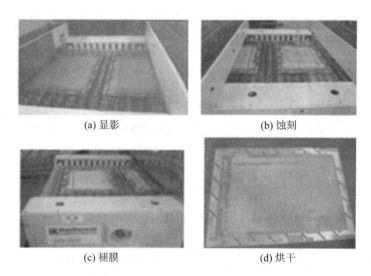

(a) 显影　　　　　　　　　　　　　(b) 蚀刻

(c) 褪膜　　　　　　　　　　　　　(d) 烘干

图 1.56　蚀刻的过程图

4）内层检验

光学自动检测仪（Automatic Optic Inspection，AOI）是采用光学探头扫描板面图形，并与系统里保存的原始图形对比，主要检测开路、短路、针孔等缺陷。

由于 AOI 是光学检查，所以凡是用 AOI 可以检查出来的缺陷，用肉眼也完全可以看到。AOI 只能以设定好的标准为基准进行判断，如果标准设定太严，则误判太多；标准设定太宽，又会漏检。但对于 AOI 而言，程序设定好以后，即可连续测板，机器不会疲劳。

如图 1.57 所示，内层图形完成后，在多层板压合之前，需进行 AOI 检查。将芯板放到工作台上，LED 光源发出的光线透过光学镜片照在待检板上，通过 CCD 接收板面发射回来的光信号，并与计算机内已存的标准图形信号进行对比，从而识别出图形缺陷。

图 1.57　光学自动检测仪

5）内层冲槽

内层冲槽是按照工程资料预设的位置，在板边冲孔或者冲槽，便于多层板层压时定位。其形状有方槽、圆孔，如图 1.58 所示。

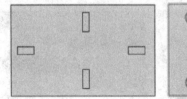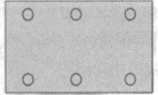

图 1.58　冲槽示意图

冲槽的原理是利用板边设计好的靶位孔，在 CCD 作用下，将靶形扫描后投影于机器，机器自动完成对位，并钻出槽孔。

6) 棕化/黑化

棕化/黑化(Brown Oxide/Black Oxide)是对铜表面进行化学处理，进一步增加铜表面的粗糙度，提高层压时内层芯板与半固化片的黏结力。

棕化/黑化的原理是利用化学药水，将 Cu 氧化为氧化亚铜(CuO)(红色)或氧化铜 (Cu₂O)(黑色)，粗化铜箔表面，压合后可提高半固化片与铜箔的结合力。

(1) 黑化。黑化是利用 $NaClO_2$ 在碱性条件下的氧化性，将板面的铜氧化为 CuO 的过程，并使其板面粗化，表面积增加，增强黑化层与半固化片的结合力。

黑化的工艺流程为：除油→水洗→微蚀→水洗→预浸→黑化→水洗→烘板。

图 1.59 中，黑化的氧化物是针状结构，容易断裂，导致线路短路。又由于棕化生产线相对效率高，所以黑化已经逐渐被棕化所取代。

图 1.59　黑化后的 CuO、Cu₂O 晶状物

(2) 棕化。棕化不是直接在内层板铜表面生成一层铜的氧化物，而是在铜表面进行微蚀的同时生成一层极薄的均匀一致的有机金属转化膜(Organ-metallic Conversion Coating)。进入棕化液的内层铜表面在 $H_2O_2$ 和 $H_2SO_4$ 的作用下，进行微蚀，使铜表面得到微观凹凸不平的表面，增大铜与树脂接触的表面积。同时，棕化液中的有机添加剂与铜表面反应生成一层有机金属转化膜，这层膜能有效地嵌入铜表面，在铜表面与树脂之间形成一层网格状转化层，增强内层铜与树脂结合力，提高层压板的抗热冲击和抗分层能力。

棕化的工艺流程为：酸洗→水洗→除油→水洗→活化→棕化→水洗→烘板。

棕化的反应方程式为

$$Cu + H_2SO_4 \rightarrow CuSO_4 + H_2O$$

$$Cu + nA \rightarrow Cu(A)_2 \rightarrow Brown\ Coating$$

图 1.60 中，图(a)是棕化前的铜表面，图(b)是棕化处理后铜表面，棕化后铜表面形成了微观凹凸不平的表面形状。

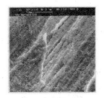　　

(a) 棕化前铜表面　　　　　(b) 棕化处理后铜表面

图 1.60　棕化工艺图片

（3）棕化与黑化的比较。棕化与黑化相比，具有如下优势：

① 流程较为简单，操作方便。

② 易实现水平生产，处理薄板能力强。

③ 产能大，占地面积相对较小。

④ 工艺能够有效地抑制粉红圈（Pink Ring）的形成。

⑤ 密封式设计，药水生产温度低，出板口可直接接空调房，环境大为改善。

⑥ 耗水、耗电量少，节约能源，且废水处理容易。

7）层压

层压（Lamination）是将多张内层芯板的各层黏合在一起，形成一块完整的 PCB。

层压的原理是多层板内层间通过顺序叠放半固化片，板边定位好后，在一定的温度与压力作用下，半固化片的树脂流动，填充铜线路与基材，当温度到一定程度时，半固化片发生固化，将各层黏合在一起。

图 1.61 是典型的层压流胶曲线图，包含温度与压力两条线。温度与压力均可分为三个过程：升温段/升压段、恒温段/恒压段和降温段/降压段。不同的板材和结构，对应不同的层压参数，但都包含上述三个过程。

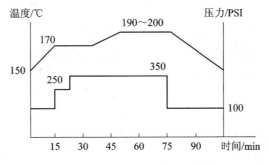

图 1.61　层压流胶曲线图

层压后的性能需进行一系列检测，包括外观、板厚公差、热冲击等的检测，以确保多层板的品质符合要求。

8）钻靶/铣边

钻靶的目的是将三个定位孔周边的铜皮磨掉，用打靶机将钻孔用的定位孔冲出，此定位孔是用于钻孔的定位孔。钻靶是利用内层板板边设计好的靶位，在 CCD 作用下，将靶形投影于机器，机器自动完成对位并钻孔，钻出的定位孔用作钻孔时的定位孔。

铣边的目的是：将多层 PCB 板边的毛边用铣床铣掉，防止造成人员划伤。

9）钻孔

钻孔是根据工程钻孔程序文件，利用数控钻机，钻出所需要的孔，使线路板层间产生通孔，达到连通层间的作用。

钻孔的工艺流程为：配刀→钻定位孔→上销钉→钻孔→打磨披锋。

图 1.62 中，上图是钻孔的图示，钻头钻通了各个层次，产生了通孔。

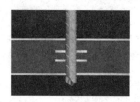

图 1.62　钻孔图片

10）去钻污

机械钻孔和激光钻孔产生的高温使树脂熔融，粘在内层铜环或盲孔底的铜面上，影响了与随后电镀层的导通，所以必须去除这些树脂残胶。另外，钻孔孔内易残留粉尘，也需要通过去钻污（Desmear）清洁。

图 1.63 中，图（a）是机械钻孔产生胶渣的示意图，钻头高速钻孔时，钻速可以高达 150 000 r/min 及以上，由于钻头与 PCB 摩擦产生高温，超过了板材的 $T_g$ 温度，树脂将呈现软化，甚至形成流体而随钻头的旋转涂满孔壁，冷却后形成固着的胶渣，胶渣会影响后续沉铜与电镀制程，不利于孔铜的可靠性与导通性。图（b）是激光钻盲孔时产生胶渣的示意图，激光钻孔的能量大，同样会使盲孔内产生胶渣，不利于盲孔沉铜与电镀。

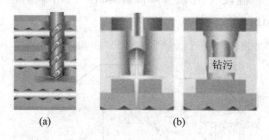

(a)　　　　　　　　(b)

图 1.63　胶渣的产生

去钻污的目的是去除板面的氧化层、钻孔产生的粉尘和毛刺，以便使板面和孔内清洁，同时活化孔壁，便于沉铜。

去钻污的原理是利用机械压力与高压水的冲力，冲刷板面与孔内异物，达到清洁的作用。

去钻污的流程为：上板→膨胀→水洗→去钻污→水洗→中和→水洗→干板。

（1）膨胀。膨胀（Swell）的原理是使介质层的环氧树脂溶胀，降低聚合物间的键能，以利于去钻污中高锰酸钠对树脂的咬蚀。

图 1.64 中，图（a）是膨胀剂溶胀胶渣的过程，图（b）是膨胀剂与胶渣作用后的图示。

（2）去钻污。去钻污的原理是依靠高锰酸盐的强氧化性攻击环氧树脂薄弱的键结部分，将孔内已膨胀且软化的树脂及钻孔后的残胶除去。

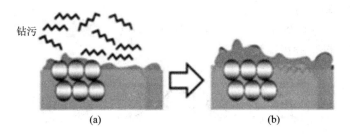

图 1.64　胶渣的产生

图 1.65 中，图(a)是高锰酸钾药水与溶胀的胶渣进行反应，其中胶渣为鼓起来的瘤状物；图(b)是反应后的图示，胶渣已被除去。

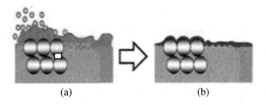

图 1.65　去钻污示意图

（3）中和。中和(Reduction)的作用是清除孔内残留的二氧化锰和高锰酸盐，同时将除胶后呈微负电性的孔壁调整为微正电性，以利于沉铜时钯离子的吸附。

图 1.66 中，图(a)是孔壁上中和药水与去钻污残留的药水反应示意图，孔壁的残留药水为褐色所示；图(b)是中和后的孔壁图片，孔壁上已经带有微正电性，便于孔壁金属化的进行。

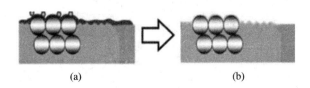

图 1.66　中和示意图

11）沉铜

沉铜(Electroless Plating Copper，PTH)又称孔金属化或化学镀铜，是对孔进行金属化，使原来绝缘的基材表面沉积上铜，达到层间电导通。其原理是通过前面的除胶渣，将孔内的钻孔钻污去除，使孔内清洁。通过活化在表面与孔内吸附胶体钯离子，在沉铜缸内发生氧化还原反应，在孔壁形成铜层。

沉铜的流程为：上板→除油→水洗→微蚀→水洗→后浸→水洗→预浸→活化→水洗→还原→水洗→沉铜→水洗→烘干。

（1）除油。除油(Cleaner)的作用是润湿及清洁内层铜表面，以获得良好的浸润性及内层铜与沉铜层间的结合力。

在钻孔时，孔壁和铜箔表面有油污，会影响镀铜层与基体的结合力，甚至沉不上铜，所以必须进行清洁处理。

（2）微蚀。微蚀(Micro-etching)的作用是去除板面氧化物，并粗化板面及内层铜，增大沉铜层与底铜的结合力。

图 1.67 中，图(a)是微蚀药水与氧化物及内层铜反应；图(b)是微蚀后的示意图，可看到板面与内层铜均已形成粗糙的结构。

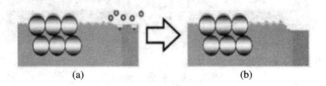

图 1.67　微蚀示意图

（3）后浸。后浸(Post-Dip)的作用是进一步清理板面上残余的微蚀药水，防止对后制程的影响。

（4）预浸。预浸(Pre-Dip)的作用是清洁铜面，保护活化剂不受污染。

（5）活化。活化(Activator)的作用是在孔内树脂及玻纤处充分吸附钯离子。活化的胶体钯微粒主要是通过粒子的布朗运动和异性电荷的相互吸附作用，分别吸附在微蚀后产生的活性铜面上和经清洗调整处理后的孔壁的非导电基材上。

活化液主要是由二价的亚锡离子包围钯原子核组成的胶体溶液。这种活化性的胶体颗粒会吸附在所有工件上，包括铜表面、非导电基材等，经活化处理后一般非导电基材呈褐色。

活化剂是一层介于化学铜层和基材铜或非导电基材上的物质，它可有效地增强铜与铜之间的结合力以及化学铜与非导电基材之间的结合力。活化药水的浓度会影响铜与铜之间的结合力，而且会提升钯的成本。

图 1.68 中，在活化药水作用后，孔壁吸附了钯离子。

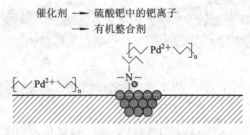

图 1.68　活化原理示意图

图 1.69 中，图(a)在孔壁的微正电性（通过去钻污的中和过程实现）和高分子钯络合物催化剂(Palladium Complex)的作用下，钯/锡胶体(Pd/Sn Colloid)负离子团吸附在孔壁上；图(b)是络合反应后的孔壁示意图，孔壁呈棕褐色。

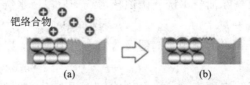

图 1.69　活化示意图

一般要求活化药水的 pH 值范围为 9.5～10.5。pH 值低于 9.5，则活化的稳定性降低；pH 值大于 10.5，则钯离子吸附能力降低，沉铜后易出现空洞。

（6）还原。经活化处理的板表面上吸附的是以钯核为中心的胶团，此胶团在水洗时，$SnCl_2$ 水解成碱式锡酸盐沉淀，包围在钯核表面，在化学沉铜之前，必须除去表面的沉淀，以使钯核露出来，从而实现沉铜过程的催化作用，这就是还原（Reducer）。其实质是使碱式锡酸盐溶解。

还原不仅提高了胶体钯的活化性能，而且去除了多余的碱式锡酸盐化合物，从而显著提高了化学镀铜层与基体间的结合强度。

还原的反应方程式为

$$(CH_3)_2NH \cdot BH_3 + 3H_2O \rightarrow (CH_3)_2NH + H_3BO_3 + 6H^+ + 6e^-$$

图 1.70 中，采用的是二甲基胺基硼烷 $(CH_3)_2NH \cdot BH_3$ 为还原剂，生成硼酸 $H_3BO_3$，来剥去钯外层的碱式锡酸盐外壳。

图 1.70　还原示意图

（7）化铜。化铜（Electroless Copper）的作用是在通孔、盲孔孔壁、孔底均匀地沉上一层薄铜，作为电镀加厚的导体，其厚度一般为 $0.25 \sim 0.5\ \mu m$。

沉铜槽在碱性条件下利用 EDTA（乙二胺四乙酸）作为络合剂（Chelator），$Cu^{2+}$ 被还原为化学铜而沉浸在孔或者铜的表面。

表 1-3 所示为沉铜药水的成分及作用。

表 1-3　沉铜药水的成分及作用

| 组　成 | 成　分 | 作　用 |
|---|---|---|
| 铜盐 | 253A、$CuSO_4 \cdot 5H_2O$ | 提供铜离子 |
| 络合剂 | 253E、EDTA | 络合铜离子，减缓沉积速率 |
| 还原剂 | 甲醛、HCHO | 可以有选择性地在活化过的基体表面自催化沉积铜 |
| PH 值调节剂 | NaOH | 甲醛在强碱条件下才具有还原性，因此必须加入适量的碱 |
| 添加剂 | — | 溶液中存在微量的 $Cu^+$，其歧化反应形成的铜粉具有催化作用，易加速化学铜溶液的分解。添加剂能络合 $Cu^+$，减少 $Cu^+$ 的干扰 |

化铜的反应原理如下：

主反应：$2HCHO + 4OH^- + [Cu-L]^{2+} \rightarrow Cu + 2HCOO^- + 2H_2O + H_2 + L$；

副反应：会生成 $CH_3OH$、HCOONa 等。

图 1.71 中，还原剂将溶液中的铜离子还原成铜原子，沉积在孔壁上。

图 1.71　沉铜示意图

图 1.72 中，左上图是钻孔图片，右上图是钻孔后的图片，孔壁绝缘，各个层次间未导通；左下图与右下图是沉铜后的图片，孔壁与板面沉积上一层薄铜，实现了各个层次的导通。

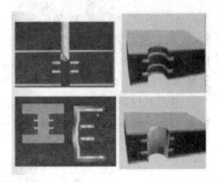

12）电镀

电镀是在化学沉铜层基础上，通过电解的方法沉积金属铜，以提供足够、可靠的导电性和厚度，防止导电电路出现热和机械缺陷，最终实现层与层之间的导通。

图 1.72　孔壁沉铜

电镀的原理为：通过浸酸清洁板面，在镀铜缸，阳极铜溶解出铜离子在电场的作用下移动到阴极，在阴极得到电子还原出铜附在板面上，起到加厚铜的作用。

表 1-4 所示为酸性镀铜药水的成分及作用。图 1.73 所示为电镀原理。

**表 1-4　酸性镀铜药水的成分及作用**

| 成　分 | 作　用 |
| --- | --- |
| 硫酸铜（$CuSO_4 \cdot 5H_2O$） | 提供电镀所需 $Cu^{2+}$ 及提高导电能力 |
| 硫酸（$H_2SO_4$） | 提高镀液导电性能，提高通孔电镀的均匀性 |
| 氯离子（$Cl^-$） | 帮助阳极溶解，协助改善铜的析出和结晶 |
| 添加剂 | 改善均镀和深镀性能，改善镀层结晶细密性 |

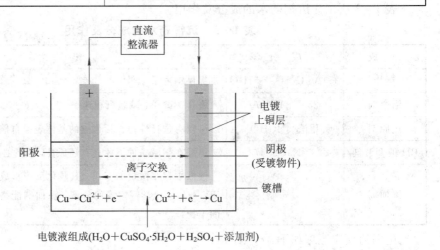

图 1.73　电镀原理

电镀可以分为加厚电镀（全板电镀）与图形电镀。

（1）加厚电镀。加厚电镀是在板面与孔内镀上一定厚度的铜，保护仅有 $0.25 \sim 0.5~\mu m$ 厚度的化学铜不被后制程破坏而造成孔破。

图 1.74 是加厚电镀示意图。

加厚电镀的流程为：（除油→水洗）→镀铜预浸→电镀铜→水洗→烘干→外层图形。

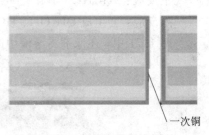

图 1.74　加厚电镀示意图

（2）图形电镀。图形电镀是将显影后裸露铜面的厚度加厚，以达到客户所要求的铜厚。在镀完铜的表面镀上一层锡，作为蚀刻时的保护剂。

图形电镀的流程为：外层图形→除油→水洗→微蚀→水洗→镀铜预浸→电镀铜→镀锡预浸→电镀锡→水洗→烘干→碱性蚀刻。

13）外层图形

外层图形完成外层图形的转移，形成外层线路。其原理和工艺流程与内层图形的相同。

外层图形的板面清洁是利用机械压力与高压水的冲力，冲刷清洁板面及孔内，同时使板面粗糙，便于贴膜。

图 1.75 是外层图形的制作过程，与内层图形流程相同。

14）图形电镀

图形电镀是使线路、孔内铜厚加厚到客户要求的标准。其原理是通过前处理，使板面清洁，在镀铜、镀锡缸阳极溶解出铜离子和锡离子，在电场作用下移动到阴极，从而得到电子，形成铜层和锡层。

图形电镀的流程为：除油→微蚀→预浸→镀铜→浸酸→镀锡。

图 1.76 中，图（a）是外层图形显影后的图片，而露出铜的部分可以镀铜、镀锡；图（b）是图形电镀后的图片，铜线路上镀上了一层白色的锡。在碱性蚀刻中，锡作为抗蚀剂，保护需要的图形线路。

图 1.75　外层图形制作过程

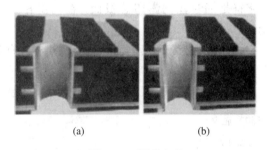

(a)　　　　　　　　(b)

图 1.76　图形电镀

15）外层蚀刻

外层蚀刻是将板面没有用的铜蚀刻掉，露出有用的线路图形。

针对全板电镀，外层蚀刻为酸性蚀刻，与内层蚀刻的药水相同；针对图形电镀，外层蚀刻为碱性蚀刻，其流程为：去膜→蚀刻→退锡。

碱性蚀刻的原理是在碱液的作用下，将干膜去掉露出待蚀刻的铜面。在蚀刻缸中，铜与铜离子发生反应，生成亚铜，达到蚀刻的作用；在退锡缸中，硝酸与锡面发生反应，去掉镀锡层，露出线路焊盘铜面。

图 1.77 中，图（a）是去膜后的图片，红色的铜裸露出来，在下一工序将会被蚀刻掉，而锡覆盖的铜蚀刻时受锡保护不会被蚀刻掉；图（b）是蚀刻后的图片，铜被蚀刻掉，基材露出；图（c）是退锡后的图片，褪锡后露出铜线路。

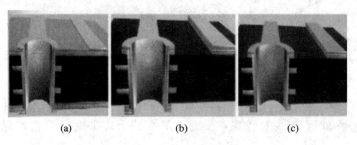

（a）　　　　　　　（b）　　　　　　　（c）

图 1.77　外层碱性蚀刻

16）外层检验

外层检验是采用 AOI 自动光学检验机，检验板面线路及孔铜有无缺陷。其检验原理与内层检验的相似。

17）阻焊

阻焊是在板面涂上一层感光油墨，通过曝光显影，露出要焊接的盘与孔，其它地方盖上阻焊层，起到防止焊接短路的作用。另外，在 PCB 板面涂覆阻焊层，有助于提高板件的散热能力。

阻焊的原理是：用丝印网版将油墨漏印于板面，通过预烘去除挥发，形成半固化膜层，通过对位曝光，被光照的地方阻焊膜交连反应，没照的地方在碱液作用下显影掉。在高温下，阻焊完全固化，附于板面。

阻焊的流程为：丝印第一面→预烘→丝印第二面→预烘→曝光→显影→固化。

18）字符

字符是通过丝网露印于板面，在高温作用下固化即可。在板面印上字符，起到标识作用。

字符的流程为：印第一面字符→预烘→丝印第二面字符→固化。

19）曝光

曝光内容略。

20）显影

显影内容略。

21）表面涂覆

表面涂覆是在裸露的铜面上涂盖上一层保护层，保护铜面不被空气氧化，便于焊接。涂覆方式包括：化学镍金（Electroless Nickel Immersion Gold，ENIG）、化学镍钯金（Electroless Nickel ElectrolessPd Immersion Gold，ENEPIG）、化银（Immersion Ag，IAg）、喷锡也称热风整平（Hot Air Solder Leveling，HASL）、化锡（Immersion Tin，ISn）、有机保护膜（Organic Solderability Preservative，OSP）、金手指、化金＋OSP、电软金、电硬金等。

22）外形

外形是将拼版加工形成客户要求的有效尺寸，即将拼版铣成单板。其原理是：将板定位好，利用数控铣床对板件进行加工。

外形的流程为：打销钉孔→上销钉定位→上板→铣板→清洗。

23）电性能测试

电性能测试是模拟板的状态，通电进行电性能检查，检查板件是否有开路和短路。其原理是根据设计原理，在每一个有电性能的点上进行通电，测试电性能是否导通。

电性能测试的流程为：测试文件→板定位→测试。

电性能测试一般的测试设备为通用针床测试机和飞针测试机。通用测试机需要制作测试架，测试效率低，成本高；针床测试机无需制作测试架，测试效率高。

24）成品检验

成品检验是对板的外观、尺寸、孔径、板厚、标记等进行检查，满足客户要求方可出货。

25）终审

终审是根据工程指示的原始要求，利用一些检测工具对板进行测量，对板件做最终的可靠性与符合性检测。

26）包装／入库

包装是将板件按照客户要求进行包装装箱，便于运送。包装包括真空包装、密着包装和真空密着包装。

入库内容略。

## 1.3.3　背板

背板（Backpanel）属于高端 PCB 产品。背板一般是指层数为 8 层以上的电路板，主要是 8～28 层，采用的材料一般为 FR-4 材料。电路一般采用差分线设计，有阻抗要求。

背板主要应用于通信设备、大型服务器、医疗电子、军事、航天等领域，部分背板表面提供若干插槽，以连接其它的 PCB 或电子元器件。由于军事、航天属于敏感行业，国内背板通常由军事、航天系统的研究所、研发中心或具有较强军事、航天背景的 PCB 制造商提供。在我国，背板需求主要来自以华为、中兴为代表企业的、在世界通信产业占有一席之地并逐渐发展壮大的通信设备制造领域。

背板是路由器输入端与输出端之间的物理通道，背板能力决定了路由器的吞吐量。随着我国通信行业进入 3G 时代，运营商提出了 25G 甚至更高速的背板需求，对高速背板的设计与研发将是未来的一大趋势。

## 1.3.4　金属基板

金属基板（Heat-sink PCB）的主要技术特色是在 PCB 上嵌入散热铜块，以解决 PCB 的散热问题。

**1. 整板金属基产品**

在高频微波应用场合，会有大功率的功放器件贴装在 PCB 上，如果热量不能及时散发，便会导致器件失效。现在业内普遍采用在 PCB 上增加金属基，将功放器件贴装在金属基上进行散热。

图 1.78 中，PCB 功放槽部位已经开槽，椭圆框是功放槽部位，中间是导电胶（黏结片），金属基与 PCB 的尺寸相同，通过压机压合，使得 PCB 与金属基之间黏合在一起。

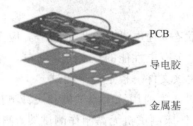

图 1.78　整板金属基

整板金属基因为是单面的 PCB 结构，导致其应用受限；使用整块的铜基，导致成本上升，板件重量加重。但相比于其他金属基产品，整板金属基的散热效果却是最佳的。

**2. 局部金属基产品**

局部金属基产品只在局部需要散热的位置压合铜基进行散热，这样可以节约成本，其散热能力也较好。

**3. 嵌入式金属基**

嵌入式金属基完全嵌入 PCB 内，通过流胶黏结，且高度与 PCB 一致。其技术难点是板面平整度、缝隙、流胶、可靠性的控制。

图 1.79 中，铜基与 PCB 只靠内层芯板间的半固化片黏结，需要考查半固化片的流胶、铜基与 PCB 有无缝隙、铜基表面的流胶等。另外，板件成品后，需要考查铜基与 PCB 的结合力。

铜块

图 1.79　嵌入式金属基

## 1.3.5　陶瓷基板

陶瓷基板是指铜箔在高温下直接键合到陶瓷基片表面（单面或双面）的特殊工艺板。所制成的超薄复合基板具有优良的电绝缘性能、高导热特性、优异的软钎焊性和较高的附着强度，并可像 PCB 一样能刻蚀出各种图形，具有很大的载流能力。

根据基片的种类不同，陶瓷基板主要有四种：$Al_2O_3$ 基板、AlN 基板、SiC 基板和低温烧制玻璃陶瓷基板。

陶瓷散热基板的工艺主要有：LTCC（Low Temperature Co-fired Ceramic，低温共烧陶瓷）、HTCC（High Temperature Co-fired Ceramic，高温共烧陶瓷）、DBC（Direct Bonded Copper，直接键合铜基板）和 DPC（Direct Plate Copper，直接镀铜基板）。

**1. LTCC 技术**

LTCC 技术是将低温烧结陶瓷粉制成厚度精确且致密的生瓷带，在生瓷带上利用激光打孔、微孔注浆、精密导体浆料印刷等工艺制出所需的电路图形，并将多个被动组件埋入多层陶瓷基板中，然后叠压在一起，内外电极可分别使用银、铜、金等金属，在 900℃ 下烧结，制成三维互不干扰的高密度电路，也可制成内置无源元件的三维电路基板，在其表面可以贴装 IC 和有源器件，制成无源/有源集成的功能模块，可进一步将电路小型化与高密度化，特别适合用于高频通信组件。

图 1.80 所示为 LTCC 多层基板制造工艺流程图，主要有混料(混合搅拌)、流延、烘干、打孔、印刷导体浆料，通孔、填充、叠层、对齐、热压、切片、排胶、烧结、焊接、检验等工序。

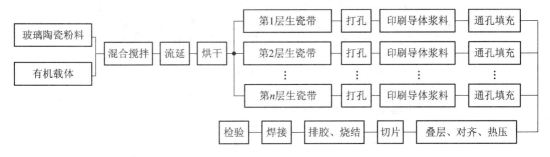

图 1.80　LTCC 多层基板制造工艺流程图

**2. HTCC 技术**

HTCC 的生产制造过程与 LTCC 的极为相似，主要差异在于 HTCC 的陶瓷粉末并未加入玻璃材质，因此 HTCC 必须在高温 1300~1600℃ 环境下干燥硬化成生胚。接着钻导通孔，填孔与网版印刷线路，最后再叠层烧结成型。因其烧结温度较高，使得金属导体材料的选择受限，主要材料为熔点较高但导电性较差的钨、钼、锰等金属。

表 1-5 将高温共烧陶瓷与低温共烧陶瓷进行了比较。

**表 1-5　低温共烧陶瓷与高温共烧陶瓷的比较**

| 名称 | 高温共烧陶瓷基板(HTCC) | 低温共烧陶瓷基板(LTCC) |
|---|---|---|
| 基板介质材料 | 氧化铝、莫来石、氮化铝等 | (1) 微晶玻璃系材料；(2) 玻璃-陶瓷系材料；(3) 非玻璃系材料 |
| 导带金属材料 | 钨、钼、钼-锰 | 银、金、铜、钯-银等 |
| 共烧温度 | 1650~1850℃ | 950℃ 以下 |
| 优点 | (1) 机械强度较高；(2) 散热系数较高；(3) 材料成本较低；(4) 化学性能稳定；(5) 布线密度高 | (1) 导电率较高；(2) 制作成本较低；(3) 可内埋被动组件模块；(4) 有较小的热膨胀系数和介电常数，介电常数易调整；(5) 有优良的高频性能；(6) 使用电导率高的金属做导体材料，可提高基板的导电性能；(7) 可制作线宽小于 50 $\mu$m 的细线路结构电路；(8) 集成元件的种类多，参量范围大；(9) 非连续性的生产方式，允许对生坯基板进行检查，从而提高成品率，降低生产成本 |
| 缺点 | (1) 导电率较低；(2) 制作成本高 | (1) 机械强度低；(2) 散热系数低；(3) 材料成本高 |

高温共烧陶瓷基板和低温共烧陶瓷基板统称为共烧陶瓷多层基板。高温共烧陶瓷与低温共烧陶瓷相比，具有机械强度高、布线密度高、化学性能稳定、散热系数高和材料成本低等优点，在热稳定性要求更高、高温挥发性气体要求更小、密封性要求更高的发热及封装领域，得到了更为广泛的应用。

### 3. DBC 陶瓷基板

将高绝缘性的陶瓷基板的单面或双面覆上铜金属后，经由高温 1065～1085℃加热，使铜金属因高温氧化、扩散与 $Al_2O_3$ 材质产生共晶熔体，使铜金属与陶瓷基板黏合，形成陶瓷复合金属基板，最后以蚀刻方式制备线路，如图 1.81 所示。

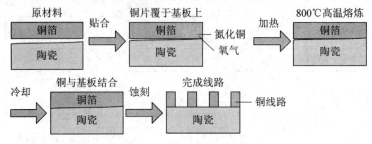

图 1.81　DBC 工艺流程

### 4. DPC 陶瓷基板

首先将陶瓷基板做前处理清洁，利用薄膜专业制造技术——真空镀膜方式于基板上溅镀结合于铜金属复合层；接着进行曝光、显影、蚀刻、去膜等工艺完成线路；再电镀/化学镀沉积来增加线路厚度；最后待光阻移除后，即完成金属线路制作，如图 1.82 所示。

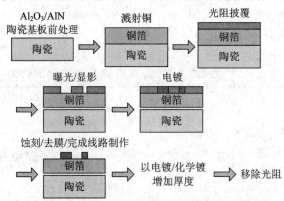

图 1.82　DPC 工艺流程

## 1.3.6　埋置式多层基板

埋入式板件(Embedded PCB)是利用材料的特殊性能，实现容阻感相应的电气功能，以节省 PCB 表面组装空间。其技术难点是容阻感的数值与精度控制。

### 1. 埋容技术

图 1.83 中，图(a)是传统电容，图(b)是埋容材料。埋容材料上下两面是铜箔，中间是介质层(Ni—P 层)。

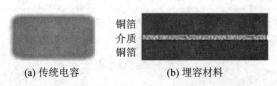

图 1.83　埋容产品图片

目前市面上常用的埋容材料有 3MC—PLY 系列、BC—2000。

图 1.84 中，埋电容是设计在 PCB 内层，而电容性能则是通过过孔连接实现的。

图 1.84　埋电容采用过孔连接

电容值的计算公式如下：

$$C = \varepsilon_r \varepsilon_0 \frac{A}{t} \tag{1-5}$$

式中：$\varepsilon_0$ 为真空介电常数，$\varepsilon_0 = 8.85 \times 10^{-12}$ F/m；$\varepsilon_r$ 为相对介电常数；$A$ 为电容层上下平面面积($m^2$)；$t$ 为电容层介质厚度(m)。

所以，在材料固定的情况下，可通过改变材料面积大小来改变电容值。埋电容具有更小的 ESR/ESL(等效串联电阻/等效串联电感)。

**2. 埋阻技术**

埋阻是将某种电阻材料采用一定的工艺方法，嵌入到普通 PCB 里面的技术。

图 1.85 中，埋阻芯板是通过将电阻材料压在普通芯板内层实现的。电阻的制作是在电阻材料上形成的。

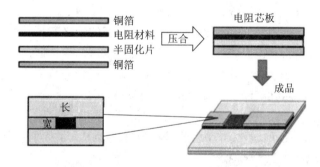

图 1.85　埋阻材料与埋阻原理

通过以下电阻值的计算公式可近似计算出电阻值：

$$R = \rho \frac{L}{S} \tag{1-6}$$

式中：$\rho$ 为电阻率；$L$ 为材料的长度；$S$ 为材料截面积。

**3. 埋电感(磁芯环)技术**

埋电感(磁芯环)是将磁芯环采用一定的工艺方法，嵌入到普通 PCB 里的加工技术，它通过环状布局产生电感效应。

图 1.86 是埋电感的结构图，灰色部分(即"I"形中间部分)为磁芯环，通过在磁芯环的内外钻孔，孔金属化，将内外孔导通即可实现电感效应。其等效环状电感如图 1.87 所示。

图 1.86　埋电感的结构图

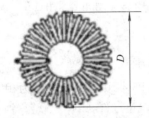

图 1.87　等效环状电感示意图

### 1.3.7　刚挠组合基板

挠性印制板(Flex PCB)指用挠性基材制成的印制板,简称软板或柔性板。

刚挠结合板(Rigid & Flex PCB 或 RF PCB),是指一块印制板上包含一个或多个刚性区和挠性区,由刚性板和挠性板有序地层压在一起组成。刚性印制板上的线路与挠性印制板上的线路通过金属化孔相互导通。

挠性基材采用的是可挠曲的绝缘薄膜,作为电路板的绝缘载体,要求具有良好的机械性能和电气性能。现在常用的是 PI 聚酰亚胺薄膜和聚酯 PET 薄膜。

由于挠性材料的特殊性能,刚挠结合板的工艺流程与普通多层板的流程有所不同。由于篇幅有限,这里不再赘述,请读者查阅相关资料进行了解。

图 1.88 中,图(a)是一款纯软板,设计有线路和金手指;图(b)是一个刚挠结合板,板件中间"S"形部分的软板可以折叠,在组装过程中可以节省大量空间。

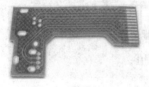

(a) 纯软板　　　　　　　(b) 刚挠结合板

图 1.88　刚挠结合板

## 习　　题

1.1　简述电子封装的定义与层次。

1.2　简述电子封装的功能与发展。

1.3　简述封装的结构形式。

1.4　简述 BGA 含义及在电子封装中的功能。

1.5　简述 CSP 的定义及采用 CSP 封装的优势。

1.6　简述 3D 封装的定义与分类。

1.7　简述 SOC 的定义与结构。

1.8　简述微系统技术的定义和特点。

1.9　简述基板的工艺流程。

1.10　简述层压的原理，需要考虑的参数有哪些？

1.11　简述电镀的原理，比较加厚电镀与图形电镀的区别。

1.12　金属基板的类型有哪些？同时指出这些类型在工艺上的差别。

1.13　陶瓷基板的加工工艺有哪些？简述其原理。

# 第 2 章　机械振动基础

## 2.1　机械振动概述

电子设备工作过程中,将受到各种机械力——振动、冲击、离心力及运动产生的摩擦力的作用,其中振动、冲击对设备的危害最大。设备受振动作用产生共振时,振动加速度超过设备的极限加速度而破坏,或者由冲击引起的冲击力超过设备的强度极限,导致设备损坏。长期受到振动、冲击的作用,会使设备产生疲劳损坏、电参数飘移、元件引线或焊点断裂、元件及引线位移或变形,从而使分布参数发生变化,引起电回路失谐等。为了保证电子设备的工作可靠性,必须对电子设备的工作环境进行认真的调查研究与分析,提出相应的机械防护措施:减弱和消除振源、去谐、去耦、阻尼、小型化、刚性化和隔振、隔冲等。

### 2.1.1　电子产品的机械环境

电子设备在工作过程中,常常遇到的机械环境有:周期振动、随机振动、冲击、恒加速度以及声振等。机械环境应从设备的装卸、运输及工作的全过程进行分析。

**1. 飞机和导弹上的电子设备**

飞机和导弹上的机械环境取决于机型、导弹类型及设备的安装位置等。飞机的振动频带为 3～1000 Hz,相应的加速度约为 1～5 g,最大加速度发生在垂直方向,而最低加速度发生在纵向。

直升机的振动频带为 3～500 Hz,加速度值为 0.5～4 g,最大加速度发生在垂直方向,存在低频的振动。其着陆和机动飞机的恒加速度约为 2 g。

导弹的振动主要是随机振动,其激振源有声激励、气动激励和机械激励三种。导弹飞行时的转弯和加速度将产生很大的恒加速度,在同一导弹内,电子设备离弹体重心和轴线越远所受的恒加速度作用就越大。

**2. 舰船上的电子设备**

舰船上的振动和冲击与舰船的类型、海浪级别、航速及安装部位有关。其主要振源是发动机(叶频振动和轴频振动),叶频振动频率由主轴转速与叶片(螺旋桨)数的乘积而定,轴频与发动机的转速一致。离发动机越远振动越弱,桅杆区振动最强,尾区最弱,垂直方向的振动比其它方向的振动强烈。

舰船的振动频带为 1～50 Hz,常见的是 12～33 Hz,此范围内最大加速度值为 1 g。

军用舰船上,各种爆炸及武器发射成为冲击的一个重要因素。

### 3. 汽车、火车上的电子设备

汽车的振动和冲击值，与汽车类型、速度、路面情况、载重量等有关，其振动频率可分为四段：

（1）2～5 Hz，取决于前后支撑弹簧系统的固有频率，与弹簧刚度及载荷值有关，而与路面及车速无关。

（2）6～14 Hz，取决于轮胎及轮轴系统。

（3）10～300 Hz，发动机产生的振动，振幅较小，易隔离。

（4）$10H_2$ 至几百赫兹，为机架及车厢的振动，是由冲击直接引起的自由振动。由于结构阻尼作用，这些振动将迅速衰减。垂直方向的振动较其它方向的振动强度大。

汽车在不平坦的路面上行驶时，将产生大冲击，几乎无衰减地传给电子设备。

火车的振动与冲击，主要由发动机、铁轨不平度、车轮不圆度、铁轨接缝、车厢连接、启动和停车引起，其中启动、停车时产生的振动和冲击幅值较大。

各种运输工具的振动和冲击加速度见表 2-1 和表 2-2 所列。

**表 2-1　各种运输工具的振动**

| 名　　称 | 频率/Hz | 最大振幅/mm | 最大加速度/g | 名　　称 | 频率/Hz | 最大振幅/mm | 最大加速度/g |
|---|---|---|---|---|---|---|---|
| 自行车（路面条件恶劣、有载重） | 0～10 | — | 5.4 | 火车 | 2～10 | 38 | 1.25 |
| 二轮摩托车（路面条件恶劣、有载重） | 3～5 | — | 6.1 | 活塞式飞机 | 0～100 | 0.25 | 5 |
| 三轮摩托车（路面条件恶劣、有载重） | 3～20 | — | 2.5 | 涡桨式飞机 | 0～500 | 0.025 | 1.8 |
| 小型汽车（路面条件恶劣、有载重） | 2～20 | — | 1.6 | 喷气式飞机 | 0～500 | 0.025 | 12.5 |
| 载客汽车 | 1～20 | 153 | 0.3 | 快艇 | 70～480 | 0.3 | 6.4 |
| 载重汽车 | 4～80 | 127 | 4.1 | 船 | 0～300 | 0.76 | 0.8 |

**表 2-2　各种运输工具上的冲击加速度**

| 名称 | 运输状况 | 最大加速度/g | 名称 | 运输状况 | 最大加速度/g |
|---|---|---|---|---|---|
| 飞机 | 正常飞行 | 4～8 | 火车 | 正常运行 | 3.5；10～50 |
| | 非正常飞行 | 25～30 | | 恶劣状态运行和高频工作时 | 25～30 |
| | 进行战斗和武装反射 | 50～75 | | | |
| 汽车 | 正常行驶 | 5～7 | 船 | 正常工作 | 5～6 |
| | 参加战斗 | 数百 g；10 ms | | 参加战斗和武器发射时 | 数百 g |

## 2.1.2　机械振动对电子产品的危害

振动和冲击可能使电子设备受到的危害有：

(1) 没有附加紧固零件的电子管会从管座中跳出来，并碰撞其它元件而造成损坏。

(2) 电子管电极变形、短路、折断，或者由于各电极做过多的相对运动而产生噪声，不能正常工作。

(3) 振动引起弹性零件变形，使具有触点的元件(电位器、波段开关、插头插座)可能产生接触不良或完全开路。

(4) 指示灯忽亮忽暗，仪表指针不断抖动，使观察人员读数不准，视力疲劳。

(5) 当零件固有频率和激振频率相同时，会产生共振现象。例如：可变电容器片子共振时，使电容量发生周期性变化；振动使调谐电感的铁粉芯移动，引起电感量变化，造成回路失谐，工作状态破坏。

(6) 安装导线变形及移位使其相对位置改变，引起分布参数变化，从而使电感、电容的耦合发生变化。

(7) 机壳和底板变形，脆性材料(如玻璃、陶瓷、胶本、聚苯乙烯)断裂。

(8) 防潮和密封措施受到破坏。

(9) 螺钉、螺母松开甚至脱落，并撞击其它零部件，造成短路和破坏。

设备由机械作用力引起损坏时，因其电阻、电容数量多，所以损坏也多，约占一半以上；电子管的损坏约占 20%；继电器比电子管易于破坏，但因数量不多，损坏所占比例约为 5%；各种机械损坏(锁紧卡箍断裂、螺钉螺母的松脱等)约占 11%。

在雷达设备中，振动引起的是元件或材料疲劳损坏，而冲击则是由瞬时加速度很大(即冲击作用力很大)造成元件的损坏。振动引起的故障约占 80%，冲击引起的故障约占 20%。有时设备机座在振动频率为 200 Hz，加速度为 5 g 时就会发生故障，但在受到6 ms、50 g 的冲击时，却不发生故障，仅产生变形。可见，振动试验和冲击试验二者不能相互代替。

## 2.1.3　线性弹性系统的模型化

电子设备的实际振动系统是很复杂的，完全按照实际情况进行振动分子计算是很困难的，因此，对实际振动系统进行分析计算时，应抓住主要因素，略去次要因素，对其进行简化，即模型化。动力学模型就是在进行振动计算时，用来代表实际振动系统经过简化了的模型振动分析的精确度，取决于弹性系统模型化的正确程度。

简化了的力学模型应满足下列基本要求：

(1) 反映实际振动系统的基本特性。

(2) 模型要便于计算。

**1. 系统模型化的基本原则**

(1) 组成的构件中刚度较大的质量，相对于弹性构件而言，可以假设为无弹性刚体质量。

(2) 质量较小的弹性构件，相对于大质量刚体而言，可假设为无质量弹簧，或者以部分质量附加于刚体视为无质量弹簧。

(3) 系统中力的变化和运动参数能够线性化的尽量线性化，例如弹性力与位置、阻尼力与速度、惯性力与加速度均为一次方正比。不能线性化的在小振动、小振幅范围内，以等效线性值代替非线性。

（4）当确定系统运动所必需的独立坐标数即自由度时，以不影响结果的准确程度为原则，越少越好。

（5）对于小阻尼系统，可以认为自振动频率与阻尼无关，非共振区振幅与阻尼无关，可以认为阻尼的主要作用是降低共振时的振幅与消耗振动和冲击能量。

（6）在简单振动系统中，可以用往复振动的特性参数代替弯曲振动、扭转振动、摇摆振动等，或者相对应转换，但运动方程必须相同。

**2. 简化时的具体假设**

简化程度的大小取决于系统组成的本身性质能不能简化，所要求结果的准确程度、允许范围以及可忽略的成分与要求结果相关。

通常在对电子设备简化为力学模型时，要作以下几项具体假设：

1）设备是刚体质块的假设

将设备看成是一个完整刚体质块，完全符合刚体运动理论，没有变形，可以用集中质量表示设备的运动参数——位置、速度和加速度，以及对质量中心作用的弹性恢复力、阻尼力、惯性力和外界干扰力等诸力，进行力的平衡。

2）弹性支承是没有质量仅有刚度和阻尼的假设

弹性支承一般是以线性刚度黏性阻尼作为考虑条件，与设备构成质量—弹簧—阻尼的弹性系统。

3）刚性基础的假设

弹性支承的基础视为质量无限大、刚度无限大，即基础频率远远高于系统频率，不参与也不影响弹性系统的振动特性。由双自由度系统振动原理证明，在基础质量大于系统质量的情况下，如果基础频率等于系统频率的三倍或者三倍以上，即符合以上刚性基础的假设，通常这是能够保证的。

# 2.2　振　动　原　理

随着现代科学技术的发展，振动分析在电子设备设计中，以及飞行器、船舶、土建、机械等设计方面都占有愈来愈重要的地位，尤其像电子设备之类结构，振动问题显得更为重要。电子设备的运输包括汽车、火车、飞机、轮船等各种交通工具。电子设备的载荷所引起的强烈振动，会使电子设备不能正常工作，失去可靠性；会使电子设备结构产生交变应力，导致疲劳破坏；会使电子设备发生各种共振，以致迅速破坏。因此，电子设备的设计、制造、使用，均需解决其振动问题。要解决这些振动问题，必须用振动理论作指导。所以，振动理论方面的知识是电子设备结构、机械专业工程人员必不可少的。

系统所产生的在其平衡位置附近的往复运动为振动。这里所谓的系统是机械系统，是指有一些具有力学特性的元件组成的组合体，它可以完成某种特定的功能，组成系统的元件有弹性元件、惯性元件、阻尼元件等。

振动分析的一个重要问题是建立系统的数学模型。系统经过抽象以后，其力学特性可用数学关系式表示，表达系统力学特性的数学方程称为系统的模型。为建立数学模型，要对系统进行抽象化，忽略一些次要因素，突出它的主要力学性能，分析各元件的力学特性，以及它们之间的组合关系，然后对抽象化了的系统，应用力学原理建立它们之间的数量关系，写出描述系统力学特性的数学方程。建立数学模型是进行振动分析的关键一步，它决定了振动分析的正确性与精确性，又决定了振动分析的可行性及繁简程度。

按系统的数学模型可分为线性系统和非线性系统。若系统内元件的力学特性是线性的，建立的数学方程是线性微分方程，则该系统为线性系统。系统往往做微小振动，它的元件的力学特性在线性范围内，所以实际遇到的振动多属线性振动。线性振动有线性叠加原理，它给振动分析带来了方便，线性振动的分析方法已发展完善，故这里主要叙述线性振动。凡不是线性系统的系统均为非线性系统，有不少场合必须考虑非线性振动。

按系统模型的自由度可把系统的数学模型分为单自由度、多自由度及无限多自由度系统。描述系统运动状态所需的独立坐标数目是系统的自由度。图 2.1 所示单摆的运动状态仅用其偏离铅垂位置的转角 $\theta$ 就可描述，所以它是单自由度系统。将电子设备经隔振系统装于飞行器上，其中的变压器装在底板中央，底板固定在电子设备的框架上，若以机架即变压器偏离平衡位置的位移描述系统的运动状态，则整个系统就是一个二自由度系统。实际电子设备是由连续弹性体组成的，是无限多自由度系统，对它进行振动分析是困难的，有时甚至是不可能的，常用离散化方法把复杂的连续参数系统离散化为有限多自由度系统，降低它的自由度数目。

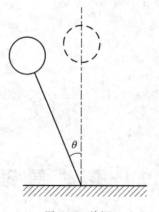

图 2.1　单摆

按激励与响应的变化规律，可将振动分为确定性振动和随机振动。凡系统振动的时间历程可用确定的时间函数来描述的振动均为确定性振动，它每一时刻的运动量为已知的确定值，包括简谐运动、非简谐周期运动和一般非周期运动。这里重点分析确定性振动，最基本的是简谐力作用下的稳定响应。随机振动具有随机性，是不能预先确定的振动，但它有一定的统计规律。自然界中大量存在着随机振动。

振动分析主要包括两个方面的内容：系统的固有动力特性与系统的动力响应。系统的固有动力特性包括固有频率、固有振型、模态质量等，是系统本身所具有的振动特性，与外激励无关，它反映了系统的基本振动性质。它的理论分析是建立在没有外载的自由振动微分方程的求解上。对系统的振动分析首先要分析系统的固有动力特性。系统的动力响应是系统在外加激励下所产生的位移、速度、加速度等运动响应。它的分析是建立在外激励下的受迫振动微分方程的求解上。此外，振动分析中还采用拉氏变换法、能量法等。

### 2.2.1 机械振动的基本概念

最简的振动系统是图 2.2 所示的弹簧—质量系统，它由一个具有质量的重块（惯性元件）和一根无质量的弹簧（弹性元件）组成。显然描述该系统运动状态的独立坐标是重块离开平衡位置的铅垂位移，故它为单自由度系统。将重块下拉某距离后放开，则重块在其平衡位置附近往复运动，即重块产生振动。常定义运动量（位移、速度、加速度）随时间的变化规律为时间历程，则在上

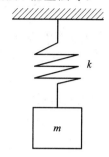

图 2.2 弹簧—质量系统

述重块的平衡位置为原点时，系统的位移时间历程 $x(t)$ 是时间 $t$ 的正弦函数，即

$$x(t) = A\sin(\omega t + \varphi) \tag{2-1}$$

把这种振动称为简谐振动。分析式（2-1）所示的简谐振动，可得出它的如下特性：

（1）把系统做简谐振动时偏离平衡位置的最大位移称为振幅，则式（2-1）所示振动的振幅始终为 $A$。

（2）若经过一定时间间隔 $T$，系统将重复它的运动，即 $x(t+T)=x(t)$，则该运动为周期运动，且把最小的 $T$ 称为该周期运动的周期。所以，式（2-1）所示简谐振动是周期为 $T=2\pi/\omega$ 的周期振动。

系统单位时间内做重复运动的次数为它的频率 $f$，显然，

$$f = \frac{1}{T} \tag{2-2}$$

频率的单位为 Hz。为了方便，采用圆频率，它是单位时间的弧度数。圆频率 $\omega$ 与 $f$ 的关系为

$$\omega = 2\pi f = \frac{2\pi}{T} \tag{2-3}$$

（3）表示简谐振动的三角函数的自变量 $\omega t + \varphi$ 为振动的相位。初瞬时（$t=0$）的相位 $\varphi$ 为初相位。相位的量纲为°或者弧度。显然每完成一个周期，其相位增加为

$$\omega(t+T) + \varphi - (\omega t + \varphi) = 2\pi \tag{2-4}$$

由式（2-1）可进一步写出其速度 $\dot{x}(t)$ 及加速度 $\ddot{x}(t)$ 为

$$\dot{x}(t) = \frac{\mathrm{d}x}{\mathrm{d}t} = \omega A\cos(\omega t + \varphi) = \omega A\sin\left(\omega t + \varphi + \frac{\pi}{2}\right) \tag{2-5}$$

$$\ddot{x}(t) = \frac{\mathrm{d}^2 x}{\mathrm{d}t^2} = -\omega^2 A\sin(\omega t + \varphi) \tag{2-6}$$

综合以上分析，表示一个简谐振动需要三个要素，即频率（或周期）、振幅和初相位，由它们可完全描述一个简谐振动。

利用三角函数间的关系，式（2-1）用正弦函数表示的简谐振动也可用余弦函数表示为

$$x(t) = A\cos(\omega t + \varphi') \tag{2-7}$$

其中，$\varphi'=\varphi-90°$，显然式（2-1）和式（2-6）表示同一简谐振动。

以上就是简谐振动的三角函数表示。此外，简谐振动还可用旋转矢量和复数表示。

## 2.2.2　振动方程的建立

振动分析中最重要的(有时是困难的)是按抽象化模型利用数学力学知识建立系统的运动方程。振动分析中,建立运动方程的常用方法就是下面所要介绍的利用达朗伯原理的直接力平衡法。

构成振动系统的基本元件有惯性元件、弹性元件和阻尼元件。惯性元件指系统内具有一定质量或转动惯量的物体。由达朗伯原理可知,惯性元件的力学特征是它在振动时提供了惯性力 $F_m$,且

$$F_m = -m\ddot{x}(t) \tag{2-8}$$

其中:$m$ 为惯性元件的质量(或转动惯量);$\ddot{x}(t)$ 为惯性元件的加速度(或角速度);$F_m$ 为惯性力(惯性矩),它的方向与加速度反向,故冠以负号。惯性元件的符号及力学特征表示在图 2.3 中。

弹性元件是指系统内具有一定弹性的物体,它总是能恢复到原始未变形状态。弹性元件的力学特征是当它偏离原始未变形状态时,将提供弹性力(恢复力)$F_s$,使它恢复到原始未变形位置,其大小为

$$F_s = -k\delta \tag{2-9}$$

其中:$\delta$ 为弹性元件的变形,对弹簧则是其两端位移之差;$k$ 是表示弹性元件力学特征的刚度系数;$F_s$ 是作用在惯性元件上的恢复力,它与变形反向,故冠以负号。弹性元件的符号及力学特征表示在图 2.4 中。

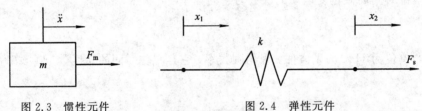

图 2.3　惯性元件　　　　　　　　图 2.4　弹性元件

阻尼元件是指给系统提供阻尼的阻尼器。阻尼有介质阻尼、材料阻尼、摩擦阻尼等,其种类很多,性质比较复杂,最常用、最简单的是提供黏性阻尼的阻尼器。阻尼元件的力学特征是提供阻碍系统振动的阻尼力。黏性阻尼器提供的阻尼力 $F_d$ 为

$$F_d = -c(\dot{x}_2 - \dot{x}_1) \tag{2-10}$$

其中:$\dot{x}_1$、$\dot{x}_2$ 是阻尼器两端的速度;$c$ 是表征阻尼器阻尼特征的黏性阻尼系数;$F_d$ 是作用在惯性元件上的阻尼力,它与相对加速度成正比,但反向,故冠以负号。阻尼元件的符号及力学特征表示在图 2.5 中。

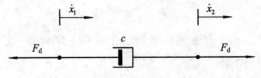

图 2.5　阻尼元件

引入抵抗加速度的惯性力,则运动方程的表达式仅仅是作用于质量上所有力的平衡表达式。设作用于系统的外力为 $f(t)$,则由惯性元件、弹性元件、阻尼元件组合的系统的运动方程式为

$$f(t) - kx(t) - c\dot{x}(t) - m\ddot{x}(t) = 0 \tag{2-11}$$

即 $f(t) = kx(t) + c\dot{x}(t) + m\ddot{x}(t)$，此即单自由度系统的运动方程式。

### 2.2.3 周期振动及其谱分析

周期振动是经过一定时间间隔 $T$（振动周期）系统将重复其运动过程的振动。它比简谐振动复杂得多，其分析方法为谱分析法。

由数学分析理论知，在一个周期[0，$T$]内，分段单调连续的周期函数 $x(t)$ 可展开为傅氏函数：

$$x(t) = \frac{a_0}{2} + \sum_{n=1}^{\infty} [a_n \cos n\omega_0 t + b_n \sin n\omega_0 t] \tag{2-12}$$

其中，$\omega_0 = \dfrac{2\pi}{T}$ 是周期运动的基频。

$$\begin{cases} a_0 = \dfrac{2}{T} \displaystyle\int_0^T x(t)\mathrm{d}t \\[2mm] a_n = \dfrac{2}{T} \displaystyle\int_0^T x(t)_n \cos n\omega_0 t \mathrm{d}t \\[2mm] b_n = \dfrac{2}{T} \displaystyle\int_0^T x(t)_n \sin n\omega_0 t \mathrm{d}t \end{cases} \tag{2-13}$$

根据简谐振动的合成规律，式(2-12)可改写为

$$x(t) = A_0 + \sum_{n=1}^{\infty} A_n \sin(n\omega_0 t + \varphi_n) \tag{2-14}$$

其中，$A_0 = \dfrac{a_0}{2} = \dfrac{1}{T} \displaystyle\int_0^T x(t)\mathrm{d}t$，为 $x(t)$ 在一个周期内的平均值。

$$A_n = \sqrt{a_n^2 + b_n^2} \tag{2-15}$$

$$\varphi_n = \arctan \frac{a_n}{b_n} \tag{2-16}$$

式(2-14)表明，周期振动可表示为不同频率的简谐振动的叠加，$A_0$ 为直流分量，$A_n \sin(n\omega_0 t + \varphi_n)$ 为 $n$ 阶谐波分量，其频率是基频 $\omega_0$ 的 $n$ 倍，振幅、初相位分别为 $A_n$、$\varphi_n$。由此可得，周期振动的特点如下：

（1）周期振动各阶谐波分量的频率为其基频的整数倍，不含有其它频率的谐波分量。

（2）不同阶谐波分量有不同的幅值。以频率为横坐标，幅值为纵坐标所作的频率—幅值曲线为幅值频谱图。

（3）不同频率的谐波分量具有不同的初相位，即各阶谐波分量之间一般具有相位差 $\varphi$，$\varphi = 0$ 表示二者同相，$\varphi = \pi$ 表示二者反相，$\varphi = \pm\dfrac{\pi}{2}$ 表示二者正交。以频率为横坐标，相位为纵坐标所作的相位随频率变化曲线为相位频谱图，对周期振动它也是离散的。

### 2.2.4 单自由度自由振动

单自由度振动是最简单的振动，多自由度振动为简单的单自由度振动叠加而成，所以单自由度振动在振动分析中是很重要的。我们先分析单自由度振动，并先按有、无阻尼讨论其自由振动。

### 1. 无阻尼自由振动

对图 2.6 所示系统，若不存在阻尼，即黏性阻尼系数 $c=0$，则构成该系统的只有惯性元件，这是一种理想化的系统，称为固有系统。它包含着系统的主要振动特性——固有动力特性。对它的分析构成了振动分析的最基本的重要内容。

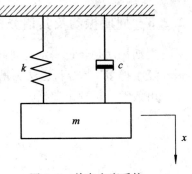

由于 $f(t) \geqslant 0$，$c\dot{x}(t)=0$，故从式（2-11）可得单自由度系统无阻尼自由振动微分方程：

$$m\ddot{x}(t) + kx = 0 \qquad (2-17)$$

其中，$m$ 为惯性元件的质量，$k$ 为弹性元件的刚度系数，$x$ 为惯性元件离开平衡位置的距离。

图 2.6　单自由度系统

由微分方程理论可知，式（2-17）的通解为

$$x(t) = c_1\cos\omega_n t + c_2\sin\omega_n t = A\sin(\omega_n t + \varphi) \qquad (2-18)$$

其中，$c_1$、$c_2$ 及 $A$、$\varphi$ 是由初始条件决定的积分常数，$\omega_n = \sqrt{\dfrac{k}{m}}$。

由上述分析可得自由度无阻尼自由振动有下列特性：

（1）其无阻尼自由振动是简谐振动。

（2）无阻尼自由振动的频率 $\omega_n = \sqrt{\dfrac{k}{m}}$，是由构成系统的惯性元件和弹性元件的力学特性决定的，与其它外界因素无关，称之为系统的固有频率，它是表示系统动力特性的一个重要参数。

（3）无阻尼自由振动的振幅 $A$ 及初相位 $\varphi$ 是作为积分常数出现的，它是由初始条件决定的。这表明，不同的初始条件引起不同的振幅与初相位，即振幅与初相位不是由系统本身所固有的力学特性所决定的。但对给定的初始条件，系统的振幅是个常量，即系统做无衰减的等幅振动。

以上所述的是单自由度系统无阻尼时的固有特性，其固有频率由质量及刚度系数决定。

设系统在重块作用下的静伸长为 $\delta_{st}$，则因

$$\delta_{st} = \frac{mg}{k} = \frac{g}{k/m} = \frac{g}{\omega_n^2} \qquad (2-19)$$

故

$$\omega_n = \sqrt{\frac{g}{\delta_{st}}}$$

即系统的固有频率可由系统产生的静伸长确定。

无阻尼自由振动的固有周期

$$T_n = \frac{2\pi}{\omega_n} = 2\pi\sqrt{\frac{m}{k}} \qquad (2-20)$$

为系统的固有周期，它描述了无阻尼振动的周期性，完全由刚度系数及质量确定。

现分析初始扰动引起的自由响应。初始扰动由初始条件给出，设初始条件为

$$x(0) = x_0 ; \dot{x}(0) = \dot{x}_0 \qquad (2-21)$$

其中，$x_0$、$\dot{x}_0$ 是在初瞬时 $t = 0$ 时的位移和速度，分别为初始位移和初始速度。将式 (2-21)代入式(2-18)得

$$c_1 = x_0,\ c_2 = \frac{\dot{x}_0}{\omega_n},\ A = \sqrt{x_0^2 + \left(\frac{\dot{x}_0}{\omega_n}\right)^2},\ \varphi = \arctan\frac{\omega_n x_0}{\dot{x}_0} \qquad (2-22)$$

则初始扰动引起的自由响应为

$$x(t) = A\sin(\omega_n t + \varphi) = x_0\cos\omega_n t + \frac{\dot{x}_0}{\omega_n}\sin\omega_n t \qquad (2-23)$$

分析单自由度无阻尼自由振动的另一重要方法是能量法。由于系统是无阻尼的，没有能量耗散，没有外加激励力作用，不会提供额外的能源，所以系统的机械能守恒。设系统的动能、位能分别为 $T$ 和 $V$，则

$$T + V = \text{常数} \qquad (2-24)$$

或

$$\frac{\mathrm{d}}{\mathrm{d}t}(T + V) = 0 \qquad (2-25)$$

这构成了用能量法分析无阻尼自由振动的理论基础。

对图 2.5 所示的系统，当 $c = 0$ 时，其动能、位能分别为

$$T = \frac{1}{2}m\dot{x}^2 \qquad (2-26)$$

$$V = \frac{1}{2}k\left[(x + \delta_{st})^2 - \delta_{st}^2\right] - mgx = \frac{1}{2}kx^2 \qquad (2-27)$$

将 $T$、$V$ 代入式(2-25)得

$$(m\ddot{x} + kx)\dot{x} = 0 \qquad (2-28)$$

因 $\dot{x}$ 不恒为零，则得无阻尼系统自由振动方程为

$$m\ddot{x} + kx = 0 \qquad (2-29)$$

实际上能量法不仅能建立无阻尼自由振动微分方程，而且还可直接分析系统的固有特性。设无阻尼自由振动时简谐振动的响应为

$$x = A\sin(\omega_n t + \varphi) \qquad (2-30)$$

则可得其动能 $T$ 和位能 $V$ 分别为

$$T = \frac{1}{2}m\omega_n^2 A^2\cos^2(\omega_n t + \varphi) \qquad (2-31)$$

$$V = \frac{1}{2}kA^2\sin^2(\omega_n t + \varphi) \qquad (2-32)$$

由这两个关系式可看出系统振动时的能量转换关系：

在平衡位置，位能为零，动能达最大值 $T_{max}$，且

$$T_{max} = \frac{1}{2}\omega_n^2 mA^2 \qquad (2-33)$$

在最大偏离位置，动能为零，位能达到最大值 $V_{max}$，且

$$V_{max} = \frac{1}{2}kA^2 \qquad (2-34)$$

根据机械能守恒定律得

$$T_{max} = V_{max} \qquad (2-35)$$

定义

$$T_0 = \frac{1}{2}mA^2 \qquad (2-36)$$

为参考动能，则由式(2-35)得

$$\omega_n^2 T_0 = V_{max} \qquad (2-37)$$

由此求得系统的固有频率为

$$\omega_n^2 = \frac{V_{max}}{T_0} \qquad (2-38)$$

即系统固有频率的平方等于最大位能与参考动能之比，并称此为瑞利商。把式(2-34)、式(2-36)代入式(2-38)得

$$\omega_n^2 = \frac{k}{m} \qquad (2-39)$$

这与前面的结论相同，说明可用瑞利商直接求无阻尼单自由度系统的固有频率。

**例 2.1** 某仪器中一元件为等截面的悬臂梁，质量可以忽略不计，如图 2.7 所示。在梁的自由端有两个集中质量 $m_1$ 与 $m_2$，由磁铁吸住。若在梁静止时打开电磁开关，使 $m_2$ 突然释放，试求 $m_1$ 的振幅。

**解** 把梁自由端只有 $m_1$ 时的静平衡位置设为原点，设 $x$ 坐标如图 2.7 所示。振动微分方程为

$$m_1 \ddot{x} + kx = 0$$

由材料力学可知

$$k = \frac{3EJ}{l^3}$$

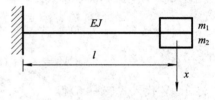

图 2.7　等截面的悬臂梁

系统的固有频率为

$$\omega_n = \sqrt{\frac{k}{m_1}} = \sqrt{\frac{3EJ}{m_1 l^3}}$$

振动微分方程的解为

$$x(t) = c_1 \cos\omega_n t + c_2 \sin\omega_n t$$

由初始条件

$$t = 0, \quad x_0 = \frac{m_2 g}{k}, \quad \dot{x}_0 = 0$$

可得

$$c_1 = x_0 = \frac{m_2 g}{k}, \quad c_2 = \frac{\dot{x}_0}{\omega_n} = 0$$

初始条件的响应为

$$x(t) = \frac{m_2 g}{k} \cos\omega_n t$$

振幅为

$$A = \frac{m_2 g}{k} = \frac{m_2 g l^3}{3EJ}$$

**2. 有阻尼自由振动**

实际系统都是有阻尼的。设所受阻尼为黏性系数 $c$ 的黏性阻尼，则构成这种系统的除

了惯性元件和弹性元件外，还有阻尼元件。这种系统为自然系统。

由 $f(t)=0$，可从式(2-12)求得有黏性阻尼的单自由度系统的自由振动微分方程：

$$m\ddot{x} + c\dot{x} + kx = 0 \tag{2-40}$$

令 $\omega_n = \sqrt{\dfrac{k}{m}}$，$\xi = \dfrac{c}{2m\omega_n}$，则上式可化为

$$\ddot{x} + 2\xi\omega_n\dot{x} + \omega_n^2 x = 0 \tag{2-41}$$

由常微分方程理论可知，式(2-39)的解有如下形式：

$$x = Ae^{st} \tag{2-42}$$

将它代入式(2-39)得

$$(s^2 + 2\xi\omega_n s + \omega_n^2)Ae^{st} = 0 \tag{2-43}$$

由于 $Ae^{st}$ 不恒为零，故自然系统的特征方程为

$$s^2 + 2\xi\omega_n s + \omega_n^2 = 0 \tag{2-44}$$

由此解得

$$s = -\xi\omega_n \pm i\omega_n\sqrt{1-\xi^2} \tag{2-45}$$

一般称 $\xi = \dfrac{c}{2m\omega_n}$ 为系统的阻尼比。显然不同的阻尼比将给出不同的特征方程的根，因而将发生不同的运动。下面分几种不同的情况进行讨论：

(1) 欠阻尼情况，即阻尼很小，$c < 2m\omega_n$ 或 $\xi > 1$。

这时特征方程的根为一对共轭复根(式(2-45))，相应的原方程的通解为

$$x(t) = e^{-\xi\omega_n t}(D_1\cos\omega_d t + D_2\sin\omega_d t) = Ae^{-\xi\omega_n t}\sin(\omega_d t + \varphi) \tag{2-46}$$

其中，$\omega_d = \omega_n\sqrt{1-\xi^2}$，$D_1$、$D_2$ 和 $A$、$\varphi$ 均由初始条件决定。

设系统初始条件为 $x(0)=x_0$，$\dot{x}(0)=\dot{x}_0$，并将它们代入式(2-46)，解得积分常数为

$$D_1 = x_0,\ D_2 = \frac{\dot{x}_0 + \omega_n\xi x_0}{\omega_d} \tag{2-47}$$

$$\varphi = \arctan\frac{\omega_d x_0}{\dot{x}_0 + \omega_n\xi x_0},\ A = \sqrt{x_0^2 + \left(\frac{\dot{x}_0 + \omega_n\xi x_0}{\omega_d}\right)^2} \tag{2-48}$$

这时式(2-46)所表示的时间历程如图 2.8(b)所示：在系统平衡位置附近做往复振动，但它的振幅不断衰减，已无周期性，称之为衰减振动。

一般称 $\omega_d = \omega_n\sqrt{1-\xi^2}$ 定义的 $\omega_d$ 为阻尼频率。由于 $\left(\dfrac{\omega_d}{\omega_n}\right)^2 + \xi^2 = 1$，所以 $\dfrac{\omega_d}{\omega_n}$ 作为阻尼比 $\xi$ 的曲线是一个单位圆。显然当 $\xi$ 很小时，$\dfrac{\omega_d}{\omega_n}$ 近似于 1。

典型结构系统的真实阻尼特性很复杂，也很难确定。通常采用在自由振动条件下具有同样衰减率的等效黏性阻尼比 $\xi$ 来表示实际系统的阻尼比。

(2) 临界阻尼，即 $\xi=1$ 或 $c=2m\omega_n$。

由式(2-41)知，若 $\xi=1$，则根为

$$s = -\omega_n \tag{2-49}$$

即原方程具有两个相等的实根(即重实根)，由常微分方程理论可知，其解有如下形式：

$$x(t) = (D_1 + D_2 t)e^{-\omega_n t} \tag{2-50}$$

将初始条件 $x(0)=x_0$，$\dot{x}(0)=\dot{x}_0$ 代入上式，则得

$$x(t) = [x_0 + (\dot{x}_0 + \omega_n)t]e^{-\omega_n t} \qquad (2-51)$$

可见它的自由响应不包含零位置附近的振荡，而是按式(2-51)的指数衰减项，位移回复到零点。

(3) 过阻尼情况，即 $\xi > 1$。

当处于过阻尼状态时，式(2-41)可写为

$$s = -\xi\omega_n \pm \omega_n \sqrt{\xi^2 - 1} \qquad (2-52)$$

显然原特征方程具有两个不等的实根，于是原方程的通解为

$$x(t) = D_1 e^{(-\xi\omega_n + \omega_n\sqrt{\xi^2-1})t} + D_2 e^{(-\xi\omega_n - \omega_n\sqrt{\xi^2-1})t} \qquad (2-53)$$

将初始条件 $x(0)=x_0$，$\dot{x}(0)=\dot{x}_0$ 代入上式，则得

$$D_1 = \frac{\dot{x}_0 + (\xi + \sqrt{\xi^2-1})\omega_n x_0}{2\omega_n \sqrt{\xi^2-1}}, \; D_2 = \frac{-\dot{x}_0 - (\xi - \sqrt{\xi^2-1})\omega_n x_0}{2\omega_n \sqrt{\xi^2-1}} \qquad (2-54)$$

将式(2-54)代入式(2-53)得

$$x(t) = \frac{e^{-\xi\omega_n t}}{\omega_n \sqrt{\xi^2-1}}$$

$$\cdot \left(\sqrt{\xi^2-1}\,\omega_n x_0 \cosh(\omega_n\sqrt{\xi^2-1})t + (x_0 + \xi\omega_n x_0)\sinh(\omega_n\sqrt{\xi^2-1})t\right) \qquad (2-55)$$

从上式可见，过阻尼系统的响应不是振荡的，而是按指数规律很快衰减，或振荡一次，或根本不振荡。

由以上分析可以看出，阻尼的大小将直接影响系统的运动是否具有振荡特性，临界阻尼情况是系统是否振荡的分界线：$\xi < 1$，系统是振荡的；$\xi \geq 1$，系统不振荡。把 $\xi = 1$ 时的黏性阻尼系数用 $c_c$ 表示，并称之为临界阻尼系数。于是

$$c_c = 2m\omega_n = 2\sqrt{mk} \qquad (2-56)$$

故临界阻尼系数 $c_c$ 是由系统的质量和刚度系数决定的，是系统固有的一个参数。把系统阻尼器的阻尼系数与临界阻尼系数之比称为阻尼比，即

$$\xi = \frac{c}{c_c} \qquad (2-57)$$

所以阻尼比也是系统固有的一个参数。

通过以上分析可得出欠阻尼自由振动具有下述特性：

(1) 欠阻尼自由振动是衰减振动。

(2) 欠阻尼振动是非周期振动，但它相邻两次以相同方向通过平衡位置的时间间隔 $T_d$ 是相等的，这种性质称为等时性，并把这个时间间隔称为衰减振动的周期。显然周期 $T_d$ 为

$$T_d = \frac{2\pi}{\omega_n \sqrt{1-\xi^2}} \qquad (2-58)$$

由于系统已不具有周期性，故称 $T_d$ 为自然周期，它表明系统振动的等时性。相应地，把阻尼固有频率

$$\omega_d = \omega_n \sqrt{1-\xi^2} \qquad (2-59)$$

又称为自然固有频率。自然周期和自然固有频率是阻尼自由振动的重要参数，由于阻尼的存在，自然固有频率小于固有频率，自然周期大于固有周期，且阻尼越大，差别越大。

（3）欠阻尼自由振动的振幅按指数规律迅速衰减。有阻尼自由振动的响应如图 2.8 所示。

综合以上分析可见，自由振动的特性由特征方程的根决定：$\xi=0$ 时，特征方程有一对共轭纯虚根，做不衰减的等幅简谐振动；$0<\xi<1$ 时，特征方程有一对共轭复根，系统做衰减振动；$\xi=1$ 时，特征方程有重实根，做非振荡运动；$\xi>1$ 时，特征方程有一对不等的实根，系统做非振荡运动。

**例 2.2**　一质量 $m=2000$ kg，以均速度 $v=3$ cm/s 运动，与弹簧 $k$、阻尼器 $c$ 相撞后一起做自由振动，如图 2.9 所示。已知 $k=48\ 020$ N/m，$c=1960$ N×s/m，则质量 $m$ 在相撞后多长时间达到最大振幅？最大振幅是多少？

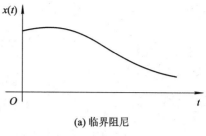

(a) 临界阻尼

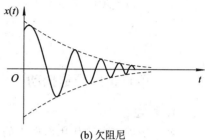

(b) 欠阻尼

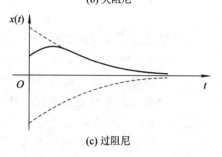

(c) 过阻尼

图 2.8　有阻尼自由振动的响应

**解**　系统自由振动的微分方程为

$$m\ddot{x}+c\dot{x}+kx=0$$

在 $t=0$，$x=0$，$\dot{x}=\dot{x}_0$ 的初始条件下的响应为

$$x(t)=e^{-\xi\omega_n t}(D_1\cos\omega_d t+D_2\sin\omega_d t)$$
$$=e^{-\xi\omega_n t}\left(x_0\cos\omega_d t+\frac{\dot{x}_0+\omega_n\xi x_0}{\omega_d}\sin\omega_d t\right)$$

所以

$$x=\frac{\dot{x}_0}{\omega_d}e^{-\xi\omega_n t}\sin\omega_d t$$

$$\dot{x}=\frac{\dot{x}_0}{\omega_d}e^{-\xi\omega_n t}(\omega_d\cos\omega_d t+\xi\omega_n\sin\omega_d t)$$

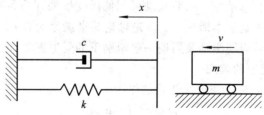

图 2.9　单自由度系统

由 $\dot{x}=0$，得最大振幅发生在

$$t_m=\frac{1}{\omega_d}\arctan\frac{\omega_d}{\xi\omega_n}$$

由题意可知

$$\omega_n=\sqrt{\frac{k}{m}}=\sqrt{\frac{48020}{2000}}=4.9\ \text{s}^{-1}$$

$$\omega_d=\sqrt{\omega_n^2-\left(\frac{c}{2m}\right)^2}=\sqrt{4.9^2-\left(\frac{1960}{2\times2000}\right)^2}=4.875\ \text{s}^{-1}$$

$$\xi=\frac{c}{2m\omega_n}=\frac{1960}{2\times2000\times4.9}=0.1$$

所以

$$t_m = \frac{1}{4.9} \arctan \frac{4.875}{0.1 \times 4.9} = 0.3 \text{ s}$$

故最大振幅为

$$x_{max} = \frac{\dot{x}_0}{\omega_d} e^{-\xi \omega_n t_m} \sin \omega_d t_m = 0.529 \text{ cm}$$

应注意最大振幅并不发生在 $\sin \omega_d t = 1$，即 $t = \frac{\pi}{2\omega_d}$ 时。此时振幅为

$$x = \frac{\dot{x}_0}{\omega_d} e^{-\xi \omega_n \frac{\pi}{2\omega_d}} = 0.526 \text{ cm}$$

## 2.3.5　单自由度受迫振动

**1. 概述**

系统受外界激励作用而产生的振动为受迫振动。作用于系统的外激励一般有力激励和位移激励。

力激励是系统受到随时间变化的力的作用，如电机转子的不平衡所产生的离心惯性力，此力下电机系统做受迫振动。相应地，把系统所受的随时间变化的力叫激励力。所以力激励是振源对系统作用的随时间变化的激励力的作用。

位移激励是指系统由于它的基础运动而受到随时间变化的位移作用。例如，飞行器受激振动，安装于其上的各种电子设备将受到随时间变化的位移作用。飞行器是安装于其上的电子设备发生受迫振动的振源。飞行器本身的振动是这些电子设备的振动环境。位移激励常称为基础激励。所以位移激励是基础对系统作用的随时间变化的位移作用。

按激励随时间变化的规律可将激励分为简谐激励、非简谐周期激励、非周期一般激励及随机激励。由于工程中许多实际激励可近似看做为简谐激励，而简谐激励下的受迫振动其分析方法简便，物理概念清晰，一般激励可用傅氏变换展开为各种不同频率的简谐激励的叠加，所以简谐激励为最基本形式。下面先讨论简谐激励力作用下的受迫振动，然后讨论简谐基础激励、非简谐周期激励及周期一般激励下的受迫振动。

**2. 简谐激励力作用下的响应**

简谐激励力是随时间按正弦规律变化的作用力，即

$$f(t) = F_0 \sin \omega t \tag{2-60}$$

其中：$\omega$ 是简谐激励力的频率，称之为激励频率；$F_0$ 是简谐激励力的幅值，简称为力幅。

图 2.6 所示系统，当承受式(2-60)所示的简谐激励力作用时，其绕平衡位置的受迫振动微分方程为

$$m\ddot{x} + kx + c\dot{x} = F_0 \sin \omega t \tag{2-61}$$

取固有频率 $\omega_n = \sqrt{\dfrac{k}{m}}$，阻尼比 $\xi = \dfrac{c}{2\sqrt{mk}} = \dfrac{c}{2m\omega_n}$，力幅 $F_0$ 作用下的静位移 $B_0 = \dfrac{F_0}{k}$，则式(2-61)可简化为

$$\ddot{x} + 2\xi \omega_n \dot{x} + \omega_n^2 x = B_0 \omega_n^2 \sin \omega t \tag{2-62}$$

由常微分方程理论可知，式(2-62)所示线性常系数非齐次微分方程的解由其补解及特解组成。

非齐次微分方程的补解是对应的齐次方程的通解。令齐次方程为

$$\ddot{x} + 2\xi\omega_n\dot{x} + \omega_n^2 x = 0 \tag{2-63}$$

故它在欠阻尼情况下的通解为

$$x_0 = c_1 e^{-\xi\omega_n t}\cos\omega_d t + c_2 e^{-\xi\omega_n t}\sin\omega_d t \tag{2-64}$$

其中，$\omega_d = \omega_n\sqrt{1-\xi^2}$ 为自然频率，$c_1$、$c_2$ 为积分常数。

非齐次方程的特解是在特定的右端项(指式(2-61)的右端项)时的解，它随右端项的不同形式而取不同形式。

由常微分方程理论可知，在右端项为正弦函数时，其特解取如下形式：

$$x_b = b_1\cos\omega t + b_2\sin\omega t = B_s\sin(\omega t - \varphi_s) \tag{2-65}$$

它必须满足方程式(2-62)。将式(2-65)代入式(2-62)，并把右端项变为 $\varphi_s$ 和 $\omega t - \varphi_s$ 的三角函数，则得

$$-B_s\omega^2\sin(\omega t - \varphi_s) + 2\xi\omega_n\omega B_s\cos(\omega t - \varphi_s) + \omega_n^2 B_s\sin(\omega t - \varphi_s)$$
$$= B_0\omega_n^2\cos\varphi_s\sin(\omega t - \varphi_s) + B_0\omega_n^2\sin\varphi_s\cos(\omega t - \varphi_s) \tag{2-66}$$

为了使上式恒等，$\sin(\omega t - \varphi_s)$ 及 $\cos(\omega t - \varphi_s)$ 两项前的系数必须左、右相等，于是得

$$(\omega_n^2 - \omega^2)B_s = \omega_n^2 B_0\cos\varphi_s \tag{2-67}$$

$$2\xi\omega_n\omega B_s = \omega_n^2 B_0\sin\varphi_s \tag{2-68}$$

联立求解上面两式，则得

$$B_s = \frac{\omega_n^2 B_0}{\sqrt{(\omega_n^2 - \omega^2)^2 + (2\xi\omega_n\omega)^2}} \tag{2-69}$$

$$\tan\varphi_s = \frac{2\xi\omega_n\omega}{(\omega_n^2 - \omega^2)} \tag{2-70}$$

这样简谐激励力下系统受迫振动的响应为

$$x = e^{-\xi\omega_n t}(c_1\cos\omega_d t + c_2\sin\omega_d t) + B_s\sin(\omega t - \varphi_s) \tag{2-71}$$

其中，$c_1$、$c_2$ 由初始条件决定。设初始条件为 $x(0)=x_0$，$\dot{x}(0)=\dot{x}_0$，并将初始条件代入式(2-71)，得

$$x_0 = c_1 - B_s\sin\varphi_s \tag{2-72}$$

$$\dot{x}_0 = -\xi\omega_n c_1 + \omega_d c_2 + \omega B_s\cos\varphi_s \tag{2-73}$$

所以

$$c_1 = x_0 + \frac{\omega_n^2 B_0 \times 2\xi\omega_n\omega}{(\omega_n^2 - \omega^2)^2 + (2\xi\omega_n\omega)^2} \tag{2-74}$$

$$c_2 = \frac{\dot{x}_0 + \xi\omega_n x_0}{\omega_d} - \frac{\omega\omega_n^2 B_0\left[(\omega_n^2 - \omega^2) - 2\xi^2\omega_n^2\right]}{\omega_d\left[(\omega_n^2 - \omega^2)^2 - (2\xi\omega_n\omega)^2\right]} \tag{2-75}$$

由式(2-71)可以看出，系统位移响应的时间历程由两个部分组成：① 由补解给出的响应类似有阻尼自由振动的响应，它有等时性，自然频率为 $\omega_d$，其幅值随时间增长而衰减；② 由特解给出的响应是简谐振动，其频率等于激励频率，其幅值、相位由系统特性参数决定，与初始条件无关，且其幅值不因阻尼存在而衰减，始终为一常值。这两种响应的叠加构成了系统的受迫振动响应。显然该受迫振动响应按时间可分为两个阶段：第一阶段是由给定的初始条件出发，按补解加特解的叠加进行振动，其时间历程波形较复杂。但随着时间增长，补解给出的响应不断衰减，最后特解给出的响应为主要部分。所以这个阶段是由

给定的初始条件逐步向特解给出的响应过渡的过渡过程。阻尼越大，过渡过程延续的时间越短。由于补解给出的响应不断衰减，因而经过一段不长的时间后，补解给出的响应很小，可以忽略不计。第二阶段的受迫振动响应完全由特解给出的响应决定。由于特解给出的响应为简谐振动，其振幅不因阻尼的存在而衰减，始终保持为一常数，故称之为稳态响应。相应地称通解给出的响应为暂态响应。

由于过渡过程的短暂性，对简谐力作用下的受迫振动主要分析稳态响应，常以稳态响应表示简谐力下的受迫振动响应，即认为：

$$x \equiv x_b = B_s \sin(\omega t - \varphi_s) \tag{2-76}$$

系统在简谐力作用下的稳态响应是一种简谐振动，其频率始终等于激励频率，其位移幅值及相位是由系统的特性参数（$\omega_n$，$\xi$）及激励力参数（$m$，$F_0$）决定的。为进一步分析稳态响应特性，需进一步分析其幅值与相位。

定义频率比 $\bar{\omega}$ 为激励频率与固有频率之比，即 $\bar{\omega} = \dfrac{\omega}{\omega_n}$，定义位移放大系数 $\beta_s$ 为位移幅值 $B_s$ 与简谐振动力幅作用下静位移 $B_0$ 之比，即 $\beta_s = \dfrac{B_s}{B_0} = \dfrac{B_s}{f_0/k}$，则由式（2-69）、式（2-70）和式（2-71）可得

$$\beta_s = \frac{1}{\sqrt{(1 - \bar{\omega}^2)^2 + (2\xi\bar{\omega})^2}} \tag{2-77}$$

$$\varphi_s = \arctan \frac{2\xi\bar{\omega}}{1 - \bar{\omega}^2} \tag{2-78}$$

由式（2-77）和式（2-78）可见：位移振幅放大系数、相位差取决于频率比 $\bar{\omega}$ 及阻尼比 $\xi$。以 $\bar{\omega}$ 为横坐标、以阻尼比 $\xi$ 为参数，纵坐标分别取位移振幅放大系数及相位差，则得位移幅频特性曲线（见图 2.10）及位移相频特性曲线（见图 2.11）。

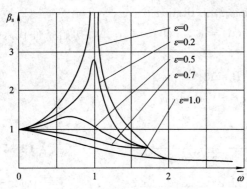

图 2.10　位移幅频特性曲线

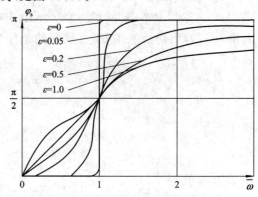

图 2.11　位移相频特性曲线

同样对其速度 $\dot{x} = B_s \omega \cos(\omega t - \varphi_s) = B_v \sin(\omega t - \varphi_v)$ 计算加速度：

$$\ddot{x} = B_s \omega^2 \sin(\omega t - \varphi_s) = B_a \sin(\omega t - \varphi_a)$$

引入速度振幅放大系数 $\beta_v = \dfrac{B_s \omega}{\omega_n B_0}$ 及加速度振幅放大系数 $\beta_a = \dfrac{B_s \omega^2}{\omega_n^2 B_0}$，则

$$\beta_v = \frac{\bar{\omega}}{\sqrt{(1 - \bar{\omega}^2)^2 + (2\xi\bar{\omega})^2}} \tag{2-79}$$

$$\varphi_v = \varphi_s - \frac{\pi}{2} \qquad (2-80)$$

$$\beta_a = \frac{\overline{\omega}^2}{\sqrt{(1-\overline{\omega}^2)^2 + (2\xi\overline{\omega})^2}} \qquad (2-81)$$

$$\varphi_a = \varphi_s - \pi \qquad (2-82)$$

分别根据式(2-79)和式(2-81)绘制的速度幅频特性曲线及加速度幅频特性曲线如图 2.12 和图 2.13 所示。

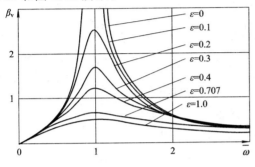

图 2.12 速度幅频特性曲线

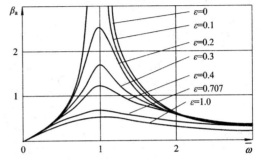

图 2.13 加速度幅频特性曲线

在低频激励($\overline{\omega}\leqslant 1$)时，$\beta_s=1$，$\beta_v=0$，$\varphi_s=0$，$\varphi_v=-\pi/2$，$\varphi_a=-\pi$，系统近似处于静态特性下，系统响应主要由弹性力与激励力间的平衡关系给出，其稳态响应特性主要由刚度系数决定，系统呈弹性。在高频激励($\overline{\omega}\gg 1$)时，$\beta_s=0$，$\beta_v=0$，$\beta_a=1$，$\varphi_s=\pi$，$\varphi_v=\pi/2$，$\varphi_a=0$，即系统响应主要由惯性力和激振力间的平衡关系给出，加速度与激振力基本相同，它的稳态特性主要由质量 $m$ 决定，系统呈惯性。

令 $c=0$，不难推得简谐力作用下无阻尼系统的运动方程及通解分别为

$$m\ddot{x} + kx = F_0\sin\omega t \qquad (2-83)$$

$$x(t) = A\sin\omega_n t + B\cos\omega_n t + \frac{F_0}{k}\frac{1}{1-\overline{\omega}^2}\sin\omega t \qquad (2-84)$$

其中，$A$、$B$ 由初始条件决定。在 $x(0)=\dot{x}(0)=0$ 的初始干扰下，很容易求得常数 $A$、$B$ 之值，从而得

$$x(t) = \frac{F_0}{k}\frac{1}{1-\overline{\omega}^2}(\sin\omega t - \overline{\omega}\sin\omega_n t) \qquad (2-85)$$

显然，无阻尼时的位移振幅放大系数为

$$\beta_s = \frac{1}{1-\overline{\omega}^2} \qquad (2-86)$$

从图 2.10、图 2.12 和图 2.13 可以看到，随激振频率逐渐增大，系统的位移、速度、加速度振幅都有一个从小到大，再从大到小的过程，把它们出现极大值，系统激烈振动的现象称为共振。从而系统有位移共振、速度共振、加速度共振，它们分别对应位移振幅、速度振幅、加速度振幅极大值。由它们的振幅放大系数对 $\overline{\omega}$ 求导，并令其等于零，则得位移共振频率 $\omega_s$、速度共振频率 $\omega_v$、加速度共振频率 $\omega_a$ 分别为

$$\omega_s = \omega_n\sqrt{1-2\xi^2} \qquad (2-87)$$

$$\omega_v = \omega_n \qquad (2-88)$$

$$\omega_a = \frac{\omega_n}{\sqrt{1-2\xi^2}} \qquad (2-89)$$

相应的振幅放大系数极大值为

$$\beta_{smax} = \beta_{amax} = \frac{1}{2\xi\sqrt{1-2\xi^2}} \tag{2-90}$$

$$\beta_{vmax} = \frac{1}{2\xi} \tag{2-91}$$

为统一起见，系统的共振点定义在 $\bar{\omega}=1$ 处，即激励频率等于固有频率时是系统的共振点。这时位移振幅、速度振幅、加速度振幅放大系数均为 $\frac{1}{2\xi}$。这个值给出了系统共振的特性，称之为系统的品质因数（或称为 $Q$ 值），即

$$Q = \frac{1}{2\xi} \tag{2-92}$$

它反映了系统共振的强烈程度，由式(2-90)~式(2-92)得

$$\beta_{vmax} = Q \tag{2-93}$$

$$\beta_{smax} = \beta_{amax} = \frac{Q}{\sqrt{1-2\xi^2}} \tag{2-94}$$

由式(2-94)可得共振点的相位为

$$\varphi_s = \frac{\pi}{2}, \ \varphi_v = 0, \ \varphi_a = -\frac{\pi}{2} \tag{2-95}$$

由此提出另一种用相位定义共振的方法。系统振动的速度与激励力同相时称为相位共振，其特性可从相频特性曲线上清楚看出，不论阻尼比取何值，只要 $\bar{\omega}=1$，它们有一个公共的相位差，即速度与激励力同相，不同阻尼比的相频特性曲线均通过一个公共点，所以相位共振也反映了系统共振的特性。

在 $\bar{\omega}=1$ 时，由式(2-71)得系统的响应为

$$x = e^{-\xi\omega_n t}(c_1\cos\omega_d t + c_2\sin\omega_d t) - \frac{F_0}{k}\frac{\cos\omega t}{2\xi} \tag{2-96}$$

假定系统从静止开始运动（即 $x(0)=\dot{x}(0)=0$），则

$$c_1 = \frac{F_0}{k}\frac{1}{2\xi}, \ c_2 = \frac{F_0}{k}\frac{1}{2\sqrt{1-\xi^2}} \tag{2-97}$$

因此式(2-96)为

$$x = \frac{F_0}{2\xi k}\left[e^{-\xi\omega_n t}\left(\frac{\xi}{\sqrt{1-\xi^2}}\sin\omega_d t + \cos\omega_d t\right) - \cos\omega t\right] \tag{2-98}$$

对实际结构系统中所期望的阻尼值而言，上式中正弦项对反应振幅的影响很小，而且自然频率（阻尼频率）几乎等于无阻尼频率，因此，此时的反应比为

$$R(t) = \frac{x(t)}{F_0/k} = \frac{1}{2\xi}(e^{-\xi\omega_n t} - 1)\cos\omega t \tag{2-99}$$

对于阻尼为零的情况，式(2-98)为不定式，按洛必达法则(L'Hospital 法则)，无阻尼系统的共振反应比为

$$R(t) = \frac{1}{2}(\sin\omega t - \omega t\cos\omega t) \tag{2-100}$$

式(2-99)和式(2-100)的曲线如图 2.14 所示。它们表示了有、无阻尼时在共振干扰情况下响应是如何增加的。虽然二者的响应均逐渐增加，但在无阻尼时，转一周增加一个

π 值，因此除非频率发生变化，否则系统最后必然产生破坏；而存在有阻尼时，阻尼限制共振响应振幅。基本达到阻尼共振响应峰值所需的周数依赖于阻尼的大小。图 2.15 表示阻尼值作为响应周数的函数时，不同阻尼值的反应包络线（图 2.14 中的虚线）的上升情况。由此可见，为达到接近最大响应振幅所需的干扰周数是不多的。

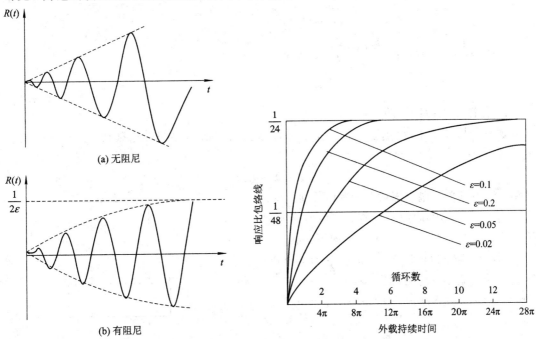

图 2.14　静止初始条件下的共振响应　　　　图 2.15　从静止开始共振响应的增加速率

**例 2.3**　考察一欠阻尼系统，激励频率 $\omega$ 与固有频率 $\omega_n$ 相等，初瞬时系统静止在平衡位置上。试求在激振力 $f_0\cos\omega t$ 作用下系统运动的全过程。

**解**　系统的运动微分方程为

$$m\ddot{x}+kx+c\dot{x}=f_0\cos\omega t=f_0\sin\pi\left(\omega_n t+\frac{\pi}{2}\right)$$

上式的通解为

$$x(t)=\mathrm{e}^{-\xi\omega_n t}(c_1\cos\omega_d t+c_2\sin\omega_d t)+B_s\sin\left(\omega_n t-\varphi_s+\frac{\pi}{2}\right)$$

由于激励频率 $\omega$ 与固有频率 $\omega_n$ 相等，故频率比为

$$\overline{\omega}=1$$

由式(2-77)与式(2-78)可得

$$\varphi_s=\arctan\frac{2\xi\overline{\omega}}{1-\overline{\omega}^2}=\frac{\pi}{2}$$

$$B_s=\beta_s B_0=\frac{f_0}{k\ \sqrt{(1-\overline{\omega}^2)^2+(2\xi\overline{\omega})^2}}=\frac{f_0}{c\omega_n}$$

于是

$$x(t)=\mathrm{e}^{-\xi\omega_n t}(c_1\cos\omega_d t+c_2\sin\omega_d t)+\frac{f_0}{c\omega_n}\sin\omega_n t$$

在 $t=0$，$x=0$，$\dot{x}=0$ 的初始条件下，有

$$c_1 = \frac{f_0}{k}\frac{1}{2\xi} = \frac{f_0}{c\omega_n}, \quad c_2 = \frac{f_0}{k}\frac{1}{2\sqrt{1-\xi^2}}$$

将 $c_1$、$c_2$ 代入系统运动微分方程中，化简得

$$x(t) = \frac{f_0}{c\omega_n}\left(\sin\omega_n t - \frac{1}{\sqrt{1-\xi^2}}e^{-\xi\omega_n t}\sin\sqrt{1-\xi^2}\,\omega_n t\right)$$

对于 $\xi \ll 1$，可取近似 $\sqrt{1-\xi^2} \approx 1$，从而上式可简化为

$$x(t) \approx \frac{f_0}{c\omega_n}(1 - e^{-\xi\omega_n t})\sin\omega_n t$$

**3. 基础简谐激励下的响应**

现在分析图 2.16 所示系统在其基础作简谐振动时所引起的受迫振动。已知基础运动规律为

$$y = Y_0\sin\omega t \qquad\qquad (2-101)$$

其中，$Y_0$ 为基础激励的振幅，$\omega$ 为其激励频率。

为建立系统振动微分方程，取固定坐标轴 $x$，其原点取在 $y=0$ 时的平衡位置上，向下为正。在重块 $m$ 上作用的弹性力为 $-k(x-y)$，阻尼力为 $-c(\dot{x}-\dot{y})$，则它的受迫振动微分方程为

$$m\ddot{x} + c(\dot{x}-\dot{y}) + k(x-y) = 0$$

或

$$m\ddot{x} + c\dot{x} + kx = c\dot{y} + ky \qquad (2-102)$$

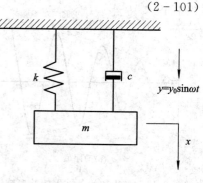

图 2.16　基础激励

将式(2-101)代入式(2-102)，得基础简谐激励下受迫振动的绝对运动微分方程为

$$m\ddot{x} + c\dot{x} + kx = Y_0\sqrt{k^2 + c^2\omega^2}\sin(\omega t + \alpha) \qquad (2-103)$$

其中，$\alpha = \arctan\dfrac{c\omega}{k}$。

引入特性参数：固有频率 $\omega_n = \sqrt{\dfrac{k}{m}}$，阻尼比 $\xi = \dfrac{c}{2m\omega_n}$，则上式为

$$\ddot{x} + 2\xi\omega_n\dot{x} + \omega_n^2 x = Y_0\sqrt{\omega_n^2 + (2\xi\omega_n\omega)^2}\sin(\omega t + \alpha) \qquad (2-104)$$

其中，$\alpha = \arctan\dfrac{2\xi\omega}{\omega_n}$。

这与前述简谐力作用下的受迫振动微分方程形式相同，其解法亦相同，其解由两部分组成，其补解给出的有阻尼自由振动很快就衰减了，由于它的短暂性，可以不予考虑。其特解给出了系统的稳态响应。设特解形式为

$$x = B_x\sin(\omega t + \alpha - \varphi_x) \qquad (2-105)$$

代入式(2-104)可解得

$$B_x = \frac{Y_0\sqrt{\omega_n^2 + (2\xi\omega_n\omega)^2}}{\sqrt{(\omega_n^2 - \omega^2)^2 + (2\xi\omega_n\omega)^2}} = \frac{Y_0\sqrt{1 + (2\xi\overline{\omega})^2}}{\sqrt{(1-\overline{\omega}^2)^2 + (2\xi\overline{\omega})^2}} \qquad (2-106)$$

$$\varphi_x = \arctan\frac{2\xi\overline{\omega}}{1-\overline{\omega}^2} \qquad (2-107)$$

其中，频率比 $\bar{\omega}=\dfrac{\omega}{\omega_{\mathrm{n}}}$。

把受迫振动振幅 $B_{\mathrm{x}}$ 与基础振动振幅 $Y_0$ 之比称为绝对运动传递率 $T_{\mathrm{D}}$，则

$$T_{\mathrm{D}}=\frac{B_{\mathrm{x}}}{Y_0}=\sqrt{\frac{1+(2\xi\bar{\omega})^2}{(1-\bar{\omega}^2)^2+(2\xi\bar{\omega})^2}} \qquad (2-108)$$

根据式(2-107)和式(2-108)，可作出基础简谐激励的绝对运动传递率的幅频特性曲线(见图 2.17(b))及它的相频特性曲线(见图 2.17(a))。由图可见：在 $\bar{\omega}\ll 1$ 的低频段，$T_{\mathrm{D}}=1$，$\varphi_{\mathrm{x}}=0$，这说明系统的绝对运动接近于基础运动，它们之间基本上没有相对运动；在共振点 $\bar{\omega}=1$ 附近，$T_{\mathrm{D}}$ 有极大值。不同阻尼的幅频特性曲线不同，但均在 $\bar{\omega}=\sqrt{2}$ 时都通过同一点，$T_{\mathrm{D}}=1$，它与阻尼无关。在 $\bar{\omega}>\sqrt{2}$ 的高频段内，$T_{\mathrm{D}}<1$，即系统振幅小于基础运动振幅，这个特点可用于指导隔振设计。

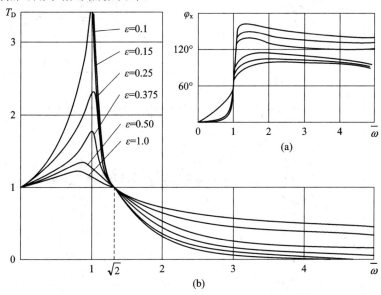

图 2.17　绝对运动传递率特性曲线

分析基础简谐激励下的系统振动，有时需了解系统相对于基础的相对运动。为此引入相对位移

$$z=x-y \qquad (2.109)$$

则原方程被改写为

$$m\ddot{z}+c\dot{z}+kz=-m\ddot{y} \qquad (2-110)$$

将式(2-109)代入上式，并整理得

$$\ddot{z}+2\xi\omega_{\mathrm{n}}\dot{z}+\omega_{\mathrm{n}}^2 z=\omega^2 Y_0\sin\omega t \qquad (2-111)$$

解之，得其特解(即稳态响应)为

$$z=B_{\mathrm{z}}\sin(\omega t-\varphi_{\mathrm{z}}) \qquad (2-112)$$

其中，

$$B_{\mathrm{z}}=\frac{\omega^2 Y_0}{\sqrt{(\omega_{\mathrm{n}}^2-\omega^2)^2+(2\xi\omega_{\mathrm{n}}\omega)^2}} \qquad (2-113)$$

$$\varphi_z = \arctan \frac{2\xi\omega_n\omega}{\omega_n^2 - \omega^2} \tag{2-114}$$

把它们无量纲化，并引入相对运动传递率 $T_R$，则

$$T_R = \frac{B_z}{Y_0} = \frac{\overline{\omega}^2}{\sqrt{(1-\overline{\omega}^2)^2 + (2\xi\overline{\omega})^2}} \tag{2-115}$$

$$\varphi_z = \arctan \frac{2\xi\overline{\omega}}{1-\overline{\omega}^2} \tag{2-116}$$

　　根据式(2-115)和式(2-116)可作出基础简谐振动时的相对运动传递率幅频特性曲线（见图 2.18(b)）和相频特性曲线（见图 2.18(a)）。其结果与简谐力作用下加速度振幅放大系数 $\beta_a$ 的结果相同。许多测试传感器是按照基础激励相对运动传递率的幅频特性曲线设计的。

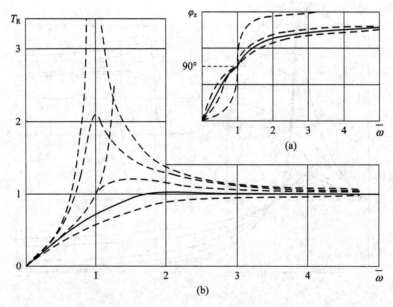

图 2.18　相对运动传递率特性曲线

　　**例 2.4**　一台车载微型计算机重 250 N（含打印机等设备），采用四个减振器支承，如图 2.19(a)所示，每个减振器的弹簧刚度为 23 000 N/m，阻尼比 $\xi = 0.08$。已知汽车行驶时，车厢垂直方向的运动规律为 $y = A_0\sin2.2\pi vt$，其中 $A_0$ 为位移振幅。当行驶速度 $v \leqslant 27$ km/h 时，$A_0 = 5.5$ mm 为常数；而当 $v > 27$ km/h 时，车厢的加速度振幅为 1.5 g（g = 9.8 m/s²）。求：

　　(1) 汽车行驶速度 $v = 60$ km/h 时，微机系统的位移和加速度振幅；

　　(2) 在行驶途中，若汽车速度 $v$ 在 20～120 km/h 范围变化，讨论系统的响应特性。

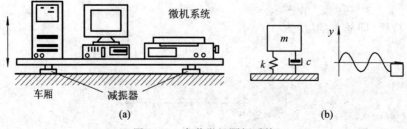

图 2.19　车载微机隔振系统

**解**　(1) 将系统简化为如图 2.19(b)所示的力学模型,系统无阻尼固有频率为

$$\omega_n = \sqrt{\frac{4k}{m}} = 60.05 \text{ rad/s}$$

行驶速度 $v = 60$ km/h 时,车厢的振动频率为

$$\omega = 2.2\pi v = 36.67\pi$$

车厢与隔振系统的频率比为

$$\bar{\omega} = \frac{\omega}{\omega_n} = \frac{36.67\pi}{60.05} = 1.9$$

由于行驶速度 $v > 27$ km/h,由已知条件可算得车厢的位移振幅

$$A_0 = 1.5 \times \frac{g}{\omega^2} = 0.001\ 107 \text{ m} = 1.11 \text{ mm}$$

由于

$$T_D = \frac{B_x}{A_0} = \sqrt{\frac{1+(2\xi\bar{\omega})^2}{(1-\bar{\omega}^2)^2+(2\xi\bar{\omega})^2}} = \sqrt{\frac{1+(2\times0.08\times1.9)^2}{(1-1.9^2)^2+(2\times0.08\times1.9)^2}} = 0.37$$

所以,微机系统的位移振幅为

$$B_x = T_D \times A_0 = 0.37 \times 1.11 = 0.42 \text{ mm}$$

加速度响应振幅为

$$\ddot{y} = T_D \times 1.5 \text{ g} = 0.555 \text{ g m/s}^2$$

(2) 当汽车的行驶速度 $v$ 在 20~120 km/h 范围变化时,车厢的振动频率范围是 $\omega = 12.22\pi \sim 73.33\pi$ rad/s。当 $\bar{\omega} = \sqrt{2}$ 时,车厢的振动频率是 $\omega = \sqrt{2}\omega_n = 84.92$ rad/s,对应汽车的行驶速度为

$$v = \frac{\omega}{2.2\pi} = 44.23 \text{ km/h}$$

只有当 $\bar{\omega} > \sqrt{2}$,即行驶速度 $v > 44.23$ km/h 时,系统才有隔振效果。

若汽车以时速 120 km/h 行驶,车厢的频率比 $\bar{\omega} = \frac{73.33\pi}{60.05} = 3.84$,代入式(2-108)可得系统的绝对运动传递率 $T_D = 0.085$。此时车厢的位移振幅为

$$A_0 = \frac{1.5g}{(73.33\pi)^2} = 0.28 \text{ mm}$$

于是可得微机系统的位移和加速度响应振幅

$$B_x = T_D \times A_0 = 0.085 \times 0.28 = 0.023 \text{ mm}$$

$$\ddot{y} = T_D \times 1.5 \text{ g} = 0.085 \times 1.5 \text{ g} = 0.128 \text{ gm/s}^2$$

可见,随着激振频率升高,系统呈现显著的隔振效果。

但是,当汽车时速在 $v = 20 \sim 44.23$ km/h,即 $\bar{\omega} < \sqrt{2}$ 时,如图 2.17 所示,此时 $T_D > 1$,系统将发生谐振。为求得谐振峰值,对式(2-109)求极值,令 $\frac{dT_D}{d\bar{\omega}} = 0$,得

$$\bar{\omega} = \frac{\sqrt{-1+\sqrt{1+8\xi^2}}}{2\xi} = 0.99$$

代入式(2-108)中,得到

$$T_{\text{Dmax}} = \frac{4\xi^2}{\sqrt{16\xi^4 - 8\xi^2 - 2 + \sqrt{1 + 8\xi^2}}} = 6.35$$

系统谐振时，位移的峰值响应为

$$B_{\text{x}} = T_{\text{D}} \times A_0 = 34.92 \text{ mm}$$

此时汽车的行驶速度为

$$v = \frac{\overline{\omega}\omega_{\text{n}}}{2.2\pi} \times \frac{3600}{1000} = 30.97 \text{ km/h}$$

这就是说，当汽车的行驶速度在 31 km/h 左右时，系统发生峰值谐振，振幅将达到35 mm。如果汽车因某种原因较长时间以此速度行驶，将造成系统的永久性损坏。因此，必须采取有效措施抑制系统的谐振，才能在汽车低速行驶时使微机系统的工作可靠性得到保障。

### 2.3.6　多自由度自由振动

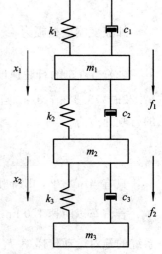

任何结构可用单自由度系统来表示，它的动力反应可通过求解单自由度运动微分方程算出。但许多结构实际具有不止一种可能的位移方式，若硬把它简化为单自由度系统，则求出的解仅是其真实动力行为的一种近似。实际系统有许多就是两个或者两个以上自由度系统。有些实际结构，由于其刚度特性、质量特性及外载荷的空间、时间分布，若用单自由度系统来描述，算出响应与真实行为很不相似，这时就得把实际结构看做多自由度系统，进行多自由度系统的振动分析。图 2.20 所示系统为一种最简单的多自由度系统——两自由度系统，描述它的运动形状需两个质量的轴向位移 $x_1$、$x_2$ 这两个独立参数。再如通过减振器装于基础(飞机、轮船等)上的电子设备。其中的变压器装于底板，底板又固定在电子设备的框架上，这样若要分析变压器的振动响应，就得把整个系统看做两自由度(分别为框架及变压器的位移)系统。

图 2.20　两自由度系统

对于多自由度系统(设自由度为 $n$)，其任何一个点上包含四种力：外载 $p_i(t)$、惯性力 $f_{\text{I}i}$、阻尼力 $f_{\text{D}i}$ 和弹性力 $f_{\text{S}i}$，这样对 $n$ 自由度系统中的每个自由度，动力平衡条件可写为

$$f_{\text{I}i} + f_{\text{D}i} + f_{\text{S}i} = p_i(t) \quad (i = 1, 2, \cdots, n) \tag{2-117}$$

令

$$\{\boldsymbol{f}_{\text{D}}\} = [f_{\text{D}1}, f_{\text{D}2}, \cdots, f_{\text{D}n}]^{\text{T}}, \{\boldsymbol{f}_{\text{T}}\} = [f_{\text{T}1}, f_{\text{T}2}, \cdots, f_{\text{T}n}]^{\text{T}}$$

$$\{\boldsymbol{f}_{\text{S}}\} = [f_{\text{S}1}, f_{\text{S}2}, \cdots, f_{\text{S}n}]^{\text{T}}, \{\boldsymbol{f}\} = [p_1(t), p_2(t), \cdots, p_n(t)]^{\text{T}}$$

则式(2-117)可写为

$$\{\boldsymbol{f}_{\text{D}}\} + \{\boldsymbol{f}_{\text{T}}\} + \{\boldsymbol{f}_{\text{S}}\} = \{\boldsymbol{f}\} \tag{2-118}$$

上式中每种抗力可非常方便地用一组适当的影响系数来表示。例如，节点 $i$ 所产生的弹性力分量 $f_{\text{S}i}$ 一般依赖于结构所有节点产生的位移分量：

$$f_{\text{S}i} = \sum_{j=1}^{n} k_{ij} x_j \tag{2-119}$$

其中，系数 $k_{ij}$ 为刚度影响系数，它等于由 $j$ 坐标单位位移所产生的对应于 $i$ 坐标的力。用矩阵表示时，则全部弹性力可写成：

$$\begin{Bmatrix} f_{S1} \\ f_{S2} \\ \vdots \\ f_{Sn} \end{Bmatrix} = \begin{Bmatrix} k_{11} & k_{12} & \cdots & k_{1n} \\ k_{21} & \cdots & \cdots & \cdots \\ \vdots & & & \\ k_{n1} & \cdots & \cdots & \cdots \end{Bmatrix} \begin{Bmatrix} x_1 \\ x_2 \\ \vdots \\ x_n \end{Bmatrix} \tag{2-120}$$

即

$$\{\boldsymbol{f}_S\} = [\boldsymbol{K}]\{\boldsymbol{x}\} \tag{2-121}$$

式中，$\{\boldsymbol{x}\} = \{x_1, x_2, \cdots, x_n\}^T$ 为结构的位移分量，$[\boldsymbol{K}] = \begin{Bmatrix} k_{11} & k_{12} & \cdots & k_{1n} \\ \vdots & \vdots & & \vdots \\ k_{n1} & k_{n2} & \cdots & k_{nn} \end{Bmatrix}$ 为结构的刚度矩阵。

若结构具有黏性阻尼，则可按上述方式用阻尼影响系数把与所选自由度对应的阻尼力写为

$$\{\boldsymbol{f}_D\} = [\boldsymbol{c}]\{\dot{\boldsymbol{x}}\} \tag{2-122}$$

式中，$\{\boldsymbol{x}\} = \{\dot{x}_1, \dot{x}_2, \cdots, \dot{x}_n\}^T$ 为结构的速度向量，$[\boldsymbol{c}] = \begin{Bmatrix} c_{11} & c_{12} & \cdots & c_{1n} \\ c_{21} & \cdots & \cdots & \vdots \\ \vdots & & & \vdots \\ c_{n1} & \cdots & \cdots & c_{nn} \end{Bmatrix}$ 为结构的阻尼矩阵。其中，$c_{ij}$ 为阻尼影响系数，它等于 $j$ 坐标单位速度所引起的对应于 $i$ 坐标的阻尼力。

惯性力也可引用质量系数表达成

$$\{\boldsymbol{f}_T\} = [\boldsymbol{m}]\{\ddot{\boldsymbol{x}}\} \tag{2-123}$$

式中，$\{\ddot{\boldsymbol{x}}\} = \{\ddot{x}_1, \ddot{x}_2, \cdots, \ddot{x}_n\}^T$ 是结构的加速度向量，$[\boldsymbol{m}] = \begin{Bmatrix} m_{11} & m_{12} & \cdots & m_{1n} \\ m_{21} & \cdots & \cdots & \vdots \\ \vdots & & & \vdots \\ m_{n1} & \cdots & \cdots & m_{nn} \end{Bmatrix}$ 为结构的质量矩阵。其中，$m_{ij}$ 是质量影响系数，它等于由坐标 $j$ 处单位加速度所引起的对应于 $i$ 坐标的惯性力。

把式(2-121)～式(2-123)代入式(2-118)中，得出结构完整的动力平衡方程为

$$[\boldsymbol{m}]\{\ddot{\boldsymbol{x}}\} + [\boldsymbol{c}]\{\dot{\boldsymbol{x}}\} + [\boldsymbol{K}]\{\boldsymbol{x}\} = \{\boldsymbol{f}\} \tag{2-124}$$

这是多自由度系统的运动方程。

若多自由度系统没受任何外力激励，即式(2-124)中的 $\{\boldsymbol{f}\} = \{\boldsymbol{0}\}$，则该式便是多自由度系统自由振动微分方程。为便于讨论起见，现分析无阻尼自由振动，这时整个系统的振动微分方程为

$$[\boldsymbol{m}]\{\ddot{\boldsymbol{x}}\} + [\boldsymbol{k}]\{\boldsymbol{x}\} = 0 \tag{2-125}$$

与单自由度系统的处理法相似，假设多自由度系统的自由振动是简谐振动，即

$$\{\boldsymbol{x}\} = \{\boldsymbol{x}_0\}\sin(\omega t + \theta) \tag{2-126}$$

其中，$\{x_0\}$表示系统振动的形状（它不随时间而变，只有振幅变化），$\theta$是相位角。将式(2-126)代入式(2-125)，得

$$([k] - [m]\omega^2)\{x_0\}\sin(\omega t + \theta) = \{\mathbf{0}\} \tag{2-127}$$

由于 $\sin(\omega t + \theta)$ 不恒为 0，故得

$$([k] - [m]\omega^2)\{x_0\} = \{0\} \tag{2-128}$$

令 $\omega^2 = \lambda$，则上式为

$$[k]\{x_0\} = \lambda[m]\{x_0\} \tag{2-129}$$

这是线性特征值中的广义特征值问题。我们要讨论的就是这种特征值问题的解。

若刚度矩阵是非奇异的，令 $\dfrac{1}{\lambda} = \lambda'$，$[P] = [k]^{-1}[m]$，则由式(2-124)得

$$[P]\{x_0\} = \lambda'\{x_0\} \tag{2-130}$$

这是线性特征值问题中的标准特征值问题。为了避免求逆中破坏刚度矩阵的对称性质，常把质量阵$[m]$作三角分解，即把它分解为一个上三角矩阵$[u]$和下三角矩阵$[L]$之积，由于$[m]$是对称的，故必有$[u] = [L]^{\mathrm{T}}$，于是得

$$[m] = [L]^{\mathrm{T}}[L] \tag{2-131}$$

把式(2-131)代入式(2-129)，并引入新向量

$$\{Y\} = [L]\{x_0\} \tag{2-132}$$

则得

$$[B]\{Y\} = \lambda\{Y\} \tag{2-133}$$

其中$[B] = [L]^{\mathrm{T}}[k][L]^{-1}$。

这样$[B]$是$[k]$的合同变换，也具有对称性，但同样把广义特征值问题化为标准特征值问题。目前已有许多解标准特征值问题的方法与程序。

方程(2-128)是一个齐次线性方程组，它具有非零解的条件是系数行列式（称为特征行列式）为零，即

$$P(\lambda) = \det([k] - \lambda[m]) = |[k] - \lambda[m]| = 0 \tag{2-134}$$

它是$\lambda$的高次代数方程，称为频率方程，解之可得诸特征值 $\lambda_i$ 或固有频率 $\omega_i$（$i = 0, 1, 2, \cdots, n$）。这 $n$ 个 $\omega_i$ 表示系统可能存在的 $n$ 个振型的频率，具有最低频率的振型为第一振型，等等。全部振型频率按次序排列组成的向量为频率向量$\{\boldsymbol{\omega}\}$。

$$\{\boldsymbol{\omega}\} = \{\omega_1, \omega_2, \cdots, \omega_n\}^{\mathrm{T}} \tag{2-135}$$

可以证明，稳定的结构系统具有实的、对称的、正定的质量和刚度矩阵，频率方程的所有根均为实的和正的。

令$[e^i] = [k] - \omega_i^2[m]$，则对于 $\omega_i$ 的振型为

$$\{x_{0i}\} = \{1, x_{02i}, x_{03i}, \cdots, x_{0ni}\}^{\mathrm{T}} \tag{2-136}$$

则得 $i$ 阶固有频率及相应的振型$\{x_{0i}\}$满足式(2-128)，即

$$\begin{bmatrix} e_{11}^i & e_{12}^i & \cdots & e_{1n}^i \\ e_{21}^i & e_{22}^i & \cdots & e_{2n}^i \\ \vdots & \vdots & & \vdots \\ e_{n1}^i & e_{n2}^i & \cdots & e_{nn}^i \end{bmatrix} \begin{bmatrix} 1 \\ x_{02i} \\ \vdots \\ x_{0ni} \end{bmatrix} = \begin{bmatrix} 0 \\ 0 \\ \vdots \\ 0 \end{bmatrix} \tag{2-137}$$

对上式进行分块，并记为

$$\begin{bmatrix} e_{11}^i & [e_{11}^i] \\ [e_{11}^i] & [e_{11}^i] \end{bmatrix} \begin{bmatrix} 1 \\ \{x_{0i}\} \end{bmatrix} = \begin{bmatrix} 0 \\ \{\mathbf{0}\} \end{bmatrix} \tag{2-138}$$

从而得

$$\{x_{0i}\} = -([e_{00}^i]^{-1}[e_{01}^i]) \tag{2-139}$$

从式(2-139)求得的位移幅值与作为第一分量的单位幅值一起组成了第 $i$ 振型相应的位移向量。为了方便,通常把其各个分量除以其中的某一个基准分量(通常取最大分量),把向量表示为无量纲形式,这样的向量叫做第 $i$ 个标准振型形式 $\phi_i$,即

$$\{\boldsymbol{\phi}_i\} = \{\phi_{1i},\ \phi_{2i},\ \cdots,\ \phi_{ni}\}^{\mathrm{T}} = \frac{1}{x_{0ki}} \{1,\ x_{02i},\ x_{03i},\ \cdots,\ x_{0ni}\}^{\mathrm{T}}$$

其中,$x_{0ki}$ 为基准分量。

用同样过程求出 $n$ 个振型中的每一个标准振型形式。用 $[\boldsymbol{\phi}]$ 表示 $n$ 个标准振型形式组成的方阵,即

$$[\boldsymbol{\phi}] = [\{\boldsymbol{\phi}_1\},\{\boldsymbol{\phi}_2\},\cdots,\{\boldsymbol{\phi}_n\}] = \begin{bmatrix} \phi_{11} & \phi_{12} & \cdots & \phi_{1n} \\ \phi_{21} & \phi_{22} & \cdots & \phi_{2n} \\ \vdots & \vdots & & \vdots \\ \phi_{n1} & \phi_{n2} & \cdots & \phi_{mn} \end{bmatrix} \tag{2-140}$$

通过上述分析可见,结构系统的振动分析是矩阵代数理论的特征值问题,频率的平方项是特征值,振型形式是特征向量。

在讨论多自由系统自由振动响应之前,需先了解多自由度系统的有关特征。这里最重要的是固有振型的正交性,下面讨论多自由度系统振型正交性表达式及展开定理。

设 $\omega_i^2$ 及 $\{\boldsymbol{\phi}_i\}$ 是式(2-125)的一对特征值及特征向量,则

$$[\boldsymbol{k}]\{\boldsymbol{\phi}_i\} = \omega_i^2 [\boldsymbol{m}]\{\boldsymbol{\phi}_i\} \tag{2-141}$$

又设 $\omega_j^2$ 及 $\{\boldsymbol{\phi}_j\}$ 是式(2-125)的另一对特征值及特征向量,则又有如下关系式成立:

$$[\boldsymbol{k}]\{\boldsymbol{\phi}_j\} = \omega_j^2 [\boldsymbol{m}]\{\boldsymbol{\phi}_j\} \tag{2-142}$$

给式(2-141)前乘以 $\{\boldsymbol{\phi}_j\}^{\mathrm{T}}$,给式(2-142)前乘以 $\{\boldsymbol{\phi}_i\}^{\mathrm{T}}$,则得

$$\{\boldsymbol{\phi}_j\}^{\mathrm{T}}[\boldsymbol{k}]\{\boldsymbol{\phi}_i\} = \omega_i^2 \{\boldsymbol{\phi}_j\}^{\mathrm{T}}[\boldsymbol{m}]\{\boldsymbol{\phi}_i\} \tag{2-143}$$

$$\{\boldsymbol{\phi}_i\}^{\mathrm{T}}[\boldsymbol{k}]\{\boldsymbol{\phi}_j\} = \omega_i^2 \{\boldsymbol{\phi}_i\}^{\mathrm{T}}[\boldsymbol{m}]\{\boldsymbol{\phi}_j\} \tag{2-144}$$

由于 $[\boldsymbol{k}]$、$[\boldsymbol{m}]$ 的对称性,对式(2-143)两边取转置,则得

$$\{\boldsymbol{\phi}_i\}^{\mathrm{T}}[\boldsymbol{k}]\{\boldsymbol{\phi}_j\} = \omega_j^2 \{\boldsymbol{\phi}_i\}^{\mathrm{T}}[\boldsymbol{m}]\{\boldsymbol{\phi}_j\} \tag{2-145}$$

由式(2-144)减去式(2-145)得

$$(\omega_i^2 - \omega_j^2)\{\boldsymbol{\phi}_i\}^{\mathrm{T}}[\boldsymbol{m}]\{\boldsymbol{\phi}_j\} = 0 \tag{2-146}$$

对不同的特征值,$\omega_i^2 \neq \omega_j^2$,则由上式得

$$\{\boldsymbol{\phi}_i\}^{\mathrm{T}}[\boldsymbol{m}]\{\boldsymbol{\phi}_j\} = 0 \quad (i \neq j) \tag{2-147}$$

上式表明固有振型对质量矩阵 $[\boldsymbol{m}]$ 是正交的。将式(2-147)代入式(2-144)得

$$\{\boldsymbol{\phi}_i\}^{\mathrm{T}}[\boldsymbol{k}]\{\boldsymbol{\phi}_j\} = 0 \quad (i \neq j) \tag{2-148}$$

上式给出了固有振型对刚度矩阵 $[\boldsymbol{k}]$ 的正交性。

包括上述两个基本关系在内的完整的二族正交关系式可简洁地表示为

$$\{\boldsymbol{\phi}_i\}^{\mathrm{T}}[\boldsymbol{m}]([\boldsymbol{m}]^{-1}[\boldsymbol{k}])^b\{\boldsymbol{\phi}_i\} = 0 \tag{2-149}$$

其中 $b$ 是 $-\infty \sim +\infty$ 的所有整数,显然 $b=0$ 和 $b=1$ 分别给出了上面两个基本正交关系式

即式(2-147)和式(2-148)。

当 $i=j$ 时，则

$$\{\boldsymbol{\phi}_i\}^{\mathrm{T}}[m]\{\boldsymbol{\phi}_i\} = M_i \qquad (2-150)$$

称为第 $i$ 阶模态质量。

$$\{\boldsymbol{\phi}_i\}^{\mathrm{T}}[k]\{\boldsymbol{\phi}_i\} = K_i \qquad (2-151)$$

称为第 $i$ 阶模态刚度。

于是固有振型对质量矩阵的正交性式(2-147)及其模态质量式(2-150)可综合写为

$$[\boldsymbol{\phi}]^{\mathrm{T}}[m][\boldsymbol{\phi}] = \lceil M \rfloor \qquad (2-152)$$

其中 $\lceil M \rfloor$ 是 $i$ 行 $i$ 列元素为 $M_i$ 的对角阵。

同理，对刚度矩阵 $[k]$ 可得

$$[\boldsymbol{\phi}]^{\mathrm{T}}[k][\boldsymbol{\phi}] = \lceil K \rfloor \qquad (2-153)$$

其中 $\lceil K \rfloor$ 是 $i$ 行 $i$ 列元素为 $K_i$ 的对角阵。

用振幅比描述的固有振型仅具有相对性，$\{\boldsymbol{\phi}_i\}$ 各分量同乘一个常数仍是固有振型。因此，模态质量 $M_i$、模态刚度 $K_i$ 都与固有振型的选取有关。为便于理论分析，提出固有振型对质量的规一化问题，即选取固有振型 $\{\overline{\boldsymbol{\phi}}_i\}$，使其模态质量为 $I$，即

$$\{\overline{\boldsymbol{\phi}}_i\}^{\mathrm{T}}[m]\{\overline{\boldsymbol{\phi}}_i\} = I \qquad (2-154)$$

比较式(2-150)与式(2-154)得

$$\{\overline{\boldsymbol{\phi}}_i\} = \frac{I}{\sqrt{M_i}}\{\boldsymbol{\phi}_i\} \quad (i=1,2,\cdots,n) \qquad (2-155)$$

对应于 $\{\overline{\boldsymbol{\phi}}_i\}$ 的固有振型矩阵记为 $[\overline{\boldsymbol{\phi}}]$，于是得

$$[\overline{\boldsymbol{\phi}}]^{T}[m][\overline{\boldsymbol{\phi}}] = [I] \qquad (2-156)$$

$$[\overline{\boldsymbol{\phi}}]^{T}[k][\overline{\boldsymbol{\phi}}] = \lceil \omega^2 \rfloor \qquad (2-157)$$

其中 $I$ 为单位矩阵，$\lceil \omega^2 \rfloor$ 是以特征值 $\omega_i^2$ 为对角元的对角阵。

可以证明，对自由度系统的各阶固有振型具有正交性，因而它们是线性独立的。$n$ 个固有振型可以构成一个 $n$ 维空间的完备正交基，作为一个新的坐标系的基底，称这组坐标系为模态坐标系。于是，在 $n$ 维空间中的任一向量都用 $n$ 个固有振型的线性组合来表示，即

$$\{\boldsymbol{x}\} = \sum_{i=1}^{n} q_i\{\boldsymbol{\phi}_i\} \qquad (2-158)$$

或

$$\{\boldsymbol{x}\} = [\boldsymbol{\phi}]\{q\} \qquad (2-159)$$

其中，$\{q\} = \{q_1, q_2, \cdots, q_n\}^{\mathrm{T}}$ 称为系统的模态坐标。它由正交条件式(2-147)给出：

$$q_i = \frac{\{\boldsymbol{\phi}_i\}^{\mathrm{T}}[m]\{\boldsymbol{x}\}}{M_i} \qquad (2-160)$$

振动分析中，常称式(2-158)～式(2-160)为展开定理，上述描述系统动力特性的固有频率、固有振型、模态质量、模态刚度等均属系统的模态参数。

有了上述对多自由度系统性质的分析，便可求多自由度系统的自由响应。

将式(2-159)代入无阻尼自由振动方程式(2-125)，并给方程两边各前乘以 $[\overline{\boldsymbol{\phi}}]^{\mathrm{T}}$，得

$$[\bar{\boldsymbol{\phi}}]^{\mathrm{T}}[\boldsymbol{m}][\boldsymbol{\phi}]\{\ddot{\boldsymbol{q}}\}+[\bar{\boldsymbol{\phi}}]^{\mathrm{T}}[\boldsymbol{k}][\boldsymbol{\phi}]\{\boldsymbol{q}\}=0 \tag{2-161}$$

考虑到式(2-152)和式(2-153)的关系，则得

$$M_i\ddot{q}_i+K_iq_i=0(i=1,2,\cdots,n) \tag{2-162}$$

由上述分析可见，$n$ 自由度系统经固有振型矩阵作坐标变换，得出模态坐标下的 $n$ 个独立的单自由度系统无阻尼自由振动微分方程，称此为坐标解耦。

对于单自由度无阻尼自由振动微分方程，很容易写出其解为

$$q_i(t)=a_i\sin(\omega_it+\phi_i)(i=1,2,\cdots,n) \tag{2-163}$$

其中，$\omega_i=\sqrt{\dfrac{K_i}{M_i}}$ 是系统的 $i$ 阶固有频率。

将式(2-163)代入式(2-158)，得系统的响应为

$$\{\boldsymbol{x}\}=\sum_{i=1}^{n}a_i\{\boldsymbol{\phi}_i\}\sin(\omega_it+\varphi_i) \tag{2-164}$$

其中，$a_i$、$\varphi_i$ 为待定常数，由初始条件决定。设初始条件为 $\{\boldsymbol{x}(0)\}=\{\boldsymbol{x}_0\}$，$\{\dot{\boldsymbol{x}}(0)\}=\{\dot{\boldsymbol{x}}_0\}$，则

$$\{\boldsymbol{x}_0\}=\sum_{i=1}^{n}a_i\sin\varphi_i\{\boldsymbol{\phi}_i\} \tag{2-165}$$

$$\{\dot{\boldsymbol{x}}_0\}=\sum_{i=1}^{n}\omega_ia_i\cos\varphi_i\{\boldsymbol{\phi}_i\} \tag{2-166}$$

上述两式前均乘以 $\{\boldsymbol{\phi}_i\}^{\mathrm{T}}[\boldsymbol{m}]$，则得

$$a_i\sin\varphi_i=\frac{\{\boldsymbol{\phi}_i\}^{\mathrm{T}}[\boldsymbol{m}]\{\boldsymbol{x}_0\}}{M_i} \tag{2-167}$$

$$a_i\cos\varphi_i=\frac{\{\boldsymbol{\phi}_i\}^{\mathrm{T}}[\boldsymbol{m}]\{\dot{\boldsymbol{x}}_0\}}{(\omega_iM_i)} \tag{2-168}$$

将式(2-167)和式(2-168)代入式(2-164)，则得

$$\{\boldsymbol{x}(t)\}=\sum_{i=1}^{n}\frac{1}{M_i}\Big(\{\boldsymbol{\phi}_i\}^{\mathrm{T}}[\boldsymbol{m}]\{\boldsymbol{x}_0\}\cos\omega_it+\{\boldsymbol{\phi}_i\}^{\mathrm{T}}[\boldsymbol{m}]\{\dot{\boldsymbol{x}}_0\}\frac{1}{\omega_i}\sin\omega_it\Big)\times\{\boldsymbol{\phi}_i\} \tag{2-169}$$

若初始条件为 $\{\boldsymbol{x}_0\}=a_r\{\boldsymbol{\phi}_r\}$，$\{\dot{\boldsymbol{x}}_0\}=0$，则由式(2-169)得

$$\{\boldsymbol{x}(t)\}=a_r\{\boldsymbol{\phi}_r\}\cos\omega_rt \tag{2-170}$$

即当初位移与某阶固有振型成比例、初速度为零时，系统按该振型的固有频率和固有振型做简谐的第 $r$ 阶固有振动。

实际系统都是有阻尼的，若系统所具有的阻尼矩阵 $[\boldsymbol{c}]$ 具有如下形式：

$$[\boldsymbol{c}]=[\boldsymbol{m}]\sum_{b}a_b([\boldsymbol{m}]^{-1}[\boldsymbol{k}])^b=\sum_{b}[\boldsymbol{c}_b] \tag{2-171}$$

则由式(2-124)，可得有阻尼多自由度系统的振动微分方程式为

$$[\boldsymbol{m}]\{\ddot{\boldsymbol{x}}\}+\sum_{b}[\boldsymbol{c}_b]\{\dot{\boldsymbol{x}}\}+[\boldsymbol{k}]\{\boldsymbol{x}\}=\{\boldsymbol{0}\} \tag{2-172}$$

将上式变为模态坐标，并前乘以 $[\boldsymbol{\phi}]^{\mathrm{T}}$，则得

$$[\boldsymbol{\phi}]^{\mathrm{T}}[\boldsymbol{m}][\boldsymbol{\phi}]\{\ddot{\boldsymbol{x}}\}+\sum_{b}\{\ddot{\boldsymbol{x}}\}[\boldsymbol{c}_b][\boldsymbol{\phi}]\{\dot{\boldsymbol{x}}\}+[\boldsymbol{\phi}]^{\mathrm{T}}[\boldsymbol{k}][\boldsymbol{\phi}]\{\boldsymbol{x}\}=0 \tag{2-173}$$

考虑到正交条件

$$[\boldsymbol{\phi}]^{\mathrm{T}}[\boldsymbol{m}][\boldsymbol{\phi}] = [\![M]\!] \tag{2-174}$$

$$[\boldsymbol{\phi}]^{\mathrm{T}}[\boldsymbol{k}][\boldsymbol{\phi}] = [\![K]\!] \tag{2-175}$$

$$[\boldsymbol{\phi}]^{\mathrm{T}}[\boldsymbol{m}]\sum_b a_b([\boldsymbol{m}]^{-1}[\boldsymbol{k}]^b[\boldsymbol{\phi}]) = [\![c]\!] \tag{2-176}$$

其中，$[\![c]\!]$ 是第 $i$ 行 $i$ 列为 $\sum\limits_b a_b\omega_i^{2b}M_i$ 的对角阵，则式（2-150）可改写为

$$M_i\ddot{q}_i + C_i\dot{q}_i + K_iq_i = 0 \quad (i=1,2,\cdots,n) \tag{2-177}$$

其中 $C_i = \sum\limits_b a_b\omega_i^{2b}M_i$。

　　将式（2-172）两边同除以 $M_i$，并引入特性参数

$$\omega_i^2 = \frac{K_i}{M_i},\ \xi_i = \frac{c_i}{2\omega_iM_i} = \frac{1}{2\omega_i}\sum_b a_b\omega_i^{2b} \tag{2-178}$$

则式（2-177）可改写为

$$\ddot{q}_i + 2\xi_i\omega_i\dot{q}_i + \omega_i^2q_i = 0 \quad (i=1,2,\cdots,n) \tag{2-179}$$

　　于是当第 $i$ 阶模态的初位移为 $q_i(0)$，初速度为 $\dot{q}_i(0)$ 时，多自由度系统的自由振动响应为

$$\{\boldsymbol{x}(t)\} = \sum_{i=1}^n e^{-\xi_i\omega_it}\left[q_i(0)\cos\sqrt{1-\xi_i^2}\,\omega_it + \frac{\dot{q}_i(0)+\xi_i\omega_iq_i(0)}{\omega_i\sqrt{1-\xi_i^2}}\sin\sqrt{1-\xi_i^2}\,\omega_it\right]\{\boldsymbol{\phi}_i\} \tag{2-180}$$

　　一般初始条件是系统在物理坐标下的初始位移向量 $\{\boldsymbol{x}_0\}$ 及初始速度向量 $\{\dot{\boldsymbol{x}}_0\}$，则各阶模态的初始条件为

$$q_i(0) = \frac{\{\boldsymbol{\phi}_i\}^{\mathrm{T}}[\boldsymbol{m}]\{\boldsymbol{x}_0\}}{M_i} \tag{2-181}$$

$$\dot{q}_i(0) = \frac{\{\boldsymbol{\phi}_i\}^{\mathrm{T}}[\boldsymbol{m}]\{\dot{\boldsymbol{x}}_0\}}{M_i} \tag{2-182}$$

　　**例 2.5**　如图 2.21 所示，设该两自由度系统的物理参数为 $m_1=m_2=m$，$k_1=k_3=k$，$k_2=\mu k(0<\mu\leqslant 1)$。系统的初始条件为

$$\boldsymbol{x}(0) = \begin{bmatrix} 1 \\ 0 \end{bmatrix},\ \dot{\boldsymbol{x}}(0) = \begin{bmatrix} 0 \\ 0 \end{bmatrix}$$

试确定系统的自由振动。

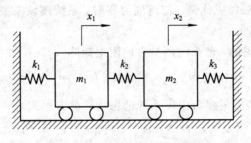

图 2.21　两自由度无阻尼系统

　　**解**　由式（2-142）可得

$$\left\{\begin{bmatrix} k_{11} & k_{12} \\ k_{21} & k_{22} \end{bmatrix} - \omega^2\begin{bmatrix} m_1 & 0 \\ 0 & m_2 \end{bmatrix}\right\}\begin{Bmatrix} \phi_1 \\ \phi_2 \end{Bmatrix} = \begin{bmatrix} 0 \\ 0 \end{bmatrix} \tag{1}$$

为了使系统振动，则应有非零解，这要求

$$
\begin{vmatrix} k_{11} - m_1\omega^2 & k_{12} \\ k_{21} & k_{22} - m_2\omega^2 \end{vmatrix} = 0 \tag{2}
$$

即

$$
(\omega^2)^2 - \left(\frac{k_{11}}{m_1} + \frac{k_{22}}{m_2}\right)\omega^2 + \frac{k_{11}k_{22} - k_{12}^2}{m_1 m_2} = 0 \tag{3}
$$

将参数代入式(3)中，可解得

$$
\omega_1 = \sqrt{\frac{k}{m}}, \quad \omega_2 = \sqrt{\frac{(1+2\mu)k}{m}}
$$

将 $\omega_1$ 代入式(2)中，得

$$
\begin{cases} (k_{11} - m_1\omega_1^2)\phi_{11} + k_{12}\phi_{21} = 0 \\ k_{21}\phi_{11} + (k_{22} - m_2\omega_1^2)\phi_{21} = 0 \end{cases} \tag{4}
$$

由于 $\omega_1$ 是在该方程组系数矩阵行列式为零条件下解出的根，所以方程的非零解有无穷多个，无法确定具体的 $\phi_{11}$ 和 $\phi_{21}$。因此，令

$$
\phi_1 = a_1 \begin{bmatrix} \phi_{11} \\ \phi_{21} \\ 1 \end{bmatrix} \tag{5}
$$

故

$$
\phi_1 = a_1 \begin{bmatrix} 1 \\ 1 \end{bmatrix}
$$

同理可得

$$
\phi_2 = a_2 \begin{bmatrix} -1 \\ 1 \end{bmatrix}
$$

所以，该系统的自由振动为

$$
x(t) = a_1 \begin{bmatrix} 1 \\ 1 \end{bmatrix} \sin(\omega_1 t + \varphi_1) + a_2 \begin{bmatrix} -1 \\ 1 \end{bmatrix} \sin(\omega_2 t + \varphi_2) \tag{6}
$$

$$
\dot{x}(t) = a_1\omega_1 \begin{bmatrix} 1 \\ 1 \end{bmatrix} \cos(\omega_1 t + \varphi_1) + a_2\omega_2 \begin{bmatrix} -1 \\ 1 \end{bmatrix} \cos(\omega_2 t + \varphi_2) \tag{7}
$$

将初始条件代入式(6)和(7)中，

$$
\begin{bmatrix} 1 \\ 0 \end{bmatrix} = a_1 \begin{bmatrix} 1 \\ 1 \end{bmatrix} \sin\varphi_1 + a_2 \begin{bmatrix} -1 \\ 1 \end{bmatrix} \sin\varphi_2 \tag{8}
$$

$$
\begin{bmatrix} 0 \\ 0 \end{bmatrix} = a_1\omega_1 \begin{bmatrix} 1 \\ 1 \end{bmatrix} \cos\varphi_1 + a_2\omega_2 \begin{bmatrix} -1 \\ 1 \end{bmatrix} \cos\varphi_2 \tag{9}
$$

解式(8)和式(9)，得

$$
\varphi_1 = \varphi_2 = \frac{\pi}{2}
$$

$$
a_1 = -a_2 = \frac{1}{2}
$$

故系统的自由振动为

$$x(t) = \frac{1}{2}\begin{bmatrix}1\\1\end{bmatrix}\cos\sqrt{\frac{k}{m}}\,t + \frac{1}{2}\begin{bmatrix}1\\-1\end{bmatrix}\cos\sqrt{\frac{(1+2\mu)k}{m}}\,t$$

### 2.3.7　多自由度受迫振动

设 $n$ 自由度系统所受外加激励为 $\{f(t)\}$，它的阻尼矩阵 $[c]$ 满足式(2-171)的关系，则其受迫振动微分方程式为

$$[m]\{\ddot{x}\} + [c]\{\dot{x}\} + [k][x] = \{f(t)\} \tag{2-183}$$

根据展开定理 $\{x\} = [\phi]\{q\}$，并把它代入式(2-183)，然后给式(2-183)两边均前乘以 $[\phi]^{\mathrm{T}}$，则得

$$[M]\{\ddot{q}\} + [c]\{\dot{q}\} + [K]\{q\} = [\phi]^{\mathrm{T}}\{f(t)\} \tag{2-184}$$

称 $[\phi]^{\mathrm{T}}\{f(t)\}$ 为模态力向量，记作 $\{P\}$，

$$\{P\} = \{P_1(t),\ P_2(t),\ \cdots,\ P_n(t)\}^{\mathrm{T}} = [\phi]^{\mathrm{T}}\{f(t)\} \tag{2-185}$$

则由式(2-184)可得

$$M_i\ddot{q}_i + C_i\dot{q}_i + K_iq_i = P_i \quad (i = 1,\ 2,\ \cdots,\ n) \tag{2-186}$$

上式中各阶模态的解由两部分组成：

$$q_i(t) = q_{1i}(t) + q_{2i}(t) \tag{2-187}$$

其中 $q_{1i}(t)$ 是对应的自由振动的解，由式(2-180)右端 $\{\phi_i\}$ 的系数决定。$q_{2i}(t)$ 是其对 $P_i(t)$ 的特解，即

$$q_{2i}(t) = \int_0^{\mathrm{T}} \frac{\mathrm{e}^{-\xi_i\omega_i(t-\tau)}}{M_i\omega_i\sqrt{1-\xi_i^2}}\sin\left[\sqrt{1-\xi_i^2}\,\omega_i(t-\tau)\right]P_i(\tau)\mathrm{d}\tau \tag{2-188}$$

于是 $n$ 自由度系统受迫振动的响应为

$$\{x(t)\} = \sum_{i=1}^{n} q_i(t)\{\phi_i\} \tag{2-189}$$

其中，$q_i(t)$ 由式(2-188)决定。

由上述分析可以看出，经变换为模态坐标后，使坐标解耦，分别求出激振力作用下各阶固有振型的响应，然后按固有振型 $\{\phi_i\}$ 进行叠加，从而求得系统的受迫振动响应，故称这种方法为模态叠加法。

模态叠加法包含以下步骤：

(1) 建立受迫振动微分方程式；

(2) 求出各阶固有频率及振型；

(3) 求每阶模态的广义质量 $M_i$ 及载荷 $P_i(t)$；

(4) 写出非耦合的模态运动方程；

(5) 求上述模态方程对载荷的特解；

(6) 求模态方程的自由振动响应；

(7) 将(5)、(6)的结果相加，得出每一振型的总响应；

(8) 通过坐标变换求出系统的受迫振动响应。

**例 2.6**　对图 2.20 所示系统，若 $m_1 = m_2 = m$，$k_1 = k_2 = k_3 = k$，$c_1 = c_2 = c_3 = 0$，在质量 $m_1$ 上作用有简谐力 $F_0\sin\omega t$，试求系统的稳态响应。

**解**　应用牛顿定律的系统的振动微分方程为

$$\begin{cases} m_1\ddot{x}_1 = F_0\sin\omega t - c_1\dot{x}_1 + c_2(\dot{x}_2 - \dot{x}_1) - k_1 x_1 + k_2(x_2 - x_1) \\ m_2\ddot{x}_2 = -c_2(\dot{x}_2 - \dot{x}_1) - c_3\dot{x}_2 - k_2(x_2 - x_1) - k_3 x_2 \end{cases}$$

写成矩阵形式为

$$\begin{bmatrix} m & 0 \\ 0 & m \end{bmatrix}\begin{bmatrix} \ddot{x}_1 \\ \ddot{x}_2 \end{bmatrix} + \begin{bmatrix} 2k & -k \\ -k & 2k \end{bmatrix}\begin{bmatrix} x_1 \\ x_2 \end{bmatrix} = \begin{bmatrix} F_0 \\ 0 \end{bmatrix}\sin\omega t$$

其频率方程为

$$\left| \begin{bmatrix} 2k & -k \\ -k & 2k \end{bmatrix} - \omega^2 \begin{bmatrix} m & 0 \\ 0 & m \end{bmatrix} \right| = \omega^4 - \frac{4k}{m}\omega^2 + \frac{3k^2}{m^2} = 0$$

解之，得固有频率为

$$\omega_1 = \sqrt{\frac{k}{m}}, \ \omega_2 = \sqrt{\frac{3k}{m}}$$

对应于 $\omega_1$ 的固有振型为 $\{\boldsymbol{\phi}_1\} = \begin{Bmatrix} 1 \\ 1 \end{Bmatrix}$，对应于 $\omega_2$ 的固有振型为 $\{\boldsymbol{\phi}_2\} = \begin{Bmatrix} -1 \\ 1 \end{Bmatrix}$。故振型矩阵为

$$[\boldsymbol{\phi}] = \begin{bmatrix} 1 & -1 \\ 1 & 1 \end{bmatrix}$$

因为

$$\{\boldsymbol{\phi}_1\}^{\mathrm{T}}[\boldsymbol{m}]\{\boldsymbol{\phi}_1\} = \{\boldsymbol{\phi}_2\}^{\mathrm{T}}[\boldsymbol{m}]\{\boldsymbol{\phi}_2\} = 2m$$

故对质量归一化的振型矩阵为

$$[\bar{\boldsymbol{\phi}}] = \frac{1}{\sqrt{2m}}\begin{bmatrix} 1 & -1 \\ 1 & 1 \end{bmatrix}$$

由此可得到载荷矩阵为

$$\{\boldsymbol{P}\} = \frac{1}{\sqrt{2m}}\begin{bmatrix} 1 & -1 \\ 1 & 1 \end{bmatrix}\begin{Bmatrix} 1 \\ 0 \end{Bmatrix}F_0\sin\omega t = \frac{1}{\sqrt{2m}}\begin{Bmatrix} 1 \\ -1 \end{Bmatrix}F_0\sin\omega t$$

于是得解耦方程为

$$\ddot{q}_1 + \omega_1^2 q_1 = \frac{1}{\sqrt{2m}}F_0\sin\omega t$$

$$\ddot{q}_2 + \omega_2^2 q_2 = \frac{1}{\sqrt{2m}}F_0\sin\omega t$$

在零初始条件下解得

$$q_1 = \frac{F_0}{\sqrt{2m}}\sin\omega t \times \frac{1}{\omega_1^2 - \omega^2}$$

$$q_2 = \frac{F_0}{\sqrt{2m}}\sin\omega \times \frac{1}{\omega_2^2 - \omega^2}$$

于是可得稳态响应解为

$$\begin{Bmatrix} x_1 \\ x_2 \end{Bmatrix} = \begin{Bmatrix} X_1 \\ X_2 \end{Bmatrix}\sin\omega t$$

其中

$$X_1 = \frac{F_0}{\sqrt{2m}}\left( \frac{1}{\omega_1^2 - \omega^2} + \frac{-1}{\omega^2 - \omega_2^2} \right) \times \frac{1}{\sqrt{2m}} = \frac{2k - m\omega^2}{m^2(\omega^2 - \omega_1^2)(\omega^2 - \omega_2^2)}F_0$$

$$X_2 = \frac{F_0}{\sqrt{2m}} \left( \frac{1}{\omega_1^2 - \omega^2} + \frac{1}{\omega^2 - \omega_2^2} \right) \times \frac{1}{\sqrt{2m}} = \frac{2k}{m^2 (\omega^2 - \omega_1^2)(\omega^2 - \omega_2^2)} F_0$$

# 习　　题

2.1　均匀悬壁梁长为 $l$，弯曲刚度为 $EJ$，重量不计，自由端附有重为 $P = mg$ 的物体，如图 2.22 所示。试写出物体的振动微分方程，并求出频率。

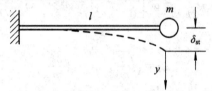

图 2.22　题 2.1 图

2.2　某仪器中一元件为等截面的悬臂梁，质量可以忽略不计，如图 2.23 所示。在梁的自由端有两个集中质量 $m_1$ 与 $m_2$，由磁铁吸住。若在梁静止时打开电磁开关，使 $m_2$ 突然释放，试求 $m_1$ 的振幅。（以 $m_2$ 为研究对象）

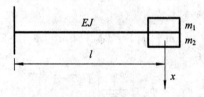

图 2.23　题 2.2 图

2.3　一个有阻尼的弹簧重量系统 $W = 98$ N，$k = 10$ N/cm，处于临界阻尼状态，由 $t = 0$，$x_0 = 2.5$ cm，$\dot{x}_0 = -30$ cm/s 开始运动。试问：质量块将于几秒后达到静平衡位置？过静平衡位置后最远能够移动多少距离？

2.4　如图 2.24 所示，一质量块 $m$ 放在水平台面上，当台面沿铅垂方向作频率为 5 Hz 的简谐振动时，要使物体不脱离平台，对台面的振幅有何限制？

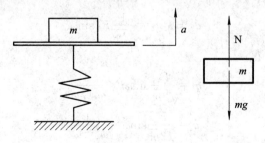

图 2.24　题 2.4 图

2.5　小车重 490 N，可以简化为用弹簧支在轮上的一个重量，弹簧系数 $k = 50$ N/cm，轮子的重量与变形都略去不计。路面成正弦波形，可表示为 $y = Y \sin \frac{2\pi x}{L}$，其中 $Y = 4$ cm，$L = 10$ m，如图 2.25 所示。试求小车在以水平速度 $v = 36$ km/h 行驶时车身上下振动的振幅。

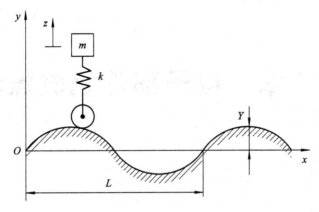

图 2.25　题 2.5 图

2.6　一重 $W=1960$ N 的机器，放在刚度为 $k=39\,200$ N/m 的弹性支承上，支承的相对阻尼系数 $\xi=0.2$。若机器在静止时受到一激励 $F=F_0\sin\omega t$ 的作用而振动，$\omega=\omega_n$，则机器经过多长时间后初始阶段的瞬态位移在稳态位移的 $1/100$ 以下？

2.7　两个质量块 $m_1$ 和 $m_2$ 用一弹簧 $k$ 相连，$m_1$ 的上端用绳子拴信，放在一个与水平面成 $\alpha$ 角的光滑斜面上，如图 2.26 所示。当 $t=0$ 时突然割断绳子，两质量块将沿斜面下滑。试求瞬时 $t$ 两块质量块的位置。

2.8　如图 2.27 所示系统，设 $m_1=m_2=m$。试求其强迫振动的稳态响应。

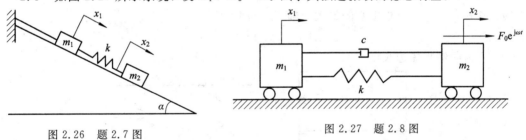

图 2.26　题 2.7 图　　　　　　　　　　　　图 2.27　题 2.8 图

# 第 3 章　电子部件机械振动

## 3.1　PCB 振动

印制电路板是电子设备中普遍应用的一种结构形式，它将元件整块安置在印制板上，店维修性能好，可靠性高。将来进一步采用表面安装技术（电阻等的两端是焊盘，无引线，先按要求将电阻放在印制板上。放好后，将电阻等的焊盘焊在板的焊盘上，固化即可），印制板会用得更多，性能更好。所以这里讨论印制电路板的振动分析。

装于机架上的三层印制板（见图 3.1（a）），其等效于图 3.1（b）所示的弹簧质量系统。由于印制电路板的主要破坏是共振时的疲劳破坏，根据隔振的基本原理，这里主要按倍频定律确定印制电路板的固有频率（第二级的固有频率大于或等于第一级的固有频率的两倍），即印制板的固有频率不小于机柜本身固有频率的两倍。在振动情况下，疲劳破坏的循环次数在 $10^7$ 次以上，这时板中心的最大振幅 $B_{\max}$ 应满足：

$$B_{\max} \leqslant 0.003b \, (\text{cm}) \tag{3-1}$$

其中，$b$ 为印制板短边长度。

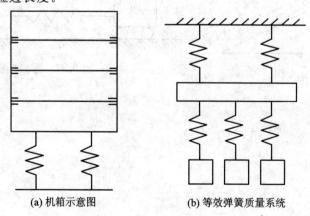

(a) 机箱示意图　　　　　　(b) 等效弹簧质量系统

图 3.1　机箱及其等效系统

设印制板固有频率为 $f_{\mathrm{n}}\left(f_{\mathrm{n}} = \dfrac{\omega_{\mathrm{n}}}{2\pi}\right)$，其输出加速度为 $J_0$，则其实际振幅 $B$ 为

$$B = \frac{25J_0}{f_{\mathrm{n}}^2} \tag{3-2}$$

而输出加速度 $J_0$ 可由隔振系数 $T_{\mathrm{A}}$ 及输入加速度 $J_{\mathrm{入}}$ 决定，即

$$J_0 = T_{\mathrm{A}} \cdot J_{\mathrm{入}} \tag{3-3}$$

$T_{\mathrm{A}}$ 与印制板的边界条件、安装条件及输入的 $J_{\mathrm{入}}$ 有关，可按分析公式计算，但较复杂，

常取

$$T_A = B_1 (f_n)^{\frac{1}{2}} \tag{3-4}$$

对不同频率范围系数 $B_1$ 有不同值（见表 3-1）。

**表 3-1　在 3～10 g 下，$f_n$ 与 $B_1$ 的关系**

| $f_n$ | 50～100 | 100～400 | 400～700 |
|---|---|---|---|
| $B_1$ | 6.7 | 1.0 | 1.4 |

于是在疲劳破坏循环次数为 $10^7$ 次，板中心的最大振幅不大于 $0.003b$ cm 下，要求印制板的固有频率的极小值 $f_{nmin}$ 为

$$f_{nmin} = \left( \frac{25 J_{\wedge} B_1}{0.003b} \right)^{\frac{2}{3}} \tag{3-5}$$

所以必须分析印制电路板的固有频率。

### 3.1.1　矩形板振动

考虑由各向同性材料做成的均匀厚度 $h$ 的"薄板"，它同其它尺寸相比是很小的情况。设 $x$、$y$ 轴位于板厚的中心面内，$z$ 轴与板面垂直，用与 $zx$ 面和 $zy$ 面平行的平面从板中切取一微块，列出该微块的平衡条件（见图 3.2）：

$$\begin{cases} \dfrac{\partial M_x}{\partial x} + \dfrac{\partial M_{z2}}{\partial y} - F_x = 0 \\[2mm] \dfrac{\partial M_{z1}}{\partial x} + \dfrac{\partial M_y}{\partial y} - F_y = 0 \\[2mm] \dfrac{\partial F_x}{\partial x} + \dfrac{\partial F_y}{\partial y} + P = 0 \end{cases} \tag{3-6}$$

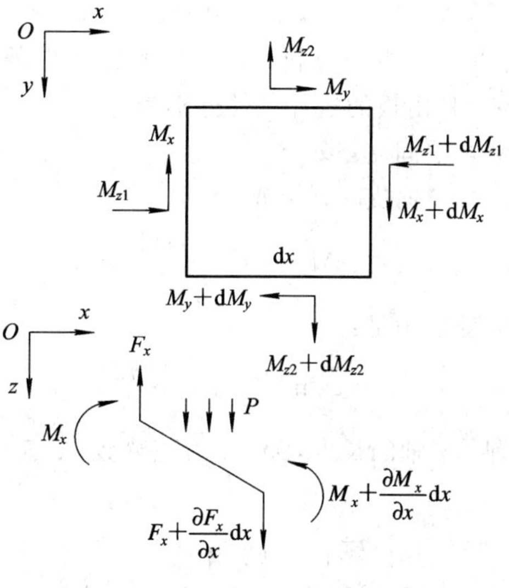

图 3.2　板分离体

与梁的理论一样，假定板中性面的垂线变形后仍与它垂直，$x$、$y$、$z$ 轴向的位移 $u$、$v$、$w$ 之间有下列关系：

$$u = -z\frac{\partial w}{\partial x}, \quad v = -z\frac{\partial w}{\partial y} \tag{3-7}$$

其中，$w$ 为中性面的 $z$ 向位移，即板的挠度。根据胡可定律，略去板厚方向的正应力，则

$$\begin{cases} \varepsilon_x = \dfrac{\partial u}{\partial x} = -z\dfrac{\partial^2 w}{\partial x^2} = \dfrac{1}{E}(\sigma_x - v\sigma_y) \\[2mm] \varepsilon_y = \dfrac{\partial v}{\partial y} = -z\dfrac{\partial^2 w}{\partial y^2} = \dfrac{1}{E}(\sigma_y - v\sigma_x) \\[2mm] \gamma_z = \dfrac{\partial u}{\partial y} + \dfrac{\partial v}{\partial x} = -2z\dfrac{\partial^2 w}{\partial x \partial y} = \dfrac{\tau_2}{G} \end{cases} \tag{3-8}$$

因此作用在板剖面上单位长度的弯矩和扭矩为

$$\begin{cases} M_x = \displaystyle\int_{-\frac{h}{2}}^{\frac{h}{2}} \sigma_x z \mathrm{d}z = -\dfrac{Eh^3}{12(1-v^2)}\left(\dfrac{\partial^2 w}{\partial x^2} + v\dfrac{\partial^2 w}{\partial y^2}\right) \\[3mm] M_y = \displaystyle\int_{-\frac{h}{2}}^{\frac{h}{2}} \sigma_y z \mathrm{d}z = -\dfrac{Eh^3}{12(1-v^2)}\left(v\dfrac{\partial^2 w}{\partial x^2} + \dfrac{\partial^2 w}{\partial y^2}\right) \\[3mm] M_{z1} = M_{z2} = \displaystyle\int_{-\frac{h}{2}}^{\frac{h}{2}} \tau_2 z \mathrm{d}z = \dfrac{-Gh^3}{6} \times \dfrac{\partial^2 w}{\partial x \partial y} \end{cases} \tag{3-9}$$

从式(3-7)和式(3-9)得薄平板的弯曲方程为

$$D\left(\frac{\partial^4 w}{\partial x^4} + 2\frac{\partial^4 w}{\partial x^2 \partial y^2} + \frac{\partial^4 w}{\partial y^4}\right) = P \tag{3-10}$$

其中，$D = \dfrac{Eh^3}{\left[12(1-v^2)\right]}$，这里 $E$、$v$ 分别为板材料的弹性模量即泊松比。

若以惯性力 $-\dfrac{\rho}{g}\dfrac{\partial^2 w}{\partial t^2}$ 代替式(3-10)中的 $P$，则得平板振动的微分方程为

$$D\left(\frac{\partial^4 w}{\partial x^4} + 2\frac{\partial^4 w}{\partial x^2 \partial y^2} + \frac{\partial^4 w}{\partial y^4}\right) = -\frac{\rho}{g}\frac{\partial^2 w}{\partial t^2} \tag{3-11}$$

其中，$\rho$ 为板单位面积的重量。对板的分析，要考虑各种边界条件。作为典型情况，如在 $x = c$ 的边界上，固支、简支、自由板的边界条件分别为

$$\begin{cases} \text{固支：} w = 0 \\[1mm] \text{简支：} w = M_x = 0 \\[1mm] \text{自由：} M_x = F_x + \dfrac{\partial M_z}{\partial y} = 0 \end{cases} \tag{3-12}$$

矩形板在周边铰支时，变形满足：

$$w = c\sin\frac{m\pi}{a}x \times \sin\frac{n\pi}{b}y \tag{3-13}$$

其中，$a$、$b$ 分别为板沿 $x$ 轴、$y$ 轴的长度，$m$、$n$ 为正整数，$c$ 为待定常数。将式(3-13)代入式(3-11)中，得

$$D\left[\left(\frac{m\pi}{a}\right)^2 + \left(\frac{n\pi}{b}\right)^2\right]^2 = \frac{\rho w^2}{g} \tag{3-14}$$

$$w = \sqrt{\frac{gD}{\rho}}\,\pi^2\left[\left(\frac{m}{a}\right)^2 + \left(\frac{n}{b}\right)^2\right] \tag{3-15}$$

式(3-11)在式(3-12)条件下的求解一般是困难的，这时要用近似解法。如用里滋法求出板的内、外力的虚位移上的功，并令其和为零，可得求解固有频率 $\omega$ 的近似公式为

$$\frac{\partial}{\partial c_j} \iint \left[ D\left\{ \left[ \sum_i c_i \left( \frac{\partial^2 \overline{w}_i}{\partial x^2} + \frac{\partial^2 \overline{w}_i}{\partial y^2} \right) \right]^2 + 2(1-v) \left[ \left( \sum_i c_i \frac{\partial^2 \overline{w}_i}{\partial x \partial y} \right)^2 - \sum_i c_i \frac{\partial^2 \overline{w}_i}{\partial x^2} \sum_i c_i \frac{\partial^2 \overline{w}_i}{\partial y^2} \right] \right\} \right.$$

$$\left. - \frac{\rho w^2}{g} \left( \sum_i c_i \overline{w}_i \right)^2 \right] \mathrm{d}x \mathrm{d}y = 0$$

$$(3-16)$$

其中，$c_i$、$\overline{w}_i$ 是把挠度表示为

$$w = \sum_i c_i \overline{w}_i \mathrm{e}^{\mathrm{i}\omega t} \qquad (3-17)$$

之后确定的。

　　一般，工程上常用能量法求板的固有频率。它是根据给定的挠度曲线，求出板的总应变能 $V$ 及参考动能 $T_0$，再按 $\omega = \sqrt{\dfrac{V}{T_0}}$ 求固有频率的。

　　考虑一块四边简支、载荷均匀分布的矩形平板（如图 3.3 所示），设其边长分别为 $a$、$b$，厚度为 $h$，它在垂直于板平面方向振动，则简支板的平面振动的挠度曲线可用双重三角函数级数表示为

$$w = \sum_n \sum_m A_{mn} \sin \frac{m\pi x}{a} \sin \frac{n\pi y}{b} \qquad (3-18)$$

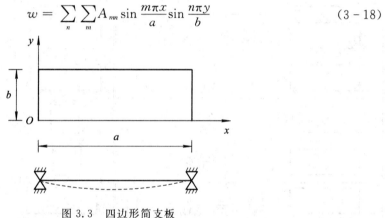

图 3.3　四边形简支板

　　由于最危险的响应是位移和应力均为最大的基频振动所产生的响应，故式（3-18）可简化为

$$w = w_0 \sin \frac{\pi x}{a} \sin \frac{\pi y}{b} \qquad (3-19)$$

　　这样，振动板的总应变能 $V$ 为

$$V = \frac{D}{2} \int_0^a \int_0^b \left[ \left( \frac{\partial^2 w}{\partial x^2} \right)^2 + \left( \frac{\partial^2 w}{\partial y^2} \right)^2 + 2v \left( \frac{\partial^2 w}{\partial x^2} \right) \left( \frac{\partial^2 w}{\partial y^2} \right) + 2(1-v) \left( \frac{\partial^2 w}{\partial x \partial y} \right)^2 \right] \mathrm{d}x \mathrm{d}y$$

$$= \frac{\pi^4 D w_0^2 ab}{8} \left( \frac{1}{a^4} + \frac{2}{a^2 b^2} + \frac{1}{b^4} \right) \qquad (3-20)$$

而振动板的参考动能 $T_0$ 为

$$T_0 = \frac{w_1}{2abg} \int_0^a \int_0^b w^2 \mathrm{d}x \mathrm{d}y = \frac{w_1}{2abg} \times \frac{w_0^2 ab}{4} \qquad (3-21)$$

其中，$w_1$ 为板的重量。

　　于是板的弯曲振动固有频率为

$$\omega_n = \sqrt{\frac{V}{T_0}} = \pi^2\sqrt{\frac{Dg}{\rho}}\left(\frac{1}{a^2}+\frac{1}{b^2}\right) \quad \text{或} \quad f_n = \frac{\omega_n}{2\pi} = \frac{\pi}{2}\sqrt{\frac{Dg}{\rho}}\left(\frac{1}{a^2}+\frac{1}{b^2}\right) \quad (3-22)$$

对不同边界条件,板有不同的固有频率,各种边界条件下板的频率方程见表 3-2。

**表 3-2　各种边界条件下板的固有频率方程表**

| 板及边界条件 | 固有频率($f_n$) | 板及边界条件 | 固有频率($f_n$) |
|---|---|---|---|
|  | $\frac{\pi}{8}C^{\frac{1}{2}}\left(\frac{1}{A}+\frac{1}{B}\right)$ |  | $\frac{\pi}{2}\left[C\left(\frac{2.08}{AB}\right)\right]^{\frac{1}{2}}$ |
|  | $\frac{\pi}{2}C^{\frac{1}{2}}\left(\frac{1}{4A}+\frac{1}{B}\right)$ |  | $\frac{0.78}{A}\pi C^{\frac{1}{2}}$ |
|  | $\frac{\pi}{2}C^{\frac{1}{2}}\left(\frac{1}{A}+\frac{1}{B}\right)$ |  | $\frac{\pi}{2}\left[C\left(\frac{0.126}{B^2}+\frac{0.608}{AB}+\frac{1}{A^2}\right)\right]^{\frac{1}{2}}$ |
|  | $\frac{\pi}{5.42}\left[C\left(\frac{1}{A^2}+\frac{3.2}{AB}+\frac{1}{B^2}\right)\right]^{\frac{1}{2}}$ |  | $\frac{\pi}{2}\left[C\left(\frac{2.45}{A^2}+\frac{2.90}{AB}+\frac{5.13}{A^2}\right)\right]^{\frac{1}{2}}$ |
|  | $\frac{\pi}{3}\left[C\left(\frac{0.75}{A^2}+\frac{2}{AB}+\frac{12}{B^2}\right)\right]^{\frac{1}{2}}$ |  | $\frac{\pi}{2}\left[C\left(\frac{0.127}{A^2}+\frac{0.707}{AB}+\frac{2.44}{B^2}\right)\right]^{\frac{1}{2}}$ |
|  | $\frac{\pi}{1.5}\left[C\left(\frac{3}{A^2}+\frac{2}{AB}+\frac{3}{B^2}\right)\right]^{\frac{1}{2}}$ |  | $\frac{\pi}{2}\left[C\left(\frac{2.45}{A^2}+\frac{2.68}{AB}+\frac{2.45}{B^2}\right)\right]^{\frac{1}{2}}$ |
|  | $\frac{\pi}{3.46}\left[C\left(\frac{16}{A^2}+\frac{8}{AB}+\frac{3}{B^2}\right)\right]^{\frac{1}{2}}$ |  | $\frac{\pi}{2}\left[C\left(\frac{2.45}{A^2}+\frac{2.32}{AB}+\frac{1}{B^2}\right)\right]^{\frac{1}{2}}$ |
|  | $\frac{0.56}{A}C^{\frac{1}{2}}$ |  | $\frac{4.5}{\pi A}C^{\frac{1}{2}}$ |
|  | $\frac{3.55}{A}C^{\frac{1}{2}}$ |  | $\frac{1.13}{A}C^{\frac{1}{2}}$ |
|  | $\frac{\pi}{1.74}\left[C\left(\frac{2}{A^2}+\frac{1}{2AB}+\frac{1}{64B^2}\right)\right]^{\frac{1}{2}}$ |  | $\frac{\pi}{2}\left[C\left(\frac{0.127}{A^2}+\frac{0.2}{AB}\right)\right]^{\frac{1}{2}}$ |
|  | $\frac{\pi}{2A}C^{\frac{1}{2}}$ |  |  |

说明:(1) 表中 $A=a^2$,$B=b^2$,$C=\frac{gD}{\rho}$。

(2) ××××固支,简支 ////// ,—————自由,角固支 ————×。

(3) 矩形边尺寸:长度为 $a$,短边长为 $b$;正方形边长为 $a$。

## 3.1.2　圆形板振动

对于圆板,采用极坐标,式(3-11)改写为

$$D\left(\frac{\partial^2}{\partial r^2}+\frac{1}{r}\frac{\partial}{\partial r}+\frac{1}{r^2}\frac{\partial^2}{\partial\theta^2}\right)^2 w = -\frac{\rho}{g}\frac{\partial^2 w}{\partial t^2} \quad (3-23)$$

再令 $w=\bar{w}(r,\theta)e^{i\omega t}=R(r)e^{i(n\theta+\omega t)}$,则

$$\left[\left(\frac{d^2}{dr^2}+\frac{1}{r}\frac{d}{dr}-\frac{n^2}{r^2}\right)^2-\frac{\rho\omega^2}{gD}\right]R = 0 \quad (3-24)$$

此时，解为

$$R = C_1 J_n(\lambda r) + C_2 I_n(\lambda r) \tag{3-25}$$

其中，$\lambda^4 = \dfrac{\rho \omega^2}{gD}$，$J_n(\lambda r)$、$I_n(\lambda r)$ 是自变量为 $\lambda r$ 的 $n$ 阶第一类贝塞尔函数及 $n$ 阶第一类变形的贝塞尔函数。周边固定，即 $r = a$ 时，$R = \dfrac{\mathrm{d}R}{\mathrm{d}r} = 0$，则

$$\begin{vmatrix} J_n(\lambda a) & I_n(\lambda a) \\ \dfrac{\mathrm{d}J_n(\lambda r)}{\mathrm{d}r}\bigg|r = a & \dfrac{\mathrm{d}I_n(\lambda r)}{\mathrm{d}r}\bigg|r = a \end{vmatrix} = 0 \tag{3-26}$$

解得式(3-26)，得出 $\lambda$，因此可求得 $\omega$。对其它边界条件，同样也可求得其固有频率。

一般，板的弯曲频率表示为

$$\omega = \frac{K}{A}\sqrt{\frac{Dg}{\rho}} \tag{3-27}$$

其中，$K$ 是取决于板的形状、边界条件、振动阶次的常数，$A$ 是板的面积。对泊松比为 1/3 的圆板，若以 $n$ 表示节直径，$S$ 表示节圆，则 $K$ 值如表 3-3 所示。

表 3-3 圆板的 $K$ 值

| $K$ \ $n$ / $S$ | 固 支 | | | $K$ \ $n$ / $S$ | 自 由 | | | |
|---|---|---|---|---|---|---|---|---|
| | 0 | 1 | 2 | | 0 | 1 | 2 | 3 |
| 1 | 31.94 | 66.82 | 109.5 | 0 | 0 | 0 | 16.50 | 38.42 |
| 2 | 124.9 | 191.2 | 277.6 | 1 | 28.51 | 64.47 | 110.7 | 166.2 |
| 3 | 279.1 | 277.7 | 496.1 | 2 | 121.0 | 188.1 | …… | …… |

### 3.1.3 带肋平板振动

当印制板上装有集中质量较大的元件时，板中心的挠度较大，为减少板中心的挠度，常用加强筋来加强印制板的刚度。下面对带肋印制板作简单的振动分析。

对四边简支的印制板，若两根肋沿长度方向以对称方式焊到底板上，则成为带肋印制板，如图 3.4 所示。

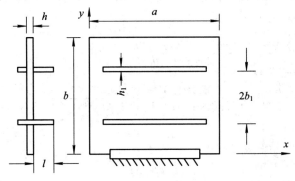

图 3.4 带肋印制板

若印制板的边界条件可看做四边简支，则因它沿 $x$ 向、$y$ 向的刚度不同，把式(3-22)稍作修改，就可求带肋印制板的固有频率。这时，其固有频率为

$$f_n = \frac{\pi}{2}\left[\frac{g}{\rho}\left(\frac{D_x}{a^4} + \frac{4D_{xy}}{a^2b^2} + \frac{D_y}{b^4}\right)\right]^{\frac{1}{2}} \tag{3-28}$$

其中，$D_x$ 是组合板沿 $x$ 轴的弯曲刚度，$D_y$ 是组合板沿 $y$ 轴的弯曲刚度，$D_{xy}$ 为板和肋的组合刚度。

设板、肋的材料弹性模量分别为 $E$、$E_1$，厚度分别为 $h$、$h_1$，其余尺寸如图 3.4 所示。在图示尺寸及坐标下，$T$ 形截面的重心坐标 $\bar{z}$ 为

$$\bar{z} = \frac{\sum AEz}{\sum AE} = \frac{bEh^2 + 2lh_1E_1(2h+l)}{2bhE + 4lh_1E_1} \tag{3-29}$$

于是，$T$ 形截面的弯曲刚度为

$$EI = \sum E_iI_i = \frac{Ebh^3}{12} + Ebh\left(\bar{z} - \frac{b}{2}\right)^2 + \frac{E_1lh_1^3}{6} + 2E_1lh_1\left(h + \frac{l}{2} - \bar{z}\right)^2 \tag{3-30}$$

$$D_x = \frac{EI}{2b_1} \tag{3-31}$$

$$D_y = \frac{Eh}{12(1-v^2)} \tag{3-32}$$

$$D_{xy} = G_cJ_c + \frac{G_rJ_r}{4b_1} \tag{3-33}$$

其中，$G_c$ 为印制板材料的剪切弹性模量，$J_c = \frac{1}{3}h^3$ 为印制板的单位扭转刚度，$G_r$ 为肋材料的剪切弹性模量，$J_r = \frac{1}{3}lh_1^3$ 为肋的扭转刚度，$2b_1$ 为肋间距。

若 $x$ 向、$y$ 向均有肋，则为求两个方向的弯曲刚度必须大于要分析的 $T$ 形截面。而且还需校核肋与肋之间的每一块板截面，使它们的固有频率 $f_i$ 大于二倍的带肋的整块板的固有频率 $f$，或使它们中的最小的固有频率 $\min f_i$ 等于 $f$ 的二倍，即 $\min(f_i) = 2f$。

**例 3.1**　如图 3.4 所示的环氧玻璃纤维板，已知：$h = 1.57$ mm，$l = 9.65$ mm，$a = 203.2$ mm，$b = 177.8$ mm，$2b_1 = 88.9$ mm，$h_1 = 1.02$ mm。环氧纤维板的弹性模量 $E = 1.38 \times 10^{10}$ Pa，剪切弹性模量 $G_c = 6.2 \times 10^9$ Pa，泊松比 $v = 0.12$，肋的弹性 $E_1 = 2 \times 10^{11}$ Pa，剪切弹性模量 $G_r = 8.27 \times 10^{10}$ Pa，而电路板的重量 $W = 4.72$ N。求该电路板的固有频率 $f_n$。

**解**　$T$ 形截面的重心坐标 $\bar{z}$ 为

$$\bar{z} = \frac{\sum AEz}{\sum AE} = \frac{bEh^2 + 2lh_1E_1(2h+l)}{2bhE + 4lh_1E_1}$$

$$= \frac{177.8 \times 1.38 \times 10^{10} \times 1.57^2 + 2 \times 9.65 \times 1.02 \times 2 \times 10^{11}(2 \times 1.57 + 9.65)}{2 \times 177.8 \times 1.57 \times 1.38 \times 10^{10} + 4 \times 9.65 \times 1.02 \times 2 \times 10^{11}}$$

$$= \frac{5641.52}{1557.88}$$

$$= 3.62 \text{ mm}$$

$T$ 形截面的弯曲刚度为

$$EI = \sum E_iI_i = \frac{Eh^3\frac{b}{2}}{12} + \frac{E_1h_1l^3}{12} + \sum AE(z-\bar{z})^2 = 46.31 \text{ N} \cdot \text{m}^2$$

$$D_x = \frac{EI}{2b_1} = \frac{46.31}{88.9} \times 10^3 = 520.92 \text{ N} \cdot \text{m}$$

$$D_y = \frac{Eh^3}{12(1-v^2)} = \frac{1.38 \times 10^{10} \times (1.57 \times 10^{-3})^3}{12 \times (1-0.12^2)} = 4.52 \text{ N} \cdot \text{m}$$

$$D_{xy} = G_c J_c + \frac{G_r J_r}{4b_1} = 6.21 \times \frac{1.57^3}{3} + \frac{8.27 \times 9.65 \times 1.02^3 \times 10}{3 \times 2 \times 88.9} = 9.60 \text{ N} \cdot \text{m}$$

电路板单位面积的质量为

$$\bar{m} = \frac{4.72}{9.8 \times 203.2 \times 177.8} \times 10^6 = 13.33 \text{ kg/m}^2$$

$$f_n = \frac{\pi}{2} \left[ \frac{1}{\bar{m}} \left( \frac{D_x}{a^4} + \frac{4D_{xy}}{a^2 b^2} + \frac{D_y}{b^4} \right) \right]^{\frac{1}{2}}$$

$$= \frac{\pi}{2} \times \sqrt{\frac{1}{13.33} \times \left( \frac{520.92}{0.2032^4} + \frac{4 \times 9.6}{0.2032^2 \times 0.1778^2} + \frac{4.52}{0.1778^4} \right)}$$

$$= 251 \text{ Hz}$$

# 3.2　悬挂元件振动

电阻、电容、二极管等电子元件经常悬挂在接线柱之间(如图 3.5 所示),接线柱固定在线路板或结构体上。这样当它们处于振动环境中时,元件本身相当于一个集中质量,导线的作用像一个弹簧,构成像图 3.6 那样的单自由度系统,可能会发生谐振。还有一种悬挂式元件是积木式组件,它把电阻、电容等电子元件像积木一样堆起来,装在主线路上,悬挂在狭小的两个印制板之间(如图 3.7 所示)。有时几个积木式组件通常固定在一个大的作为内部连线的插件式印制电路板上。

1—接线柱；2—导线；3—元件；4—固定结构

图 3.5　接线柱间的电子元件　　　　　　　　图 3.6　单自由度系统

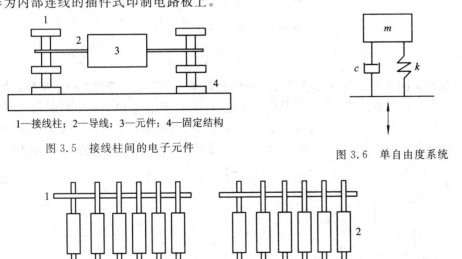

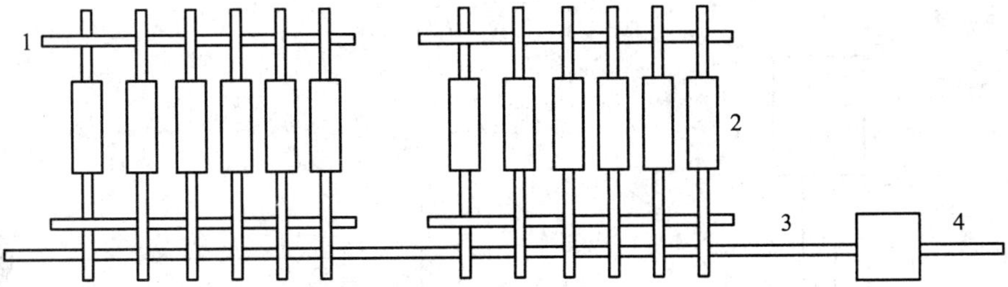

1—小线路板；2—积木化电子元件；3—主线路板；4—插头

图 3.7　固定到线路板上的积木式组件

　　这种悬挂结构可看做具有集中质量、集中转动惯量的均匀梁，一般常把这种结构近似看做无质量的梁上有一集中质量。下面先分析这种结构的振动。

### 3.2.1　无质量梁振动

　　大多数电阻、电容、二极管等电子元件本身直径比引线直径大得多，所以，在垂直于元件纵轴的载荷的作用下，结构的绝大多数变形都由导线中的弯曲产生的。悬挂式元件固有频率的最佳近似值是将导线作为一个两端固定、无质量、中间具有集中质量的梁来获得的。在元件的质量为 $m$，导线长为 $l$，且元件距一个固定端的距离为 $a$ 时，其分离体示意图如图 3.8 所示。于是由材料力学可知，悬挂元件的静态位移 $\delta_{\mathrm{st}}$ 为

$$\delta_{\mathrm{st}} = \frac{\left(\dfrac{mg}{2}\right)a^3}{12EI} = \frac{mga^3}{24EI} \tag{3-34}$$

其中，$E$、$I$ 为导线材料的弹性模量及导线的惯性矩。对悬挂式元件而言，一般情况下，元件到左、右固定端距离相等，即 $a = l/2$，于是式（3-34）变为

$$\delta_{\mathrm{st}} = \frac{mgl^3}{192EI} \tag{3-35}$$

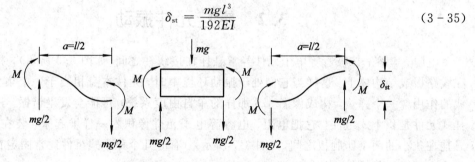

图 3.8　悬挂式元件的分离体示意图

　　由式（3-37）及式（3-35）可得悬挂元件系统的固有频率为

$$\omega_{\mathrm{n}} = \sqrt{\frac{g}{\delta_{\mathrm{st}}}} = \sqrt{\frac{192EI}{ml^3}} \tag{3-36}$$

　　以上讨论的是图 3.5 那样的悬挂式元件的固有频率，它是按两端固支的梁来处理的。但对于像图 3.7 那样的悬挂式元件，尤其像电介电容（立式）那样直接把其两脚焊到印制板上的悬挂式元件（如图 3.9 所示），在发生垂直于导线方向的振动时，其宜看做无质量的悬臂梁，在梁的端部有一集中质量（如图 3.10 所示）。显然这时悬挂式元件的固有频率为

$$\omega_{\mathrm{n}} = \sqrt{\frac{3EI}{ml^3}} \tag{3-37}$$

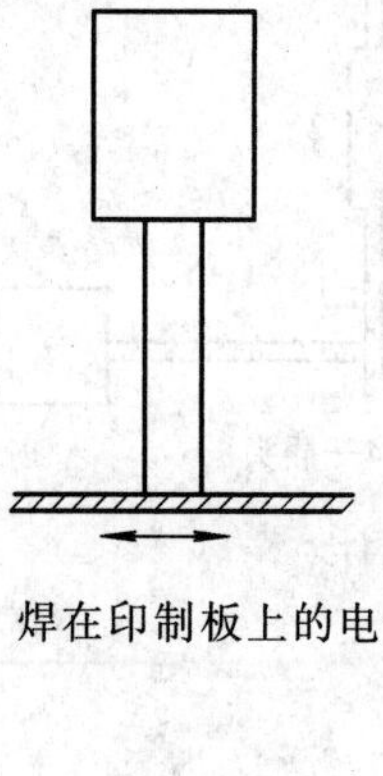

图 3.9　焊在印制板上的电介电容 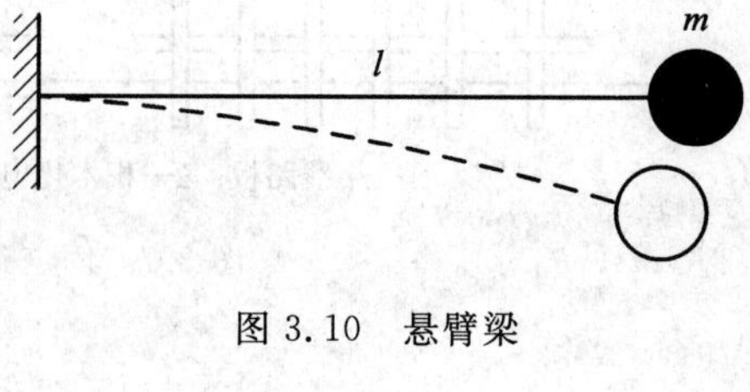             图 3.10　悬臂梁

**例 3.2**  如图 3.11 所示的钢制梁,在钢制梁中间有一集中质量 $m=2.5$ kg,求该系统的固有频率。

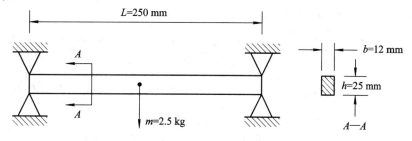

图 3.11  有简单支撑的钢制梁

**解**  钢制梁的惯性矩为

$$I=\frac{bh^3}{12}=\frac{12\times25^3}{12}=15\ 625\ \text{mm}^4$$

已知钢制梁的弹性模量 $E=2\times10^{11}$ Pa,故由式(3-36)可得固有频率

$$\omega_n=\sqrt{\frac{192EI}{ml^3}}=\sqrt{\frac{192\times2\times10^{11}\times15625\times10^{-12}}{2.5\times0.25^3}}=3919.18\ \text{Hz}$$

## 3.2.2  变截面梁振动

对于图 3.7 所示的悬挂式元件,有时为提高整个结构的抗弯刚度,常采用增加加强肋、改变印制板厚度等方法。这便形成了变截面悬臂梁。另外,在电子设备结构设计中,为了充分利用空间、减轻重量,常需要开槽,增加加强筋或移动主要承载构件。最后使机箱或机架在长度方向有开槽、切口,成为变截面梁。

对于变截面梁,为了使其振动分析尽可能简单明了,这里做了简化处理,认为变截面梁无质量,从而把端部有集中质量的变截面悬臂梁简化为无质量的悬臂梁。这样只要求得变截面悬臂梁在载荷下的静变形,便可获得其固有频率。

对于图 3.12 所示具有两个不同截面的悬臂梁,在图示各参数及坐标下,由材料力学可知,该悬臂梁在载荷作用下,载荷作用点的变形为

$$\delta=\frac{1}{E_1I_1}\int_0^a M_1\frac{\partial M_1}{\partial P}\mathrm{d}x_1+\frac{1}{E_2I_2}\int_0^b M_2\frac{\partial M_2}{\partial P}\mathrm{d}x_2 \tag{3-38}$$

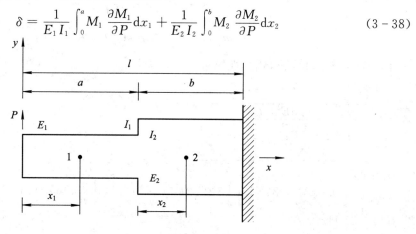

图 3.12  有两个不同截面的悬臂梁

由于 $M_1 = Px_1$，$M_2 = P(a + x_2)$，所以

$$\frac{\partial M_1}{\partial P} = x_1, \ \frac{\partial M_2}{\partial P} = a + x_2 \tag{3-39}$$

将式(3-39)代入式(3-38)，得

$$\delta = \frac{P}{E_1 I_1} \int_0^a x_1^2 \mathrm{d}x_1 + \frac{1}{E_2 I_2} \int_0^b (a^2 + 2ax_2 + x_2^2) \mathrm{d}x_2 = \frac{Pa^3}{3E_1 I_1} + \frac{P}{E_2 I_2}\left(a^2 b + ab^2 + \frac{b^3}{3}\right) \tag{3-40}$$

于是由式(3-37)和式(3-40)得，具有两个不同截面悬臂梁的固有频率为

$$\omega_n = \sqrt{\frac{3E_1 I_1 E_2 I_2}{m\left[a^3 E_2 I_2 + 3E_1 I_1\left(a^2 b + ab^2 + \dfrac{b^3}{3}\right)\right]}} \tag{3-41}$$

对有三个不同截面的悬臂梁，设第三段梁的长为 $c$，截面惯性矩为 $I_3$，截面材料的弹性模量为 $E_3$，则按上述相同的办法，可求得其固有频率为

$$\omega_n = \sqrt{\frac{1}{m\left[\dfrac{a^3}{3E_1 I_1} + \dfrac{\left(a^2 b + ab^2 + \dfrac{b^3}{3}\right)}{E_2 I_2} + \dfrac{(a+b)^2 c + (a+b)c^2 + \dfrac{c^3}{3}}{E_3 I_3}\right]}} \tag{3-42}$$

**例 3.3**　如图 3.13 所示，有一电子箱一端有安装凸缘，其横截面沿长度方向有两个不同的惯性矩。如果 $I_1 = 1.5 \times 10^{-6}$ m，$I_2 = 1.1 \times 10^{-6}$ m，$m = 13$ kg，求该电子箱的固有频率。

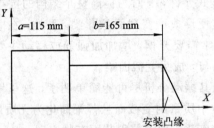

图 3.13　有两个不同横截面的电子箱

**解**　由式(3-41)可得，电子箱的固有频率为

$$\omega_n = \sqrt{\frac{3E_1 I_1 E_2 I_2}{m\left[a^3 E_2 I_2 + 3E_1 I_1\left(a^2 b + ab^2 + \dfrac{b^3}{3}\right)\right]}}$$

其中，$E = 7.24 \times 10^{10}$ pa(铝弹性模量)。

于是有

$$\omega_n = \sqrt{\frac{3E^2 I_1 I_2}{m\left[a^3 E I_2 + 3E I_1\left(a^2 b + ab^2 + \dfrac{b^3}{3}\right)\right]}}$$

$$= \sqrt{\frac{3 \times (7.24 \times 10^{10})^2 \times 1.5 \times 1.1 \times 10^{-16}}{13 \times \left[0.115^3 \times 7.24 \times 1.1 + 3 \times 7.24 \times 1.5 \times \left(0.115^2 \times 0.165 + 0.115 \times 0.165^2 + \dfrac{0.165^3}{3}\right)\right]}}$$

$$= 923.57 \text{ Hz}$$

### 3.2.3　复合梁振动

由于电气、热和振动的需要，在电子设备中常常采用复合层结构：印制板安装得过于靠近金属隔板时，为防止印制板上裸露导线与隔板接触，常将环氧玻璃纤维薄片覆盖到金属隔板上，此时的隔板就成为复合层结构；线路板常用铝或铜的叠层结构散热条将热传导出去，有时将叠层结构固定到线路板上，有时将散热用铝板层压到线路板上，这均是复合层结构；对陀螺等必须保持恒定温度以保证其所需精度的设备，需对电子元件进行热屏蔽，其隔热系统通常由层压有塑料或陶瓷的金属组成的复合层结构；……所以这里对复合梁进行振动分析。

电子机箱中常采用的两种普通材料是铝和环氧玻璃纤维板，所以这里只分析这两种材料制成的复合梁的固有频率。

复合梁的振动分析采用等效刚度法：把复合梁作为一个单一材料的梁进行振动分析。不过该单一材料的梁具有与复合梁相同的抗弯刚度。根据两种材料形成复合梁时不同的复合形式，分为横向复合、纵向复合和夹层复合三种结构进行讨论。

**1. 横向复合梁**

考虑一个沿其长度方向上具有均布载荷的层压简支梁（如图 3.14(a)所示），若铝与环氧玻璃纤维板的排列方向与梁的振动方向垂直（如图 3.14(b)所示），则称这种复合梁为横向复合梁。

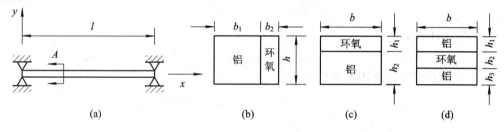

(a)　　　　　　　　(b)　　　　　　　(c)　　　　　　　(d)

图 3.14　简支复合梁及其剖面图

对于横向复合梁，只需依照抗弯刚度相等的原则，将环氧玻璃纤维叠层的宽度用与其抗弯刚度等效、截面高度相等的铝梁的宽度来代替，从而将复合梁化为同一材料的梁。

设材料的弹性模量为 $E$，截面惯性矩为 $I$，用下标 a 和 e 分别表示铝和环氧玻璃纤维，则环氧纤维层的抗弯刚度为

$$E_e I_e = E_e \frac{b_e h_e^3}{12} \tag{3-43}$$

而铝梁的抗弯刚度为

$$E_a I_a = E_a \frac{b_a h_a^3}{12} \tag{3-44}$$

与环氧玻璃纤维层有统一高度、相同抗弯刚度的铝梁的宽度则可由以上两式求得

$$b_a = b_e \frac{E_e}{E_a} \tag{3-45}$$

于是原高为 $h$，宽度为 $b_1 + b_2$ 的复合梁等效于高为 $h$，宽为

$$b = b_1 + b_2 \frac{E_e}{E_a} \tag{3-46}$$

的铝梁。

对均质梁,若其单位长的重量为 $W_1$,在梁中央有一集中质量,其重为 $W_2$,只要设其变形为

$$y = y_0 \sin \frac{\pi x}{L} \tag{3-47}$$

则不难从能量法推出其固有频率(基频)为

$$\omega_n = \pi^2 \left[ \frac{EIg}{l^3 (W_1 l + 2W_2)} \right]^{\frac{1}{2}} \tag{3-48}$$

于是图 3.14(b)所示复合梁的固有频率为

$$\omega_n = \frac{\pi^2 h}{2l^2} \left[ \frac{(E_a b_1 + E_e b_2) g}{3 (b_1 \rho_a + b_2 \rho_e)} \right]^{\frac{1}{2}} \tag{3-49}$$

其中,$\rho_a$、$\rho_e$ 分别为铝和环氧玻璃纤维单位体积的重量。

**例 3.4**　如图 3.14(a)所示简支复合梁,其截面图如 3.12(a)所示,现已知:$b_1 = 20$ mm,$b_2 = 13$ mm,$h = 25$ mm,$l = 380$ mm,环氧纤维板的弹性模量 $E_e = 1.38 \times 10^{10}$ Pa,密度 $\rho_2 = 1.8 \times 10^3$ kg/m$^3$,铝的弹性模量 $E_a = 7.24 \times 10^{10}$ Pa,密度 $\rho_1 = 2.7 \times 10^3$ kg/m$^3$,求该复合梁的固有频率。

**解**　由式(3-49)可知

$$\omega_n = \frac{\pi^2 h}{2l^2} \left[ \frac{(E_a b_1 + E_e b_2) g}{3 (b_1 \rho_a + b_2 \rho_e)} \right]^{\frac{1}{2}}$$

其中,铝单位体积的重量为

$$\rho_a = \rho_1 \times g$$

环氧玻璃纤维单位体积的重量为

$$\rho_e = \rho_2 \times g$$

故

$$\omega_n = \frac{\pi^2 h}{2l^2} \left[ \frac{(E_a b_1 + E_e b_2) g}{3 (b_1 \rho_a + b_2 \rho_e)} \right]^{\frac{1}{2}} = \frac{\pi^2 h}{2l^2} \left[ \frac{E_a b_1 + E_e b_2}{3 (b_1 \rho_1 + b_2 \rho_2)} \right]^{\frac{1}{2}}$$

$$= \frac{\pi^2 \times 0.025}{2 \times 0.38^2} \left[ \frac{7.24 \times 10^{10} \times 0.02 + 1.38 \times 10^{10} \times 0.13}{3 \times (0.02 \times 2.7 \times 10^3 + 0.13 \times 1.8 \times 10^3)} \right]^{\frac{1}{2}} = 1655 \text{ Hz}$$

**2. 纵向复合梁**

对图 3.14(a)所示简支梁,若铝及环氧玻璃纤维的排列方向与梁振动方向一致(如图 3.14(c)所示),则称这种复合梁为纵向复合梁。

对于纵向复合梁,可以先求各部分的抗弯刚度,从而得复合梁的抗弯刚度为

$$EI = \sum_I A_i E_i C_i^2 + \sum_i E_i I_{0i} \tag{3-50}$$

其中,$C_i$ 是面积为 $A_i$ 的截面形心到弯曲中心的距离,$I_{0i}$ 为第 $i$ 个截面绕自己形心轴的惯性矩。而整个截面的弯曲中心坐标 $Y_0$(见图 3.15)为

$$Y_0 = \frac{\sum A_i E_i Y_i}{\sum A_i E_i} \tag{3-51}$$

对图 3.14(c)所示梁,其有关数值为

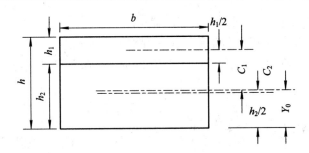

图 3.15　梁截面图

$$Y_0 = \frac{E_a bh_2 \times \dfrac{h_2}{2} + E_e bh_1 \times \left(h_2 + \dfrac{h_1}{2}\right)}{bh_2 E_a + E_e bh_1} = \frac{E_a h_2^2 + E_a (2h_2 + h_1) h_1}{2(h_2 E_a + h_1 E_e)} \qquad (3-52)$$

$$C_1 = h_2 + \frac{h_1}{2} - Y_0 \qquad (3-53)$$

$$C_2 = Y_0 - \frac{h_2}{2} \qquad (3-54)$$

$$A_1 = bh_1 \qquad (3-55)$$

$$A_2 = bh_2 \qquad (3-56)$$

$$E_1 = E_e \qquad (3-57)$$

$$E_2 = E_a \qquad (3-58)$$

$$I_{01} = \frac{bh_1^3}{12} \qquad (3-59)$$

$$I_{02} = \frac{bh_2^3}{12} \qquad (3-60)$$

将上面各值代入式(3-50)，即得整个截面的抗弯刚度 $EI$，进而由式(3-48)可求得其固有频率为

$$\omega_n = \frac{\pi^2}{l^2} \left[ \frac{EIg}{b(h_1 \rho_e + h_2 \rho_a)} \right]^{\frac{1}{2}} \qquad (3-61)$$

**3. 夹层复合梁**

对于夹层复合梁，当在环氧玻璃纤维上再压一层铝时，就成为像图 3.14(d)所示的夹心面包形式的复合梁，并称其为夹层复合梁。这种梁的固有频率计算同纵向复合梁，只是其参与求和的截面个数多一个。

必须指出的是：为了避免铝与环氧玻璃纤维间的相对运动，复合梁必须相互胶牢。若采用螺栓连接，铝和环氧玻璃纤维间通常总会产生相对运动。这种相对运动必将降低梁的刚度与固有频率。为了防止在高频及大加速度激励下两层组元之间的相对运动，就必须采用大量的大螺栓连接。

## 3.2.4　变压器振动

组件、变压器等装在印制板上就构成了一个悬臂式悬挂系统。它可以近似地作为一个扭转系统以求其固有频率。

考虑一个安装在矩形板中间的大型变压器(见图 3.16(a)),矩形板将在平行于板平面的方向振动。这是变压器可以近似地作为支枢结构(见图 3.16(b)),刚度可近似地用弹簧来表示。按这一观点,在每个弹簧中所产生的力正比于垂直方向的位移和弹簧刚度。

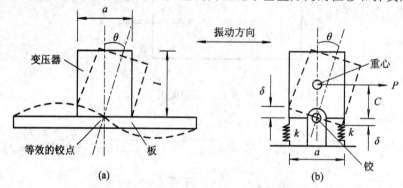

图 3.16  用支枢系统模拟带有恢复力矩的平板

设变压器绕铰支点的转角为 $\theta$,则在小变形时,弹簧沿垂直方向的位移为

$$\delta = \frac{a}{2}\theta \tag{3-62}$$

其中,$a$ 为变压器的宽。设弹簧的刚度为 $k$,则每个弹簧对变压器的作用力为

$$F = \frac{ka\theta}{2} \tag{3-63}$$

作用在变压器上的动力载荷 $P$ 和弹簧上的力 $F$ 间的关系可由它们对支枢取矩求得,即

$$PC = 2F \times \left(\frac{a}{2}\right) \ \text{或} \ F = \frac{PC}{a} \tag{3-64}$$

其中,$C$ 为变压器中心到支枢间的距离。

由式(3-63)与式(3-64)可求得

$$\theta = \frac{2PC}{ka^2} \tag{3-65}$$

这样相当于在变压器下安装了一个扭转弹簧。扭转弹簧的刚度 $k_\theta$ 定义为产生单位转角所需的力矩。现在力矩 $T_\theta = PC$ 下产生的转角为 $\theta = \frac{2PC}{ka^2}$,所以等效的扭转弹簧的刚度为

$$k_\theta = \frac{T_\theta}{\theta} = \frac{PC}{2\dfrac{PC}{ka^2}} = \frac{ka^2}{2} \tag{3-66}$$

这时,变压器的惯性矩可以作为绕基础支枢旋转的矩形物体的惯性矩来对待,即

$$I_{\mathrm{m}} = \frac{m}{12}(4l^2 + a^2) \tag{3-67}$$

其中,$l$ 为变压器的高,$m$ 为变压器的质量。

于是可求得变压器装在印制板上时,其扭转振动的固有频率为

$$\omega_{\mathrm{n}} = \sqrt{\frac{6ka^2}{(4l^2 + a^2)m}} = \sqrt{\frac{6k/m}{\left(\dfrac{2l}{a}\right)^2 + 1}} \tag{3-68}$$

由式(3-68)可以看出:

（1）板上变压器的扭转振动固有频率随变压器高与宽之比的增大而减小，与其高与宽绝对值的大小无关。

（2）该系统扭转振动固有频率与变压器重心高低无关。但变压器重心越高，振动中的载荷力矩越大，变压器绕支枢的转角越大。

（3）该系统扭转振动固有频率与板在与变压器边缘接点处的刚度的平方根成正比，板在这点的刚度越大，扭振的固有频率越高。

（4）板在与变压器外缘接点处的刚度的确定可以采用如下办法：

（a）在板与变压器外缘的两个接触点上加一个力偶 $T$，测出相应的板子转角 $\theta$，则按式

$$k = \frac{2T}{a^2\theta} \tag{3-69}$$

确定 $k$。

（b）把板看做在支枢处铰接的板，在变压器边缘（离支枢 $a/2$ 处）加一单位力，求得该点的挠度 $\delta_{st}$，则刚度 $k$ 为

$$k = \frac{1}{\delta_{st}} \tag{3-70}$$

## 3.2.5　门形结构振动

电子设备中，为了在印制板、底板及壁板上固定电子元件，常采用各种门形元件。如电阻、电容固定于印制板上，常采用图 3.17(a) 所示的结构：将引线弯折后焊接在印制电路板上，这是典型的门形结构。又如变压器等常通过"π"形件固接在机架上（如图 3.17(b) 所示），它可简化为门形结构，所以有必要对门形结构进行振动分析，学会其固有频率的确定方法。

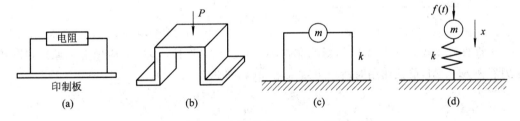

图 3.17　门形结构及其简化模型

一般门形结构可简化为图 3.17(c) 所示的简单模型，进一步可化为图 3.17(d) 所示单自由度弹簧质量系统。在图示坐标及参数下，取其静平衡位置为坐标原点，则 $m$ 的运动方程式为

$$m\ddot{x} + kx = f(t) \tag{3-71}$$

显然其固有频率为

$$\omega_n = \sqrt{\frac{k}{m}} \tag{3-72}$$

设在重力 $mg$ 作用下，弹性元件的静压缩为 $x_{st}$，则

$$x_{st} = \frac{mg}{k} \tag{3-73}$$

于是，由上面两式可得

$$\omega_n = \sqrt{\frac{g}{x_{st}}} \qquad\qquad (3-74)$$

这表明，只要求出弹性元件在 $mg$ 作用下的静变形 $x_{st}$，便可由式(3-74)确定系统的固有频率。所以下面分析门形结构各种静变形的求法。

一般弯成直角的电阻导线的面积总是相同的。但为了有普遍性，认为水平横杆与两垂直杆的截面不同；另一方面，这里的分析仅限于小变形，因此直角变形后仍为直角，可应用叠加原理。至于电阻的导线焊到印制板上，有时可看做铰链，有时可看做固接。这里的讨论仅限于固接。

门形结构横杆的上下弯曲振动称为门形结构的弯曲振动。一般电子设备，承受基础来的上下振动，这时电阻等的质量所产生的惯性力就在垂直方向加于门形结构上，所以这里讨论承受垂直载荷的门形结构的弯曲振动(见图 3.18)。

对图 3.18 所示承受垂直载荷的门形结构，其力的分离体如图 3.19 所示。

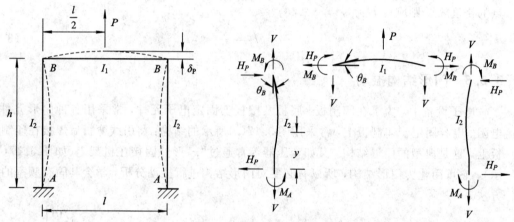

图 3.18　门形结构的弯曲振动　　　　图 3.19　门形结构弯曲振动的分离体示意图

对垂直杆来说，垂直力 $V$ 的影响非常小，可以忽略不计。这时，应用叠加原理，将其受力看做 $M_A$、$M_B$ 单独作用时所产生效果之和(如图 3.20 所示)。

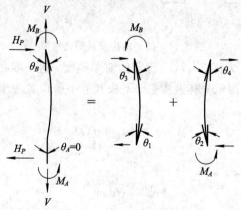

图 3.20　垂直杆分离体示意图

设在 $M_A$、$M_B$ 作用下垂直杆底端转角分别为 $\theta_1$、$\theta_2$，则由材料力学可知，

$$\theta_1 = \frac{M_B h}{6EI_2}, \ \theta_2 = \frac{M_A h}{3EI_2} \tag{3-75}$$

而实际上，底端固支，故

$$\theta_A = \theta_1 - \theta_2 = 0 \tag{3-76}$$

将式(3-75)代入式(3-76)，得

$$M_A = \frac{1}{2}M_B \tag{3-77}$$

设在 $M_A$、$M_B$ 单独作用下，垂直杆顶端转角为 $\theta_3$、$\theta_4$，则由材料力学可知，

$$\theta_3 = \frac{M_B h}{3EI_2}, \ \theta_4 = \frac{M_A h}{6EI_2} \tag{3-78}$$

$$\theta_B = \theta_3 - \theta_4 \tag{3-79}$$

由式(3-77)、式(3-78)和式(3-79)得

$$\theta_B = \frac{M_B h}{4EI_2} \tag{3-80}$$

对于水平杆来说，水平力 $H_P$ 所引起的转角变化很小，可以忽略不计。所以水平杆的变形可看做两个 $M_B$ 及 $P$ 所引起的变形叠加而成(如图 3.21 所示)。

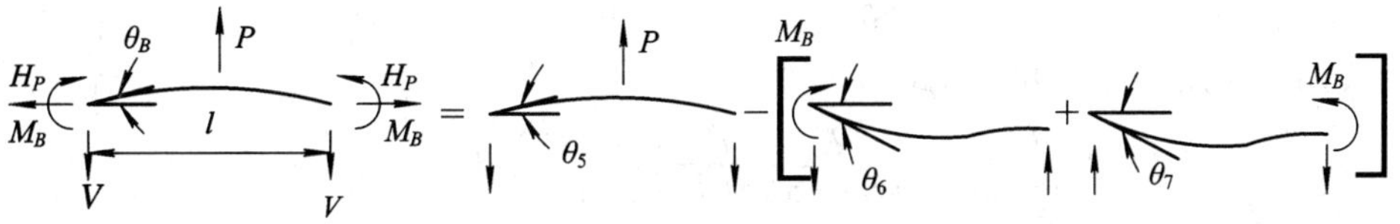

图 3.21　水平杆分离体示意图

设 $P$ 及左、右 $M_B$ 引起水平杆左端的转角分别为 $\theta_5$、$\theta_6$、$\theta_7$，则由材料力学可知，

$$\theta_5 = \frac{Pl^2}{16EI_1}, \ \theta_6 = \frac{M_B l}{3EI_1}, \ \theta_7 = \frac{M_B l}{6EI_1} \tag{3-81}$$

$$\theta_B = \theta_5 - (\theta_6 + \theta_7) \tag{3-82}$$

将式(3-80)和式(3-81)代入式(3-82)得

$$M_B = \frac{Pl^2}{\dfrac{4hI_1}{I_2} + 8l} \tag{3-83}$$

设 $K = \dfrac{hI_1}{lI_2}$，则由式(3-77)和式(3-83)得

$$M_B = \frac{Pl}{4K + 8} \tag{3-84}$$

$$M_A = \frac{Pl}{8K + 16} \tag{3-85}$$

对垂直杆 $A$ 点取矩，得

$$\sum M = M_A + M_B - H_P h = 0$$

所以

$$H_P = \frac{3Pl}{2h(4K + 8)} \tag{3-86}$$

由垂直方向力的平衡可得

$$V = \frac{P}{2} \qquad\qquad (3-87)$$

求得了作用于水平杆上的所有力，便可用叠加原理求载荷作用下水平杆的最大变形（如图 3.22 所示）。

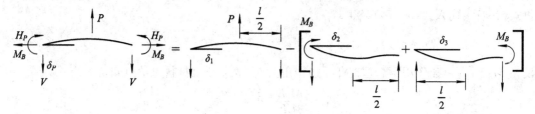

图 3.22　水平杆的变形图

设在 $P$ 及左、右端 $M_B$ 单独作用下，外载作用点的变形分别为 $\delta_1$、$\delta_2$、$\delta_3$，则由材料力学可知

$$\delta_1 = \frac{Pl^3}{48EI_1}, \quad \delta_2 = \delta_3 = \frac{M_B l^3}{16EI_1} \qquad\qquad (3-88)$$

而外载作用点的实际变形 $\delta_P$ 为 $\delta_1$、$\delta_2$、$\delta_3$ 的代数和，由图 3.22 得

$$\delta_P = \delta_1 - (\delta_2 + \delta_3) \qquad\qquad (3-89)$$

由式（3-84）、式（3-88）和式（3-89）得

$$\delta_P = \frac{Pl^3}{48EI_1} - \frac{Pl}{4K+8}\left(\frac{l^2}{8EI_1}\right) = \frac{Pl^3}{48EI_1}\left(1 - \frac{3}{2K+4}\right) \qquad (3-90)$$

于是，由式（3-74）和式（3-90），可求得门形结构的弯曲振动固有频率为

$$\omega_n = \sqrt{\frac{g}{\delta_{mg}}} = \sqrt{\frac{48EI_1}{ml^3\left(1 - \dfrac{3}{2K+4}\right)}} = 4\sqrt{\frac{6EI_1(K+2)}{ml^3(2K+1)}} \qquad (3-91)$$

其中，$m$ 为门形结构的水平杆中部的集中质量（相当于电阻的质量）。

# 习　　题

3.1　确定将经受 2G 峰值正弦振动试验的矩形印制电路板的谐振频率。对低输入 G 水平，将电路板看做是由其四周实现简单支撑的。该电路板具有均匀分布的 $W = 5$ N 的重力，电路板的弹性模量 $E = 22$ GPa，泊松比为 $v = 0.28$，其尺寸如图 3.23 所示（单位为 mm）。

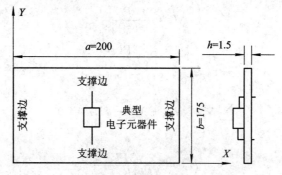

图 3.23　题 3.1 图

3.2　求如图 3.24 所示的铝制梁的近似谐振频率。其中弹性模量 $E=70$ GPa。

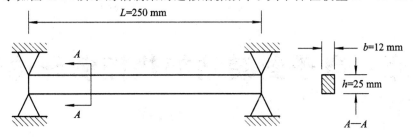

图 3.24　题 3.2 图

3.3　如图 3.25 所示,有一电子箱一端有安装凸缘,其横截面沿长度方向有个惯性矩。如果 $I_1=1.4\times10^{-6}$ m, $I_2=0.98\times10^{-6}$ m, $m=10$ kg,求该电子箱的固有频率。

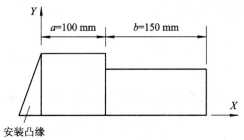

图 3.25　题 3.3 图

3.4　如图 3.26 所示的简支复合梁,现已知 $b=30$ mm, $h_1=10$ mm, $h_2=15$ mm, $l=380$ mm,环氧纤维板的弹性模量 $E_e=1.38×10^{10}$ Pa,密度 $\rho_1=1.8\times10^3$ kg/m³,铝的弹性模量 $E_a=70$ GPa,密度 $\rho_2=2.7\times10^3$ kg/m³,求该复合梁的固有频率。

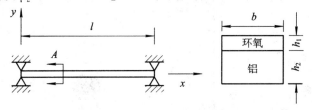

图 3.26　题 3.4 图

3.5　如图 3.16 所示,变压器高度 $l=45$ mm,宽度 $a=30$ mm,质量 $m=0.25$ kg,现测得该变压器在力偶 $T=800$ N·m,板子的转角 $\theta=5°$。试求该变压器的固有频率。

# 第4章 电子封装结构热控制理论基础

## 4.1 导 热

### 4.1.1 导热的基本定律

#### 1. 导热机理

1）气体的导热机理

气体的导热是气体分子不规则热运动时相互碰撞的结果，温度升高，动能增大，不同能量水平的分子相互碰撞，使热能从高温传到低温处，如图4.1所示。

2）导电固体的导热机理

导电固体有许多自由电子，它们在晶格之间像气体分子那样运动。自由电子的运动在导电固体的导热中起主导作用，如图4.2所示。

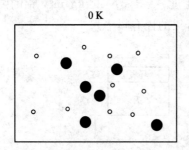

图 4.1 气体的导热机理

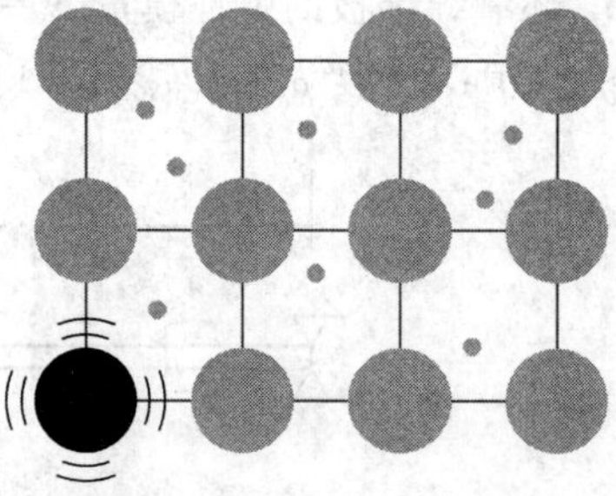

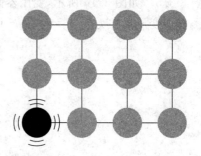

图 4.2 导电固体的导热机理

3）非导电固体

非导电固体的导热是通过晶格结构的振动所产生的弹性波来实现的，即依靠原子、分子在其平衡位置附近的振动来实现的，如图4.3所示。

4）液体的导热机理

液体的导热机理存在两种不同的观点：第一种观点类似于气体，只是复杂些，因液体分子的间距较近，分子间的作用力对碰撞的影响比气体大；第二种观点类似于非导电固体，主要依靠弹性波（晶格的振动，原子、分子在其平衡位置附近的振动产生的）的作用。

图 4.3 非导电固体的导热机理

5）导热的特点

导热的主要特点有：

（1）必须有温差。

（2）物体直接接触。

（3）依靠分子、原子及自由电子等微观粒子热运动而传递热量，不发生宏观的相对位移。

（4）没有能量形式之间的转化。

**2. 温度场**

温度场是指在各个时刻物体内各点温度分布的总称。一般地讲，物体的温度分布是坐标和时间的函数：

$$t = f(x, y, z, \tau) \tag{4-1}$$

稳态温度场（定常温度场）是指在稳态条件下物体各点的温度分布不随时间的改变而变化的温度场，其表达式如下：

$$t = f(x, y, z) \tag{4-2}$$

非稳态温度场（非定常温度场）是指在变动工作条件下，物体中各点的温度分布随时间而变化的温度场，其表达式如下：

$$t = f(x, y, z, \tau) \tag{4-3}$$

等温面是指将同一时刻温度场中所有温度相同的点连接起来所构成的面。用一个平面与各等温面相交，在这个平面上得到一个等温线族。

**3. 傅立叶定律**

在纯导热中，单位时间内通过给定面积的热量，与该点的温度梯度及垂直于导热方向的截面积 $A$ 成正比，这就是导热基本定律。一维稳态导热方程如下：

$$\Phi = -\lambda A \frac{\mathrm{d}t}{\mathrm{d}x} \tag{4-4}$$

式中，$\lambda$ 是比例系数，称为热导率，又称导热系数，负号表示热量传递的方向与温度升高的方向相反。用热流密度表示为

$$q = -\lambda \frac{\partial t}{\partial x} \tag{4-5}$$

当物体的温度是三个坐标的函数时（如图 4.4 所示），其形式为

$$q = -\lambda \mathrm{grad} t = -\lambda \frac{\partial t}{\partial n} n \tag{4-6}$$

式中：$\mathrm{grad}t$ 为空间某点的温度梯度；$n$ 为通过该点等温线上的法向单位矢量，指向温度升高的方向；$q$ 为该处的热流密度矢量。

单位时间内通过某一给定面积的热量称为热流量，记为 $\Phi$，单位为 W。单位时间内通过单位面积的热量称为热流密度，记为 $q$，单位为 $W/m^2$。当物体的温度仅在 $x$ 方向发生变化时，按傅立叶定律，热流密度的表达式为

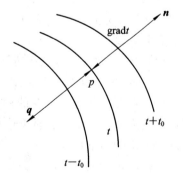

图 4.4　三维空间傅立叶定律简图

$$q = \frac{\Phi}{A} = -\lambda \frac{\mathrm{d}t}{\mathrm{d}x} \qquad (4-7)$$

说明：傅立叶定律又称导热基本定律，式(4-5)是一维稳态导热时傅立叶定律的数学表达式。通过分析可知，热流方向与温升方向相反，如图4.5所示。

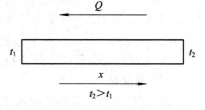

(1) 当温度$t$沿$x$方向增加时，$\dfrac{\mathrm{d}t}{\mathrm{d}x} > 0$而$q < 0$，说明此时热量沿$x$减小的方向传递；

(2) 当$\dfrac{\mathrm{d}t}{\mathrm{d}x} < 0$时，$q > 0$，说明热量沿$x$增加的方向传递。

温度是三个坐标函数时，$q$的方向同样与该点温度梯度方向相反。

图4.5　热流方向与温度的关系

**4. 导热系数 λ**

导热系数$\lambda$是表征材料导热性能优劣的参数，是一种物性参数，单位为W/(m·K)。同材料的导热系数值不同，即使同一种材料导热系数值与温度等因素有关。金属材料的导热系数最高，液体次之，气体最小。常见材料导热系数见表4-1。

表4-1　常见材料导热系数表(273 K)

| 材　　料 | 导热系数 $\lambda/(\mathrm{W \cdot m^{-1} \cdot K^{-1}})$ |
|---|---|
| 银 | 418 |
| 铜 | 387 |
| 铝 | 203 |
| 铁 | 73 |
| 水 | 0.552 |
| 空气 | 0.0243 |
| 大理石 | 2.78 |

**5. 导热微分方程**

对实际导热问题进行数学描述需要用到导热微分方程，导热微分方程推导模型如图4.6所示。

首先假设：

(1) 所研究的物体是各向同性的连续介质；

(2) 热导率、比热容和密度均为已知；

(3) 体内具有均匀分布的内热源，热流(量)体密度即强度为$\varphi[\mathrm{W/m^3}]$($\varphi$即单位体积的导热体在单位时间内放出的热量)。

根据能量守恒定律，在$\mathrm{d}\tau$时间内导入与导出微元体的净热量＋微元体内热源的发热量＝微元体热力学的增加。

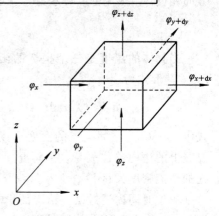

图4.6　导热微分方程推导模型

$\mathrm{d}\tau$时间内沿$x$轴方向、经$x$表面导入的热量为$\mathrm{d}\Phi_x$($\Phi$为热流量，单位为W)；$\mathrm{d}\tau$时间

内沿 $x$ 轴方向、经 $x+\mathrm{d}x$ 表面导出的热量为 $\mathrm{d}\Phi_{x+\mathrm{d}x}$。

由泰勒公式展开，得

$$\mathrm{d}\Phi_{x+\mathrm{d}x} = \mathrm{d}\Phi_x + \frac{\partial\Phi_x}{\partial x}\mathrm{d}x \tag{4-8}$$

$$\Phi_x = q_x \cdot \mathrm{d}y\mathrm{d}z\mathrm{d}\tau \tag{4-9}$$

$\mathrm{d}\tau$ 时间内沿 $x$ 轴方向导入与导出的微元体净热量为

$$\mathrm{d}\Phi_x - \Phi_{x+\mathrm{d}x} = -\frac{\partial q_x}{\partial x} \cdot \mathrm{d}x\mathrm{d}y\mathrm{d}z\mathrm{d}\tau \tag{4-10}$$

同理，沿 $y$ 轴方向导入与导出的微元体净热量为

$$\mathrm{d}\Phi_y - \Phi_{y+\mathrm{d}y} = -\frac{\partial q_y}{\partial y} \cdot \mathrm{d}x\mathrm{d}y\mathrm{d}z\mathrm{d}\tau \tag{4-11}$$

沿 $z$ 轴方向导入与导出的微元体净热量为

$$\mathrm{d}\Phi_z - \Phi_{z+\mathrm{d}z} = -\frac{\partial q_z}{\partial z} \cdot \mathrm{d}x\mathrm{d}y\mathrm{d}z\mathrm{d}\tau \tag{4-12}$$

总体导入与导出的净热量为

$$\mathrm{d}\Phi_{\mathrm{d}} = -\left(\frac{\partial\Phi_x}{\partial x} + \frac{\partial\Phi_y}{\partial y} + \frac{\partial q_z}{\partial z}\right)\mathrm{d}x\mathrm{d}y\mathrm{d}z\mathrm{d}\tau \tag{4-13}$$

代入傅立叶定律，得

$$\Delta\Phi_{\mathrm{d}} = \left[\frac{\partial}{\partial x}\left(\lambda\frac{\partial t}{\partial x}\right) + \frac{\partial}{\partial y}\left(\lambda\frac{\partial t}{\partial y}\right) + \frac{\partial}{\partial z}\left(\lambda\frac{\partial t}{\partial z}\right)\right]\mathrm{d}x\mathrm{d}y\mathrm{d}z\mathrm{d}\tau \tag{4-14}$$

$\mathrm{d}\tau$ 时间内微元体内热源的发热量为

$$\Delta\Phi_v = \Phi\mathrm{d}x\mathrm{d}y\mathrm{d}z\mathrm{d}\tau \tag{4-15}$$

微元体在 $\mathrm{d}\tau$ 时间内焓的增加量为

$$\Delta E = \rho c\frac{\partial t}{\partial \tau}\mathrm{d}x\mathrm{d}y\mathrm{d}z\mathrm{d}\tau \tag{4-16}$$

由于热平衡，有 $\Delta\Phi_{\mathrm{d}} + \Delta\Phi_v = \Delta E$，代入以上各式得

$$\rho c\frac{\partial t}{\partial \tau} = \frac{\partial}{\partial x}\left(\lambda\frac{\partial t}{\partial x}\right) + \frac{\partial}{\partial y}\left(\lambda\frac{\partial t}{\partial y}\right) + \frac{\partial}{\partial z}\left(\lambda\frac{\partial t}{\partial z}\right) + \Phi \tag{4-17}$$

上式为三维非稳态导热微分方程的一般表达式，反映了物体的温度随时间和空间的变化关系。

若导热系数为常数，则方程为

$$\frac{\partial t}{\partial \tau} = a\left(\frac{\partial^2 t}{\partial x^2} + \frac{\partial^2 t}{\partial y^2} + \frac{\partial^2 t}{\partial z^2}\right) + \frac{\Phi}{\rho c} \tag{4-18}$$

若导热系数为常数、无内热源，则去掉上式右侧最后一项即可。

若导热系数为常数、稳态、无内热源，则

$$\frac{\partial^2 t}{\partial x^2} + \frac{\partial^2 t}{\partial y^2} + \frac{\partial^2 t}{\partial z^2} = 0 \tag{4-19}$$

用圆柱坐标系表示为

$$\frac{\partial t}{\partial x} = a\left(\frac{\partial^2 t}{\partial r^2} + \frac{1}{r}\frac{\partial t}{\partial r} + \frac{1}{r^2}\frac{\partial^2 t}{\partial\Phi^2} + \frac{\partial^2 t}{\partial z^2}\right) + \frac{\Phi}{\rho c} \tag{4-20}$$

用球坐标表示为

$$\frac{\partial t}{\partial x} = a\left[\frac{1}{r^2}\frac{\partial}{\partial r}\left(r^2\frac{\partial t}{\partial r}\right) + \frac{1}{r^2\sin\theta}\frac{\partial}{\partial\theta}\left(\sin\theta\frac{\partial t}{\partial\theta}\right) + \frac{1}{r^2\sin^2\theta}\frac{\partial^2 t}{\partial\varphi^2}\right] + \frac{\Phi}{\rho c} \quad (4-21)$$

对于上述方程，确定唯一解需要附加补充的说明条件，包括四项：几何条件、物理条件、初始条件和边界条件(非稳态导热定解条件包括初始条件和边界条件，稳态导热定解条件只需要边界条件)。

几何条件指物体的形状和大小，比如圆筒、球形等。

物理条件指物体的各项参数以及是否存在内热源。

初始条件是指在 $T=0$ 时刻，物体各处的温度情况。

边界条件是指温度场在边界上的分布情况，分为以下三类：

第一类边界条件：该条件是给定系统边界上的温度分布，它可以是时间和空间的函数，也可以为给定不变的常数值。

第二类边界条件：该条件是给定系统边界上的温度梯度，即相当于给定边界上的热流(量)体密度，它可以是时间和空间的函数，也可以为给定不变的常数值。

第三类边界条件：该条件是第一类和第二类边界条件的线性组合，常为给定系统边界面与流体间的换热系数和流体的温度，这两个量可以是时间和空间的函数，也可以为给定不变的常数值。

**6. 热阻**

热量传递是自然界的一种转换过程，与自然界的其他转换过程类同，如电量的转换，动量、质量等的转换。其共同规律可表示为

$$过程中的转换量 = \frac{过程中的动力}{过程中的阻力}$$

在电学中，这种规律性就是欧姆定律：$I = U/R$。平板导热中，与之相对应的表达式可改写为

$$\Phi = \frac{\Delta t}{\delta/(A\lambda)} \quad (4-22)$$

这种形式有助于更清楚地理解式中各项的物理意义。

式(4-22)中：热流量 $\Phi$ 为导热过程的转移量，单位为 W；温压 $\Delta t$ 为转移过程的动力，单位为 K；分母 $\delta/(A\lambda)$ 为转移过程的阻力。

由此引出热阻的概念：热转移过程的阻力称为热阻，单位为 K/W。不同的热量转移有不同的热阻，其分类较多，如导热热阻、辐射热阻、对流热阻等。

**7. 接触热阻**

在推导多层壁导热的公式时，假定两层壁面之间保持了良好的接触，要求层间保持同一温度。而在工程实际中这个假定并不存在。因为任何固体表面之间的接触都不可能是紧密的。在这种情况下，两壁面之间只有接触的地方才直接导热，在不接触处存在空隙。热量是通过充满空隙的流体的导热、对流和辐射的方式传递的，因而存在传热阻力，称为接触热阻，如图 4.7 所示。

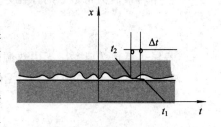

图 4.7　接触面示意图

可得到通过接触面的热流密度为

$$q = \frac{t_1 - t_2}{\dfrac{\delta_A}{\lambda_A} + r_c + \dfrac{\delta_B}{\lambda_A}} \tag{4 - 23}$$

式中：$t_1$、$t_2$ 为两接触表面的温度；$\delta_A$、$\delta_B$ 为接触表面材料的导热系数；$r_c$ 为间隙中介质的热阻。

由式(4-23)可知：当热流量不变，且接触热阻 $r_c$ 较大时，必然在界面上产生较大温差；当温差不变时，热流量必然随着接触热阻 $r_c$ 的增大而下降；即使接触热阻 $r_c$ 不是很大，若热流量很大，则界面上的温差也是不容忽视的。

接触热阻的影响因素有：固体表面的粗糙度、接触表面的硬度匹配、接触面上的挤压压力、空隙中的介质的性质等。

## 4.1.2　典型截面导热问题

### 1. 通过圆筒壁的导热

1）通过单层圆筒壁的导热

考虑一个内外半径分别为 $r_1$、$r_2$ 的圆筒壁，其内、外表面温度分别维持恒温 $t_1$ 和 $t_2$，如图 4.8 所示。圆筒壁就是圆管的壁面。当管子的壁面相对于管长而言非常小，且管子的内外壁面又保持均匀的温度时，通过管壁的导热就是圆柱坐标系上的一维导热问题。

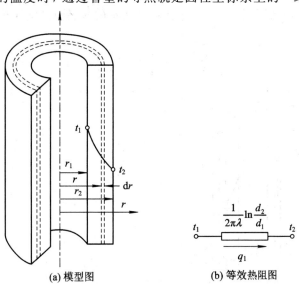

(a) 模型图　　　　　　(b) 等效热阻图

图 4.8　通过圆筒壁的导热

导热微分方程和相应的边界条件为

$$\frac{\mathrm{d}}{\mathrm{d}r}\left(r\,\frac{\mathrm{d}t}{\mathrm{d}r}\right) = 0 \tag{4 - 24}$$

$$\begin{cases} r = r_1,\ t = t_1 \\ r = r_2,\ t = t_2 \end{cases} \tag{4 - 25}$$

解微分方程得

$$t = t_1 + \frac{t_2 - t_1}{\ln\left(\frac{r_2}{r_1}\right)} \ln\left(\frac{r}{r_1}\right) \qquad (4-26)$$

显然,温度呈对数曲线分布。

对式(4-26)求导,得

$$\frac{\mathrm{d}t}{\mathrm{d}r} = -\frac{t_1 - t_2}{\ln\left(\frac{r_2}{r_1}\right)} \frac{1}{r} \qquad (4-27)$$

代入傅立叶定律,得

$$q = -\lambda \frac{\mathrm{d}t}{\mathrm{d}r} = \frac{\lambda}{r} \frac{t_1 - t_2}{\ln\left(\frac{r_2}{r_1}\right)} \qquad (4-28)$$

根据热阻的定义,通过整个圆筒壁的导热热阻为

$$R = \frac{\Delta t}{\Phi} = \frac{\ln(d_2/d_1)}{2\pi\lambda l} \qquad (4-29)$$

**2) 通过多层圆筒壁的导热**

由不同材料制作的圆筒同心紧密结合而构成多层圆筒壁,如果管子的壁厚远小于管子的长度,且管壁内外边界条件均匀一致,那么在管子的径向方向将构成一维稳态导热问题。运用串联热阻叠加的原则,可得通过图4.9所示的多层圆筒壁导热热流量为

$$\Phi = \frac{t_1 - t_4}{\dfrac{1}{2\pi l}\displaystyle\sum_{i=1}^{3}\dfrac{1}{\lambda_i}\ln\dfrac{d_{i+1}}{d_i}} = \frac{2\pi l(t_1 - t_4)}{\displaystyle\sum_{i=1}^{3}\dfrac{1}{\lambda_i}\ln\dfrac{d_{i+1}}{d_i}} \qquad (4-30)$$

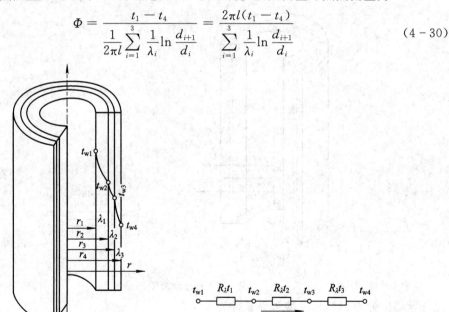

(a) 模型图　　　　　　　　(b) 等效热阻图

图4.9　多层圆筒壁

**例4.1**　某管道外径为 $2r$,外壁温度为 $t_1$,如外包两层厚度均为 $r$(即 $\delta_2 = \delta_3 = r$)、导热系数分别为 $\lambda_2$ 和 $\lambda_3$($\lambda_2/\lambda_3 = 2$)的保温材料,外层外表面温度为 $t_2$。如将两层保温材料的位置对调,其他条件不变,保温情况有何变化? 由此能得出什么结论?

**解**　设两层保温层直径分别为 $d_3$ 和 $d_4$，则 $d_3/d_2=2$，$d_4/d_3=3/2$。导热系数大的材料在里面时，

$$q_L=\cfrac{t_1-t_2}{\cfrac{1}{2\pi\lambda_2}\ln\cfrac{d_3}{d_2}+\cfrac{1}{2\pi\lambda_3}\ln\cfrac{d_4}{d_3}}=\cfrac{\Delta t}{\cfrac{1}{2\pi\cdot2\lambda_3}\ln2+\cfrac{1}{2\pi\lambda_3}\ln\cfrac{3}{2}}\approx\cfrac{\lambda_3\Delta t}{0.119\,69}$$

导热系数大的材料在外面时，

$$q'_L=\cfrac{t_1-t_2}{\cfrac{1}{2\pi\lambda_3}\ln2+\cfrac{1}{2\pi\cdot2\lambda_3}\ln\cfrac{3}{2}}\approx\cfrac{\lambda_3\Delta t}{0.1426}$$

两种情况散热量之比为

$$\frac{q'_L}{q_L}=\frac{0.1426}{0.119\,69}\approx1.19\ \text{或}\ \frac{q'_L}{q_L}\approx0.84$$

结论：将导热系数大的材料放在外面，导热系数小的材料放在里层对保温更有利。

**2. 通过球壳的导热**

对于内、外表面维持均匀衡定温度的空心球壁的导热，在球坐标系中也是一个一维导热问题。相应的计算公式如下：

温度分布　　　　　$$t=t_2+(t_1-t_2)\frac{\cfrac{1}{r}-\cfrac{1}{r_2}}{\cfrac{1}{r_1}-\cfrac{1}{r_2}}\tag{4-31}$$

热流量　　　　　$$\Phi=\frac{4\pi\lambda(t_1-t_2)}{\cfrac{1}{r_1}-\cfrac{1}{r_2}}\tag{4-32}$$

热阻　　　　　$$R=\frac{1}{4\pi\lambda}\left(\frac{1}{r_1}-\frac{1}{r_2}\right)\tag{4-33}$$

# 4.2　对流换热

## 4.2.1　对流概述

对流换热是指流体流经固体时流体与固体表面之间的热量传递现象。对流换热与热对流不同，既有热对流，也有导热，不是基本传热方式。对流换热必须有流体的宏观运动和温差；流体与壁面必须有直接接触且没有热量形式之间的转化。

**1. 影响对流换热的因素**

对流换热是一种复杂的换热过程，它受到导热规律和流体流动规律的支配。它与流体流动的起因、流体有无相变、流体的流动状态、换热表面的几何因素、流体的物理性质等因素有关。

（1）流动起因。引起流体流动的原因分为两种：流体因各部分温度不同而引起的密度差异所产生的流动，称为自然对流；由外力（如泵、风机、水压头）作用所产生的流动，称为强制对流。两种流动的成因不同，流体中的速度场也有差异，传热规律必然有所不同。

（2）流动状态。流体流动主要分为层流和湍流两种状态。层流是指整个流场呈一簇互

相平行的流线；而湍流是指流体质点做复杂无规则的运动。当出现层流时，紧贴于壁面的薄层内具有层流的性质，换热的强度主要取决于薄层内热阻的大小。

（3）流体有无相变。流体无相变的对流换热，热量交换是由于流体显热的变化而实现的，而在有相变的换热过程（如沸腾、凝结），流体相变热的释放或吸收常常起主要作用，因此传热规律有所不同。

（4）换热表面的几何因素。几何因素包括换热表面的形状和大小、换热表面与流体运动方向的相对位置以及换热表面的状态（光滑或粗糙），这些都会影响流体在壁面上的流态、速度分布和温度分布，从而对换热强度产生影响。

（5）流体的物理性质。直接影响对流的物性参数有流体的导热系数 $k$、比热 $C_p$、密度 $\rho$ 和黏度 $\mu$ 等。

**2. 牛顿冷却公式**

通常，对流换热过程传递的能量可按牛顿方程来定义：它假定固体表面和流体间的换热量与它们之间的温差成正比，表达式为

$$\Phi = hA\Delta t \quad [W] \tag{4-34}$$

式中：$h$ 为换热系数，它表示单位面积温差为 1 ℃时所传递的热量（W/(m$^2$·℃)）；$A$ 为固体壁面换热面积（m$^2$）。

上式只是对流换热系数 $h$ 的一个定义式，它并没有揭示 $h$ 与影响它的各物理量间的内在关系，研究对流换热的任务就是要揭示这种内在的联系，确定计算表面换热系数的表达式。

## 4.2.2 对流控制方程及分析解

**1. 运动流体能量方程的推导**

为便于分析，推导时作下列假设：流动是二维的；流体为不可压缩的牛顿型流体；流体物性为常数、无内热源；黏性耗散产生的耗散热可以忽略不计。分析对象为图 4.10 所示的微元体。

对于二维不可压缩常物性流体流场而言，微元体的能量平衡关系式为

导入的净热量＋对流传递的净热量＝总能量的增量

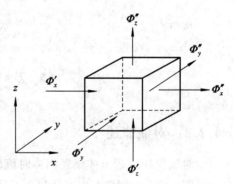

图 4.10　对流换热微元体

即

$$\Phi_1 + \Phi_2 = \Delta E \tag{4-35}$$

式中：$\Phi_1$ 为由导热进入微元体的热流量；$\Phi_2$ 为由对流进入微元体的热流量；$\Delta E$ 为微元体中流体焓的增量。

在 $d\tau$ 时间间隔内导热进入微元体的热流量为

$$\Phi_1 = k\left(\frac{\partial^2 t}{\partial x^2} + \frac{\partial^2 t}{\partial y^2}\right)dxdyd\tau \tag{4-36a}$$

经左面由对流进入微元体的热量为

$$\Phi'_x = \rho C_p ut\, dydzd\tau \tag{4-36b}$$

经右边流出微元体的热流量为

$$\Phi''_x = \rho C_p \left(t + \frac{\partial t}{\partial x}dx\right)\left(u + \frac{\partial u}{\partial x}dx\right)dydzd\tau \qquad (4-36c)$$

在 $d\tau$ 时间内，在 $x$ 方向由对流进入微元体的净热流量为

$$\Phi_x = \Phi'_x - \Phi''_x = -\rho C_p \left(t\frac{\partial u}{\partial x} + u\frac{\partial t}{\partial x}\right)dxdydzd\tau \qquad (4-36d)$$

同理，在 $y$ 方向上，在 $d\tau$ 时间内由对流进入微元体的净热流量为

$$\Phi_y = -\rho C_p \left(t\frac{\partial v}{\partial y} + v\frac{\partial t}{\partial y}\right)dxdydzd\tau \qquad (4-36e)$$

由此可知，在 $d\tau$ 时间内，由对流进入微元体的总热流量为

$$\Phi_2 = \Phi_x + \Phi_y = -\rho C_p \left(t\frac{\partial u}{\partial x} + u\frac{\partial t}{\partial x} + t\frac{\partial v}{\partial y} + v\frac{\partial t}{\partial y}\right)dxdydzd\tau \qquad (4-36f)$$

由流体力学的连续性方程可知，对不可压缩流体（$\rho$ 为常数），有

$$\frac{\partial u}{\partial x} + \frac{\partial v}{\partial y} = 0 \qquad (4-37)$$

因此

$$\Phi_2 = -\rho C_p \left(u\frac{\partial t}{\partial x} + v\frac{\partial t}{\partial y}\right)dxdydzd\tau \qquad (4-36g)$$

在 $d\tau$ 时间内，微元体内流体温度改变了 $\frac{\partial t}{\partial \tau}d\tau$，故其焓的增量为

$$\Delta E = \rho C_p \frac{\partial t}{\partial \tau}dxdydzd\tau \qquad (4-36h)$$

将式（4-36a）、式（4-36g）和式（4-36h）代入式（4-35），简化后得到二维对流换热的能量微分方程式：

$$\frac{\partial t}{\partial \tau} + u\frac{\partial t}{\partial x} + v\frac{\partial t}{\partial y} = \frac{k}{\rho C_p}\left(\frac{\partial^2 t}{\partial x^2} + \frac{\partial^2 t}{\partial y^2}\right) \qquad (4-38)$$

式中：$u$、$v$ 为流体流速在 $x$、$y$ 方向上的速度分量；$k$ 为流体导热系数；$\rho$ 为流体密度；$C_p$ 为流体比热。

**2. 对流传热控制方程**

描述对流换热的基本方程有质量守恒方程、能量方程和动量方程。对于不可压缩、常物性、无内热源的二维问题，微分方程组如下：

质量守恒方程：

$$\frac{\partial u}{\partial x} + \frac{\partial v}{\partial y} = 0 \qquad (4-39)$$

动量守恒方程：

$$\begin{cases} \rho\left(\frac{\partial u}{\partial \tau} + u\frac{\partial u}{\partial x} + v\frac{\partial u}{\partial y}\right) = F_x - \frac{\partial p}{\partial x} + \eta\left(\frac{\partial^2 u}{\partial x^2} + \frac{\partial^2 u}{\partial y^2}\right) \\ \rho\left(\frac{\partial v}{\partial \tau} + u\frac{\partial v}{\partial x} + v\frac{\partial v}{\partial y}\right) = F_y - \frac{\partial p}{\partial y} + \eta\left(\frac{\partial^2 v}{\partial x^2} + \frac{\partial^2 v}{\partial y^2}\right) \end{cases} \qquad (4-40)$$

能量守恒方程：

$$\frac{\partial t}{\partial \tau} + u\frac{\partial t}{\partial x} + v\frac{\partial t}{\partial y} = \frac{k}{\rho C_p}\left(\frac{\partial^2 t}{\partial x^2} + \frac{\partial^2 t}{\partial y^2}\right) \qquad (4-41)$$

式(4-40)等号左边为微元体受到的惯性力;等号右边第一项为流体受到的体积力,第二项为压力差,第三项为黏性力。

**3. 定解条件**

定解条件是指能单值地反映对流换热过程特点的条件,包括几何、物理、时间、边界等有关条件。

(1)几何条件:说明对流换热过程中的几何形状和大小,如平板、圆管,竖直圆管、水平圆管,长度、直径等。

(2)物理条件:说明对流换热过程的物理特征,如物性参数 $\lambda$、$\rho$、$C$ 和 $\eta$ 的数值,是否随温度和压力变化,有无内热源,热源的大小和分布。

(3)时间条件:说明在时间上对流换热过程的特点,稳态对流换热过程不需要时间条件——与时间无关。

(4)边界条件:说明对流换热过程的边界特点。边界条件可分为两类。第一类边界条件为:已知任一瞬间对流换热过程边界上的温度值;第二类边界条件为:已知任一瞬间对流换热过程边界上的热流密度值。

对流换热问题的定解条件的数学表达式较为复杂,再加上动量守恒方程的复杂性和非线性的特点,要针对实际问题在整个流场内得到上述方程组的分析解是非常困难的。直至1904年德国科学家普朗特提出了边界层理论,并用这个理论对 N - S 方程进行了实质性的简化,才使黏性流体流动与换热问题的数学求解有所改观。

**4. 圆形微通道及缝隙微通道分析解**

1)圆形微通道分析解

圆形微通道的基本结构如图 4.11 所示。假设固体导热系数为常数、无热源、稳态,采用柱坐标系,其考虑轴向热传导的能量方程为

$$\rho C_p w \frac{\partial t}{\partial z} = \lambda \left( \frac{\partial^2 t}{\partial r^2} + \frac{1}{r} \frac{\partial t}{\partial r} + \frac{\partial^2 t}{\partial z^2} \right) + \mu \left( \frac{\mathrm{d}w}{\mathrm{d}r} \right)^2 \tag{4-42}$$

式中:$\rho$ 为流体的密度;$C_p$ 为比定压热容;$t$ 为温度;$\lambda$ 为流体的热传导系数;$\mu$ 为动力黏度;$w$ 为流体速度。

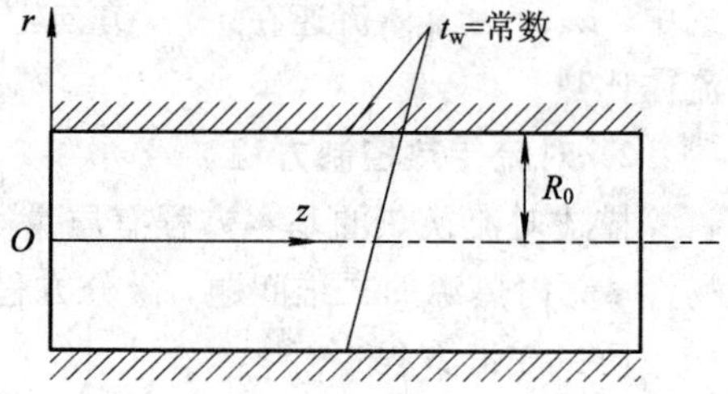

考虑速度滑移边界条件且处于充分发展阶段的流体速度为

$$w(r) = 2w_m \left[ \frac{1 + \frac{2l_s}{R_0}}{1 + 4\frac{l_s}{R_0}} - \frac{\frac{r^2}{R_0^2}}{1 + 4\frac{l_s}{R_0}} \right]$$

$$\tag{4-43}$$

图 4.11 圆形微通道结构示意图

式中:$l_s$ 为速度滑移系数;$w_m$ 为 $z$ 方向流体的平均速度。

对于轴对称问题,流体温度在微通道轴线处满足

$$\left. \frac{\partial t}{\partial r} \right|_{r=0} = 0 \tag{4-44}$$

若流固交界面处($r = R_0$)的壁面温度为 $t_w$,则温度边界条件表达式为

$$t\big|_{r=R_0} - t_w = -l_t \frac{\partial t}{\partial r}\bigg|_{r=R_0} \tag{4-45}$$

式中，$l_t$ 为温度跳跃系数。

将速度表达式(4-43)代入能量方程(4-42)，得到非齐次二阶线性偏微分方程：

$$\rho C_p w \frac{\partial t}{\partial z} = \lambda \left( \frac{\partial^2 t}{\partial r^2} + \frac{1}{r} \frac{\partial t}{\partial r} + \frac{\partial^2 t}{\partial z^2} \right) + \mu \frac{16 w_m^2 r^2}{R_0^4 (1 + 4 l_s/R_0)^2} \tag{4-46}$$

根据微分方程解的结构，非齐次方程(4-46)的解为特解和齐次解 $t_1(r,z)$ 之和，即

$$t = t_\infty + t_1(r,z) \tag{4-47}$$

（1）能量方程的特解分析。式(4-46)特解的方程为

$$\lambda \left( \frac{\partial^2 t_\infty}{\partial r^2} + \frac{1}{r} \frac{\partial t_\infty}{\partial r} \right) + \mu \frac{16 w_m^2 r^2}{R_0^4 (1 + 4 l_s/R_0)^2} = 0 \tag{4-48}$$

对式(4-48)进行变换，得到：

$$\frac{1}{r} \frac{\mathrm{d}\left( r \dfrac{\mathrm{d} t_\infty}{\mathrm{d} r} \right)}{\mathrm{d} r} = \frac{16 \mu w_m^2 r^2}{\lambda R_0^4 (1 + 4 l_s/R_0)^2} \tag{4-49}$$

式(4-49)两端同乘以 $r$，可得

$$\frac{\mathrm{d}\left( r \dfrac{\mathrm{d} t_\infty}{\mathrm{d} r} \right)}{\mathrm{d} r} = \frac{16 \mu w_m^2}{\lambda R_0^4 (1 + 4 l_s/R_0)^2} r^3 \tag{4-50}$$

再整理，可得

$$\frac{\mathrm{d} t_\infty}{\mathrm{d} r} = -\frac{1}{4} \frac{16 \mu w_m^2 r^3}{\lambda R_0^4 (1 + 4 l_s/R_0)^2} + \frac{b_1}{r} \tag{4-51}$$

最后积分求解，得到温度表达式为

$$t_\infty = -\frac{\mu w_m^2 r^4}{\lambda R_0^4 (1 + 4 l_s/R_0)^2} + b_1 \ln r + c \tag{4-52}$$

下面确定式(4-52)中的待定系数 $c$ 和 $b_1$：当 $r=0$ 时，$\ln r$ 为无穷大，由于流体温度一定为有限值，因此必有 $b_1 = 0$，即

$$t_\infty = -\frac{\mu w_m^2 r^4}{\lambda R_0^4 (1 + 4 l_s/R_0)^2} + c \tag{4-53}$$

将式(4-53)再代入温度跳跃边界条件式(4-45)中，可得

$$-\frac{\mu w_m^2 R_0^4}{\lambda R_0^4 (1 + 4 l_s/R_0)^2} + c - t_w = -l_t \left( -\frac{1}{4} \frac{16 \mu w_m^2 R_0^3}{\lambda R_0^4 (1 + 4 l_s/R_0)^2} \right) \tag{4-54}$$

整理式(4-54)，得到系数 $c$ 为

$$c = t_w + \frac{\mu w_m^2}{\lambda (1 + 4 l_s/R_0)^2} \left( 1 + 4 \frac{l_t}{R_0} \right) \tag{4-55}$$

最后可得式(4-48)的解为

$$t_\infty = t_w + \mu \frac{w_m^2}{\lambda (1 + 4 l_s/R_0)^2} \left( 4 \frac{l_t}{R_0} + 1 - \frac{r^4}{R_0^4} \right) \tag{4-56}$$

（2）能量方程齐次方程分析。对应式(4-46)的齐次方程为

$$\rho C_p w \frac{\partial t_1}{\partial z} = \lambda \left( \frac{\partial^2 t_1}{\partial r^2} + \frac{1}{r} \frac{\partial t}{\partial r} + \frac{\partial^2 t_1}{\partial z^2} \right) \tag{4-57}$$

根据分离变量法，令 $t_1 = R(r)Z(z)$，代入式(4-57)，得到：

$$\rho C_{p} wR \frac{\mathrm{d}Z}{\mathrm{d}z} = \lambda Z \left( \frac{\mathrm{d}^2 R}{\mathrm{d}r^2} + \frac{1}{r} \frac{\mathrm{d}R}{\mathrm{d}r} \right) + \lambda R \frac{\mathrm{d}^2 Z}{\mathrm{d}z^2} \qquad (4-58)$$

经整理得到：

$$\frac{1}{rR} \frac{\mathrm{d}}{\mathrm{d}r} \left( r \frac{\mathrm{d}R}{\mathrm{d}r} \right) = \frac{\rho C_{p}}{\lambda Z} \frac{\mathrm{d}Z}{\mathrm{d}z} w - \frac{1}{Z} \frac{\mathrm{d}^2 Z}{\mathrm{d}z^2} \qquad (4-59)$$

由于式（4-59）左端为 $r$ 的函数，因此右端 $\frac{\mathrm{d}Z}{Z\mathrm{d}z}$ 和 $\frac{\mathrm{d}^2 Z}{Z\mathrm{d}z^2}$ 必为常数，假设 $\frac{\mathrm{d}Z}{Z\mathrm{d}z} = A$，$\frac{\mathrm{d}^2 Z}{Z\mathrm{d}z^2} = B$，可得

$$\frac{\mathrm{d}Z}{\mathrm{d}z} = AZ, \qquad \frac{\mathrm{d}^2 Z}{\mathrm{d}z^2} = BZ \qquad (4-60)$$

下面分 $A=0$ 和 $A\neq0$ 两种情况讨论式（4-60）的解。

当 $A=0$ 时，代入式（4-60），积分得到：

$$Z = D_0 \qquad (4-61)$$

则关于 $R$ 的方程变为

$$\frac{1}{rR} \frac{\mathrm{d}}{\mathrm{d}r} \left( r \frac{\mathrm{d}R}{\mathrm{d}r} \right) = 0 \qquad (4-62)$$

求解式（4-62），可得

$$R = E\ln r + D_1 \qquad (4-63)$$

当 $A\neq0$ 时，对式（4-60）进行积分，得到：

$$Z = \mathrm{e}^{Az}, \ A^2 = B \qquad (4-64)$$

则关于 $R$ 的方程为

$$\frac{1}{rR} \frac{\mathrm{d}}{\mathrm{d}r} \left( r \frac{\mathrm{d}R}{\mathrm{d}r} \right) = A \frac{\rho C_{p}}{\lambda} w(r) - A^2 \qquad (4-65)$$

上述情况中，对 $A=0$，由式（4-61）和式（4-63），可得

$$t = R(r)Z(z) = (E+D_1)D_0 = ED_0 \ln r + D_1 D_0 \qquad (4-66)$$

因为 $r=0$ 时，$\ln r$ 为无穷大，所以 $E=0$，其解为常数 $D_1 D_0$，假设 $D = D_1 D_0$。

当 $A\neq0$ 时，$A<0$ 是满足物理解的，当 $A>0$，且 $z\to\infty$ 时，导致流体温度为无穷大，是非物理解，此时式（4-63）的解奇异。因此后面讨论时，只取 $A<0$。

令 Pe＝RePr，引入无量纲参数：

$$r_1 = \frac{r}{R_0}, \ z_1 = \frac{z}{\mathrm{Pe}R_0}, \ A = -\beta \qquad (4-67)$$

将速度场 $w(r)$（式（4-43））写成无量纲化形式，即

$$w(r_1) = 2w_{m} \left[ \frac{1+\dfrac{2l_{s}}{R_0}}{1+4\dfrac{l_{s}}{R_0}} - \frac{r_1^2}{1+4\dfrac{l_{s}}{R_0}} \right]$$

将 $w(r_1)$ 及式（4-67）代入式（4-65）中，则关于 $R$ 的方程变为

$$r_1 \frac{\mathrm{d}^2 R}{\mathrm{d}r_1^2} + \frac{\mathrm{d}R}{\mathrm{d}r_1} + r_1 \left[ \left( \frac{\beta}{P_{e}} \right)^2 + \beta \left( \frac{1+\dfrac{2l_{s}}{R_0}}{1+\dfrac{4l_{s}}{R_0}} - \frac{1}{1+\dfrac{4l_{s}}{R_0}} r_1^2 \right) \right] R = 0 \qquad (4-68)$$

式（4-68）可以约化为合流超几何方程，以 $P_{k,m}(\xi)$ 表示惠泰克方程式（4-69）的解：

$$\frac{d^2 P_{k,m}(\xi)}{d\xi^2} + \left[ -\frac{1}{4} + \frac{k}{\xi} + \frac{\frac{1}{4} - m^2}{\xi^2} \right] P_{k,m}(\xi) = 0 \tag{4-69}$$

设

$$R(r_1) = r_1^\delta e^{f(r_1)} P_{k,m}(h(r_1)) \tag{4-70}$$

其中

$$f(r_1) = \alpha r_1^\gamma \tag{4-71a}$$

$$h(r_1) = \Omega r_1^\gamma \tag{4-71b}$$

通过直接计算，可得 $R(r_1)$ 的微分方程为

$$\frac{d^2 R}{dr_1^2} + \left[ \frac{1 - \gamma - 2\delta}{r_1} - 2\gamma\alpha r_1^{\gamma-1} \right] \frac{dR}{dr_1}$$

$$+ \left[ \gamma^2 \left( \alpha^2 - \frac{\Omega^2}{4} \right) r_1^{2\gamma-2} + \gamma(2\alpha\delta + \Omega k\gamma) r_1^{\gamma-2} + \frac{\delta(\delta+\gamma) + \gamma^2 \left( \frac{1}{4} - m^2 \right)}{r_1^2} \right] R = 0 \tag{4-72}$$

经参数选择匹配后，式(4-72)可以退化为式(4-68)，参数选择如下：

$$\alpha = 0, \ \gamma = 2, \ \delta = -1, \ m = 0, \ \Omega^2 = \frac{\beta}{1 + \frac{4l_s}{R_0}}, \ k = \frac{\left( \frac{\beta}{P_e} \right)^2 + \beta_j \dfrac{1 + \frac{2l_s}{R_0}}{1 + \frac{4l_s}{R_0}}}{\Omega\gamma^2} \tag{4-73}$$

根据惠泰克微分方程的解，则式(4-68)的解可表示为

$$R = C_1 r_1^{-1} M_{k,m}(x) + C_2 r_1^{-1} W_{k,m}(x) \tag{4-74}$$

其中

$$x = \Omega r_1^2 \tag{4-75}$$

$$M_{k,m}(x) = e^{-\frac{x}{2}} x^{\frac{1}{2}} F\left( \frac{1}{2} - k, 1, x \right)$$

$$= e^{-\frac{\Omega_j r_1^2}{2}} r_1^1 (\Omega_j)^{\frac{1}{2}} \left[ 1 + \frac{\Gamma(1)}{\Gamma\left( \frac{1}{2} - k \right)} \sum_{n=1}^{\infty} \frac{\Gamma\left( \frac{1}{2} - k + n \right)}{n! \Gamma(1+n)} (\Omega_j r_1^2)^n \right] \tag{4-76}$$

$\Gamma(\cdot)$ 为伽玛函数。

考虑到流体温度在微通道中心处的温度必须为有限值，因为式(4-74)中 $C_2 r_1^{-1} W_{k,m}(x)$ 含有 $r_1 = 0$ 时的奇异项 $r^{-1} M_{k,m}(x) \ln x$，故必须有 $C_2 = 0$，所以惠泰克方程的解为 $M_{k,m}(x)$。

故式(4-68)的解为

$$t_1 = D + \frac{\mu a w_m^2}{\lambda} \sum_{j=1}^{\infty} C_j R_j e^{-\beta_j z_1} \tag{4-77}$$

下面确定常数 $D$，将齐次解式(4-77)和特解代入式(4-47)，得到：

$$t = t_w + \mu \frac{w_m^2}{\lambda(1 + 4l_s/R_0)^2} \left( 4\frac{l_t}{R_0} + 1 - \frac{r^4}{R_0^4} \right) + D + \frac{\mu a w_m^2}{\lambda} \sum_{j=1}^{\infty} C_j R_j e^{-\beta_j z_1} \tag{4-78}$$

当 $z_1 \to \infty$ 时，流体温度趋于壁面温度，将 $t_w = t(R_0, 0)$ 代入式(4-78)，可得 $D = 0$。

因此，能量方程的齐次解为

$$t_1 = \frac{\mu w_{\mathrm{m}}^2}{\lambda} \sum_{j=1}^{\infty} C_j R_j \mathrm{e}^{-\beta_j z_1} \tag{4-79}$$

其中：$\beta_j$ 为本征值，$R_j(r_1, z_1)$ 为本征函数。

$$\Omega_j = \sqrt{\frac{\beta_j}{1 + \dfrac{4 l_{\mathrm{s}}}{R_0}}} \tag{4-80}$$

$$k_j = \frac{\left(\dfrac{\beta_j}{P_{\mathrm{e}}}\right)^2 + \beta_j \dfrac{1 + \dfrac{2 l_{\mathrm{s}}}{R_0}}{1 + \dfrac{4 l_{\mathrm{s}}}{R_0}}}{4 \Omega_j} \tag{4-81}$$

$$\begin{aligned}
R_j &= \mathrm{e}^{-\frac{a_j r_1^2}{2}} F\left(\frac{1}{2} - k_j, 1, \Omega_j r_1^2\right) \\
&= \mathrm{e}^{-\frac{a_j r_1^2}{2}} \left[1 + \frac{\Gamma(1) \sum\limits_{n=1}^{\infty} \dfrac{\Gamma\left(\dfrac{1}{2} - k_j + n\right)}{n! \, \Gamma(1+n)} (\Omega_j r_1^2)^n}{\Gamma\left(\dfrac{1}{2} - k_j\right)}\right]
\end{aligned} \tag{4-82}$$

在上面的流体温度表达式中，$C_j$ 和 $\beta_j$ 为未知参数，需要通过边界条件确定。

若不考虑黏度耗散，则流体的温度场分布为

$$t = t_{\mathrm{w}} + \sum_{j=1}^{\infty} C_j R_j \mathrm{e}^{-\beta_j z_1} \tag{4-83}$$

当 $l_{\mathrm{s}} = 0$ 且 $P_{\mathrm{e}} \to \infty$ 时，式（4-92）将退化为经典管道的温度场分布。

（3）平均温度。根据流体截面平均温度的定义，平均温度可表示为

$$\begin{aligned}
t_{\mathrm{m}}(z_1) &= \frac{\displaystyle\int_{AC} C_{\mathrm{p}} \rho t w \, \mathrm{d}A}{\displaystyle\int_{AC} C_{\mathrm{p}} \rho w \, \mathrm{d}A} = \frac{\displaystyle\int_0^{2\pi}\int_0^1 w(r_1) t r_1 \, \mathrm{d}r_1 \, \mathrm{d}\theta}{\pi w_{\mathrm{m}}} \\
&= t_{\mathrm{w}} + \frac{4 \Psi \mu w_{\mathrm{m}}^2}{\lambda(1 + 4 l_{\mathrm{s}}/R_0)^2} + \frac{4 \gamma \mu w_{\mathrm{m}}^2}{\lambda}
\end{aligned} \tag{4-84}$$

其中

$$\Psi = \frac{1}{8} \frac{1}{1 + \dfrac{4 l_{\mathrm{s}}}{R_0}} - \frac{1}{6} \frac{1 + \dfrac{2 l_{\mathrm{s}}}{R_0}}{1 + \dfrac{4 l_{\mathrm{s}}}{R_0}} - \frac{1}{4} \frac{4 \dfrac{l_{\mathrm{t}}}{R_0} + 1}{1 + \dfrac{4 l_{\mathrm{s}}}{R_0}} + \frac{1}{2} \frac{\left(4 \dfrac{l_{\mathrm{t}}}{R_0} + 1\right)\left(1 + \dfrac{2 l_{\mathrm{s}}}{R_0}\right)}{1 + \dfrac{4 l_{\mathrm{s}}}{R_0}} \tag{4-85}$$

$$\gamma = \sum_{j=1}^{\infty} C_j \int_0^1 r_1 \left[\frac{1 + \dfrac{2 l_{\mathrm{s}}}{R_0}}{1 + \dfrac{4 l_{\mathrm{s}}}{R_0}} - \frac{r_1^2}{1 + \dfrac{4 l_{\mathrm{s}}}{R_0}}\right] R_j(r_1) \mathrm{e}^{-\beta_j z_1} \, \mathrm{d}r_1 \tag{4-86}$$

若忽略黏度耗散，则流体的平均温度为

$$t_{\mathrm{m}}(z_1) = \frac{\displaystyle\int_{AC} C_{\mathrm{p}} \rho t w \, \mathrm{d}A}{\displaystyle\int_{AC} C_{\mathrm{p}} \rho w \, \mathrm{d}A} = \frac{\displaystyle\int_0^{2\pi}\int_0^1 w(r_1) t r_1 \, \mathrm{d}r_1 \, \mathrm{d}\theta}{\pi R_0^2 w_{\mathrm{m}}}$$

$$= t_{\mathrm{w}} + 4 \sum_{j=1}^{\infty} C_j \int_0^1 r_1 \left[ \frac{1 + \dfrac{2l_{\mathrm{s}}}{R_0}}{1 + \dfrac{4l_{\mathrm{s}}}{R_0}} - \frac{r_1{}^2}{1 + \dfrac{4l_{\mathrm{s}}}{R_0}} \right] R_j(r_1) \mathrm{e}^{-\beta_j z_1} \, \mathrm{d}r_1 \qquad (4-87)$$

当 $l_{\mathrm{s}} = 0$ 且 $P_{\mathrm{e}} \to \infty$ 时，式(4-87)将退化为宏观管道的平均温度场分布。

（4）温度跳跃边界条件与特征方程。根据流体在流固交接面处存在的温度跳跃边界条件假设，可得

$$t \big|_{r=R_0} - t_{\mathrm{w}} = -l_{\mathrm{t}} \frac{\partial t}{\partial r}\bigg|_{r=R_0} = -\frac{l_{\mathrm{t}}}{R_0} \frac{\partial t}{\partial r_1}\bigg|_{r_1=1} \qquad (4-88)$$

将流体温度场表达式(4-47)代入式(4-88)温度跳变边界条件可以得到：

$$t_{\mathrm{w}} + \frac{\mu a w_{\mathrm{m}}^2}{\lambda(1 + 4l_{\mathrm{s}}/R_0)^2}\left( 4\frac{l_{\mathrm{t}}}{R_0} + 1 - r_1^4 \big|_{r_1=1} \right) + \frac{\mu a w_{\mathrm{m}}^2}{\lambda} \sum_{j=1}^{\infty} C_j R_j \mathrm{e}^{-\beta_j z_1} - t_{\mathrm{w}}$$

$$= -\frac{l_{\mathrm{t}}}{R_0}\left( \frac{\mu a w_{\mathrm{m}}^2}{\lambda(1 + 4l_{\mathrm{s}}/R_0)^2}(-4r_1^3 \big|_{r_1=1}) + \frac{\mu a w_{\mathrm{m}}^2}{\lambda} \sum_{j=1}^{\infty} C_j \frac{\mathrm{d}R_j}{\mathrm{d}r_1}\bigg|_{r_1=1} \mathrm{e}^{-\beta_j z_1} \right) \qquad (4-89)$$

经整理得到：

$$\frac{\mu a w_{\mathrm{m}}^2 4 l_{\mathrm{t}}}{\lambda R_0 (1 + 4l_{\mathrm{s}}/R_0)^2} - \frac{\mu a w_{\mathrm{m}}^2 4 l_{\mathrm{t}}}{\lambda R_0 (1 + 4l_{\mathrm{s}}/R_0)^2} + \frac{\mu a w_{\mathrm{m}}^2}{\lambda} \sum_{j=1}^{\infty}\left( C_j R_j \mathrm{e}^{-\beta_j z_1} + C_j \frac{l_{\mathrm{t}}}{R_0} \frac{\mathrm{d}R_j}{\mathrm{d}r_1}\bigg|_{r_1=1} \mathrm{e}^{-\beta_j z_1} \right) = 0 \qquad (4-90)$$

因为 $\dfrac{\mu a w_{\mathrm{m}}^2}{\lambda}$ 和 $\mathrm{e}^{-\beta_j z_1}$ 均不为零，所以必有

$$R_j + \frac{l_{\mathrm{t}}}{R_0} \frac{\mathrm{d}R_j}{\mathrm{d}r_1}\bigg|_{r_1=1} = 0 \qquad (4-91)$$

将 $R_j(r_1, z_1)$（式(4-82)）代入式(4-91)，可得

$$\left( 1 - \frac{l_{\mathrm{t}}\Omega_j}{R_0} \right) F\left( \frac{1}{2} - k_j, 1, \Omega_j \right) + \frac{2l_{\mathrm{t}}\Omega_j}{R_0}\left( \frac{1}{2} - k_j \right) F\left( \frac{1}{2} - k_j + 1, 2, \Omega_j \right) = 0 \qquad (4-92)$$

因为 $\Omega_j$ 的表达式(4-80)和 $k_j$ 的表达式(4-81)都是关于 $\beta_j$ 的一元函数，所以式(4-92)是 $\beta_j$ 的一元函数求根的问题。通过 MATLAB 数值仿真可得到本征值 $\beta_j$。求解得到的本征值 $\beta_j$ 如表 4-2 所示（取前 11 个本征值）。

表 4-2　前 11 个本征值 $\beta_j$

| $\beta_j (l_{\mathrm{s}}=0,\ l_{\mathrm{t}}=0)$ | | | | |
|---|---|---|---|---|
| $j$ | $P_e = 10^6$ | $P_e = 50$ | $P_e = 25$ | $P_e = 10$ |
| 1 | 7.3136 | 7.287 | 7.2095 | 6.744 |
| 2 | 44.609 | 43.407 | 40.735 | 30.768 |
| 3 | 113.92 | 106.89 | 92.744 | 59.503 |
| 4 | 215.24 | 191.9 | 154.69 | 89.477 |
| 5 | 348.56 | 293.1 | 221.97 | 119.97 |
| 6 | 513.83 | 406.12 | 292.38 | 150.75 |
| 7 | 711.22 | 527.78 | 364.76 | 181.7 |
| 8 | 940.55 | 655.07 | 438.49 | 212.76 |
| 9 | 1201.9 | 788.83 | 513.17 | 243.89 |
| 10 | 1495.2 | 925.56 | 588.55 | 275.08 |
| 11 | 1820.5 | 1065.3 | 664.46 | 306.31 |

（5）关于跳跃系数的探讨。微通道入口处流体温度在壁面处存在跳跃现象，假设入口处流体温度均匀，流体温度为 $t_e$，壁面温度为 $t_w$，$t(r_1,0)$ 为入口处（$z_1=0$）的流体温度。

根据温度跳跃假设，$t(y_1,0)$ 与 $r_1$ 存在以下关系：

$$t(r_1,0) = \begin{cases} t_e & 0 < |r_1| < 1 \\ t_w & |r_1| = 1 \end{cases} \tag{4-93}$$

为了对温度跳跃现象进行模拟，这里利用傅立叶级数有限项展开的方法构造了入口处流体的分布函数

$$t(r_1,0) = t_w + t_e\left[\frac{\pi}{2} - \left(\frac{1}{2} + y_t\right)\right] \tag{4-94}$$

式中

$$y_t = \begin{cases} \dfrac{\pi-1}{2} & |r_1| < 1 \\ -\dfrac{1}{2} & 1 < |r_1| < \pi \end{cases} \tag{4-95}$$

根据式（4-94）和式（4-95），可得

$$\begin{aligned} t(r_1,0) &= t_w + (t_w - t_e)\left[\eta\frac{2}{\pi}\left(\frac{\pi-1}{2} - \sum_{n=1}^{\infty}\frac{1}{n}\sin n\cos nr_1\right) - 1\right] \\ &= t_w + (t_w - t_e)R \end{aligned} \tag{4-96}$$

其中

$$R = \eta\frac{2}{\pi}\left(\frac{\pi-1}{2} - \sum_{n=1}^{\infty}\frac{1}{n}\sin n\cos nr_1\right) - 1 \tag{4-97}$$

基于构造的入口处流体分布函数，对入口处的温度跳跃现象进行了仿真。仿真参数如表 4-3 所示，仿真结果如图 4.12 所示。

表 4-3　入口处流体温度仿真参数

| $N$ | $t_w/℃$ | $t_e/℃$ | $\eta/℃$ | $t(y_1,0)/℃$ |
| --- | --- | --- | --- | --- |
| 401 | 60 | 30 | 0.8 | 54 |
| 401 | 60 | 30 | 1 | 60 |

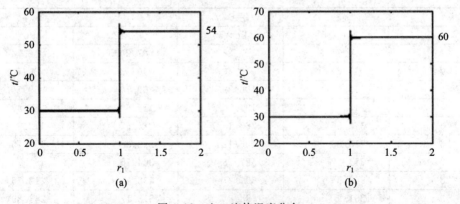

图 4.12　入口流体温度分布

从图 4.12 中可以看出，公式（4-96）可以很好地模拟温度跳跃现象：首先，该式计算

得到的流体温度与实际的温度跳跃现象接近；其次，该式通过取不同的 $\eta$，可以模拟不同程度的温度跳跃现象。$0<\eta<1$ 是有跳变边界条件，$\eta=1$ 是无跳变边界条件。图 4.12(a)为考虑温度跳跃时的入口处流体温度分布。当 $\eta=0.8$ 时，在壁面处($r_1=1$)，流体的温度 $t=54℃$，而壁面温度 $t_w=60℃$，存在温度跳跃现象。图 4.12(b)所示为不考虑温度跳跃时的入口处流体温度分布，可以看出，当 $\eta=1$ 时，在壁面处($r_1=1$)，流体的温度 $t=60℃$，流体温度和壁面温度完全相同。

根据温度跳跃公式(4-45)，在入口处($z_1=0$)，考虑 $\left.\dfrac{\partial t_1}{\partial r_1}\right|_{r_1=1}=\eta\dfrac{2}{\pi}\sum\limits_{n=1}^{\infty}\sin^2 n$，可以得到：

$$t_w-t_w-(t_w-t_e)\left[\eta\frac{2}{\pi}\left(\frac{\pi-1}{2}-\sum_{n=1}^{\infty}\frac{1}{n}\sin n\cos ny_1\right)-1\right]=(t_w-t_e)l_t\eta\frac{2}{\pi}\sum_{n=1}^{\infty}\frac{1}{n}\sin^2 n$$

(4-98)

整理式(4-98)，可得

$$l_t=R_0\frac{t(1,0)-t_w}{-\left.\dfrac{\partial t}{\partial r_1}\right|_{r_1=1}}=R_0\frac{\eta\dfrac{2}{\pi}\left(\dfrac{\pi-1}{2}-\sum\limits_{n=1}^{\infty}\dfrac{1}{n}\sin n\cos n\right)-1}{-\eta\dfrac{2}{\pi}\sum\limits_{n=1}^{\infty}\sin^2 n}$$

(4-99)

可见，只要取 $n\neq\infty$，就存在跳跃长度。相关研究表明，温度跳跃长度是气体温度、壁面气流速度、壁面温度、化学状态以及表面粗糙度的函数，实验很难得到。这里通过构造入口处流体温度函数，得到了温度跳跃长度的表达式(4-99)，为分析温度跳跃对努塞尔数的影响奠定了基础。这里在进行温度跳跃系数仿真时，取 $\eta=0.8$。

根据式(4-99)得到温度跳跃系数，代入式(4-92)中，得到的本征值如表 4-4 所示。

### 表 4-4　本征值 $\beta_j$

| $j$ | $\beta_j$ | | |
|---|---|---|---|
| | $l_s/R_0=0$ $l_t/R_0=0$ | $l_s/R_0=0.01$ $l_t/R_0=0.1037$ | $l_s/R_0=0.01$ $l_t/R_0=0.0915$ |
| 1 | 7.3136 | 6.3861 | 6.4945 |
| 2 | 44.6090 | 40.7080 | 41.143 00 |
| 3 | 113.9200 | 105.8700 | 106.7100 |
| 4 | 215.2400 | 202.2200 | 203.5200 |
| 5 | 348.5600 | 329.9600 | 331.7200 |
| 6 | 513.8300 | 489.2200 | 491.4600 |
| 7 | 711.2200 | 680.0900 | 682.8000 |
| 8 | 940.5500 | 902.6500 | 905.8100 |
| 9 | 1201.9000 | 1156.9000 | 1160.5000 |
| 10 | 1495.2000 | 1443.0000 | 1447.0000 |
| 11 | 1820.5000 | 1760.9000 | 1765.3000 |

(6) 入口处温度边界条件与本征函数的正交性。

① 考虑黏度耗散。根据入口处流体温度边界条件，在入口处（$z_1 = 0$）流体温度满足下式：

$$t(t_1, 0) = t_w + (t_w - t_e)R = t(r_1, 0)$$

$$= t_w + \mu \frac{w_m^2}{\lambda(1 + 4l_s/R_0)^2} \left(4\frac{l_t}{R_0} + 1 - \frac{r^4}{R_0^4}\right) + \frac{\mu w_m^2}{\lambda} \sum_{j=1}^{\infty} C_j R_j \qquad (4-100)$$

其中 $C_j$ 为一组待定系数（$j = 1, 2, \cdots, n$），可通过本征函数 $Y_i(i = 1, 2, \cdots, n)$ 的加权正交性确定。

根据斯特姆－刘维本征问题，本征函数 $R_j(r_1)$ 存在加权正交关系，即

$$\int_0^1 G(r_1) R_i(r_1) R_j(r_1) \mathrm{d}r_1 = N_j^2 \delta^2 \qquad (4-101)$$

其中

$$G(r_1) = r_1 \left[ \frac{\beta_j}{P_e^2} + \left( \frac{1 + \dfrac{2l_s}{R_0}}{1 + \dfrac{4l_s}{R_0}} - \frac{r_1^2}{1 + \dfrac{4l_s}{R_0}} \right) \right] \qquad (4-102)$$

$$\delta = \begin{cases} 1 & i = j \\ 0 & i \neq j \end{cases} \qquad (4-103)$$

整理式（4-100），得到

$$(t_w - t_e)R = \mu \frac{w_m^2}{\lambda\left(1 + \dfrac{4l_s}{R_0}\right)^2} \left(4\frac{l_t}{R_0} + 1 - \frac{r^4}{R_0^4}\right) + \frac{\mu w_m^2}{\lambda} \sum_{j=1}^{\infty} C_j R_j \qquad (4-104)$$

令

$$Br = \frac{\mu w_m^2}{\lambda(t_e - t_w)} \qquad (4-105)$$

则式（4-104）变为

$$-\frac{R}{Br} - \frac{1}{\left(1 + \dfrac{4l_s}{R_0}\right)^2} \left(4\frac{l_t}{R_0} + 1 - r_1^4\right) = \sum_{j=1}^{\infty} C_j R_j \qquad (4-106)$$

对式（4-106）两侧同乘 $G(r_1)R_j$ 并进行积分，可得

$$C_j = -\frac{1}{N_j^2} \int_0^1 G(r_1) R_j(r_1) \left[ \frac{R}{Br} + \frac{1}{\left(1 + \dfrac{4l_s}{R_0}\right)^2} \left(4\frac{l_t}{R_0} + 1 - r_1^4\right) \right] \mathrm{d}r_1 \qquad (4-107)$$

其中，$N_j^2$ 可由式（4-101）左端进行数值积分得到。

式（4-107）可以适应不同的边界条件：令 $\eta = 1$，$t(y_1, 0) = t_e$，$R = -1$，就可以退化为入口流体温度均匀分布的情况。

② 不考虑黏度耗散时。若入口温度为均匀分布 $t_e$，则

$$t_e = t_w + \sum_{j=1}^{\infty} C_j R_j \qquad (4-108)$$

待定系数为

$$C_j = -\frac{1}{N_j^2} \int_0^1 G(r_1) R_j(r_1)(t_e - t_w) \mathrm{d}r_1 \tag{4-109}$$

如果入口流体温度为 $t_{m1}$，则

$$t_{m1} = t_w + 4 \sum_{j=1}^{\infty} C_j \int_0^1 r_1 \left[ \frac{1 + \dfrac{2l_s}{R_0}}{1 + \dfrac{4l_s}{R_0}} - \frac{r_1^2}{1 + \dfrac{4l_s}{R_0}} \right] R_j(r_1) \mathrm{d}r_1 \tag{4-110}$$

待定系数为

$$C_j = \frac{\displaystyle\int_0^1 (t_{m1} - t_w) G(r_1) R_j(r_1) \mathrm{d}r_1}{4 N_j^2 \displaystyle\int_0^1 r_1 \left[ \dfrac{1 + \dfrac{2l_s}{R_0}}{1 + \dfrac{4l_s}{R_0}} - \dfrac{r_1^2}{1 + \dfrac{4l_s}{R_0}} \right] \mathrm{d}r_1} \tag{4-111}$$

经过 MATLAB 仿真后，得到待定系数 $C_j$ 如表 4-5 所示。

表 4-5　本征值 $C_j$

| $j$ | $C_j$ | | |
| --- | --- | --- | --- |
| | $l_s/R_0 = 0$ <br> $l_t/R_0 = 0$ | $l_s/R_0 = 0.01$ <br> $l_t/R_0 = 0.1037$ | $l_s/R_0 = 0.01$ <br> $l_t/R_0 = 0.0915$ |
| 1 | −44.2930 | −36 440 | −36 532 |
| 2 | 24.1830 | 23 680 | 23 920 |
| 3 | −17.6630 | −17 066 | −17 380 |
| 4 | 14.2750 | 13 292 | 13 640 |
| 5 | −12.1500 | −10 853 | 11 207 |
| 6 | 10.6670 | 9142.1 | 8076.6 |
| 7 | −9.5752 | −7875 | 9495.7 |
| 8 | 8.7223 | 6899.8 | 7235 |
| 9 | −8.0379 | −6121.6 | −6444.7 |
| 10 | 7.4714 | 5495.4 | 5803.9 |
| 11 | −6.9957 | −4975.9 | −5264.4 |

（7）热流密度和努塞尔数。

① 考虑黏度耗散时的热流密度。流固交接面（$r = R_0$）的对流换热量等于贴壁流体层的热传导热量，因此流体热流密度可以表示为

$$q_w = \lambda \frac{\partial t}{\partial r} \bigg|_{r=R_0} = \frac{\lambda}{R_0} \frac{\partial t}{\partial r_1} \bigg|_{r_1=1} = -\frac{4}{R_0} \frac{\mu w_m^2}{(1 + 4l_s/R_0)^2} + \frac{\mu w_m^2}{R_0} \sum_{j=1}^{\infty} C_j \frac{\mathrm{d}R_j}{\mathrm{d}r_1} \bigg|_{r_1=1} \mathrm{e}^{-\beta_j z_1} \tag{4-112}$$

② 不考虑黏度耗散时的热流密度。

$$q_w = \lambda \frac{\partial t}{\partial r} \bigg|_{r=R_0} = \frac{\lambda}{R_0} \sum_{j=1}^{\infty} C_j \frac{\mathrm{d}R_j}{\mathrm{d}r_1} \bigg|_{r_1=1} \mathrm{e}^{-\beta_j z_1} \tag{4-113}$$

③ 考虑黏度耗散时的努塞尔数。根据对流换热系数的定义，圆形微通道的局部换热系数为

$$h(z_1) = \frac{q_{\mathrm{w}}}{t_{\mathrm{w}} - t_{\mathrm{m}}} = \frac{\lambda \dfrac{1}{R_0} \left( 4 - \left( 1 + \dfrac{4 l_{\mathrm{s}}}{R_0} \right)^2 \displaystyle\sum_{j=1}^{\infty} C_j \dfrac{\mathrm{d} R_j}{\mathrm{d} r_1} \bigg|_{r_1 = 1} \mathrm{e}^{-\beta_j z_1} \right)}{\dfrac{4 \Psi}{(1 + 4 l_{\mathrm{s}} / R_0)^2} + 4 \gamma} \tag{4-114}$$

圆形微通道的努塞尔数 Nu 可以表示为

$$\mathrm{Nu}(z_1) = \frac{2 R_0}{\lambda} h(z_1) = \frac{\dfrac{1}{2} \left( 4 - \left( 1 + \dfrac{4 l_{\mathrm{s}}}{R_0} \right)^2 \displaystyle\sum_{j=1}^{\infty} C_j \dfrac{\mathrm{d} R_j}{\mathrm{d} r_1} \bigg|_{r_1 = 1} \mathrm{e}^{-\beta_j z_1} \right)}{\dfrac{\Psi}{(1 + 4 l_{\mathrm{s}} / R_0)^2} + \gamma} \tag{4-115}$$

④ 不考虑黏度耗散时的努塞尔数。根据对流换热系数的定义，圆形微通道的局部换热系数为

$$h(z_1) = \frac{q_{\mathrm{w}}}{t_{\mathrm{w}} - t_{\mathrm{m}}} = \frac{\dfrac{\lambda}{R_0} \displaystyle\sum_{j=1}^{\infty} C_j \dfrac{\mathrm{d} R_j}{\mathrm{d} r_1} \bigg|_{r_1 = 1} \mathrm{e}^{-\beta_j z_1}}{4 \displaystyle\sum_{j=1}^{\infty} C_j \int_0^1 r_1 \left[ \dfrac{1 + \dfrac{2 l_{\mathrm{s}}}{R_0}}{1 + \dfrac{4 l_{\mathrm{s}}}{R_0}} - \dfrac{r_1^2}{1 + \dfrac{4 l_{\mathrm{s}}}{R_0}} \right] R_j(r_1) \mathrm{e}^{-\beta_j z_1} \mathrm{d} r_1} \tag{4-116}$$

圆形微通道的努塞尔数可表示为

$$\mathrm{Nu}(z_1) = \frac{2 R_0}{\lambda} h(z_1) = \frac{\dfrac{1}{2} \displaystyle\sum_{j=1}^{\infty} C_j \dfrac{\mathrm{d} R_j}{\mathrm{d} r_1} \bigg|_{r_1 = 1} \mathrm{e}^{-\beta_j z_1}}{\displaystyle\sum_{j=1}^{\infty} C_j \int_0^1 r_1 \left[ \dfrac{1 + \dfrac{2 l_{\mathrm{s}}}{R_0}}{1 + \dfrac{4 l_{\mathrm{s}}}{R_0}} - \dfrac{r_1^2}{1 + \dfrac{4 l_{\mathrm{s}}}{R_0}} \right] R_j(r_1) \mathrm{e}^{-\beta_j z_1} \mathrm{d} r_1} \tag{4-117}$$

平均换热系数为

$$h_{\mathrm{m}} = \frac{1}{L} \int_0^L h(z_1) \mathrm{d} z_1 \tag{4-118}$$

平均努塞尔数为

$$\overline{\mathrm{Nu}} = \frac{2 R_0}{\lambda} h_{\mathrm{m}} \tag{4-119}$$

基于以上推导的公式，对定壁温条件下的圆形微通道的换热特性及温度场进行仿真。仿真结果如图 4.13 所示。

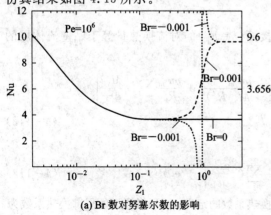

(a) Br 数对努塞尔数的影响

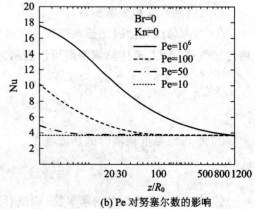

(b) Pe 对努塞尔数的影响

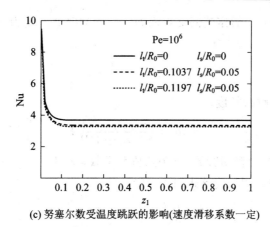

**(c) 努塞尔数受温度跳跃的影响(速度滑移系数一定)**

图 4.13　仿真结果

2）缝隙微通道分析解

缝隙微通道的基本结构如图 4.14 所示。假设系统无内热源、流体为牛顿流体且充分发展、热物理参数不随温度变化且系统处于稳态，则考虑黏度耗散、轴向热传导的能量方程如下：

$$w\frac{\partial t}{\partial z} = \frac{\lambda}{\rho C_{\text{p}}}\left(\frac{\partial^2 t}{\partial y^2} + \frac{\partial^2 t}{\partial z^2}\right) + \mu\left(\frac{\mathrm{d}w}{\mathrm{d}y}\right)^2 \tag{4-120}$$

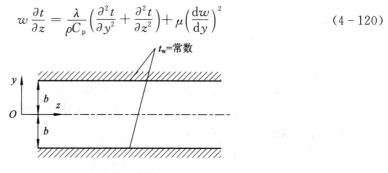

图 4.14　缝隙微通道结构示意图

考虑速度滑移边界条件、处于充分发展阶段的缝隙微通道流体速度及平均速度分别为

$$v = -\frac{\Delta p}{2\mu L}\left[(b)^2\left(1 + \frac{2l_{\text{s}}}{b}\right) - y^2\right] \tag{4-121}$$

$$v_{\text{m}} = -\frac{b^2 \Delta p}{3\mu L}\left(1 + \frac{3l_{\text{s}}}{b}\right) \tag{4-122}$$

式中，$v$ 为流体速度，$v_{\text{m}}$ 为平均速度。

根据式（4-121）和式（4-122），可得

$$v = \frac{3v_{\text{m}}\left[\left(1 + \frac{2l_{\text{s}}}{b}\right) - \frac{y^2}{b^2}\right]}{2\left(1 + \frac{3l_{\text{s}}}{b}\right)} \tag{4-123}$$

其中 $l_{\text{s}}$ 为速度滑移系数。

若为对称热边界条件，则流体温度在微通道轴线处满足

$$\frac{\partial t}{\partial y}\bigg|_{y=0} = 0 \tag{4-124}$$

若为对称热边界条件，假定流固交界面处($y=b$)的壁面温度为 $t_w$，则其温度跳跃边界条件表达式为

$$t\Big|_{y=b} - t_w = -l_t \frac{\partial t}{\partial y}\Big|_{y=b} \qquad (4-125)$$

式(4-125)中 $l_t$ 为温度跳跃长度。

$$l_t = 4b \frac{2-\sigma_t}{\sigma_t} \frac{2\gamma_m}{\gamma_m+1} \frac{1}{P_r} Kn \qquad (4-126)$$

其中，Kn 为努森数，$P_r$ 为普朗特数，$\sigma_t$ 为热协调系数，$\gamma_m$ 为比热容率。

将速度场表达式(4-123)代入式(4-120)，得到：

$$w \frac{\partial t}{\partial z} = \frac{\lambda}{\rho C_p}\left(\frac{\partial^2 t}{\partial y^2} + \frac{\partial^2 t}{\partial z^2}\right) + \mu \frac{9v_m^2 y^2}{b^4\left(1+\frac{3l_s}{b}\right)^2} \qquad (4-127)$$

式(4-127)是一个非齐次二阶线性偏微分方程，根据微分方程解的结构，非齐次方程的解为特解 $t_\infty$ 和齐次解 $t_1(y,z)$ 的和，即

$$t = t_\infty + t_1(y,z) \qquad (4-128)$$

(1) 能量方程特解分析。对应式(4-127)的关于特解的方程为

$$\lambda \frac{\partial^2 t_\infty}{\partial y^2} + \mu \frac{9v_m^2 y^2}{b^4\left(1+\frac{3l_s}{b}\right)^2} = 0 \qquad (4-129)$$

令

$$a_1 = \mu \frac{9v_m^2}{b^4 \lambda\left(1+\frac{3l_s}{b}\right)^2} \qquad (4-130)$$

经过整理，式(4-129)可变为

$$\frac{\partial^2 t_\infty}{\partial y^2} = -a_1 y^2 \qquad (4-131)$$

再对式(4-131)进行变换，可得

$$\frac{\partial\left(\frac{\partial^2 t_\infty}{\partial y}\right)}{\partial y} = -a_1 y^2 \qquad (4-132)$$

积分求解式(4-132)，可得

$$\frac{\partial^2 t_\infty}{\partial y} = -3a_1 y^3 + a_2 \qquad (4-133)$$

最后积分求解式(4-133)，可以得到

$$t_\infty = -12a_1 y^4 + a_2 y + a_3 \qquad (4-134)$$

其中，$a_2$ 和 $a_3$ 为待定系数。

下面确定式(4-134)中的待定系数。假设 $a_2 \neq 0$，对任意 $y=b_0$ 和 $y=-b_0$，可得 $t_\infty(b_0,\infty) \neq t_\infty(-b_0,\infty)$，与热边界条件为对称热边界矛盾，因此 $a_2=0$。根据温度跳跃边界条件(4-125)，得到：

$$-12a_1 y^4 + a_3 - t_w = -l_t(-12a_1 \times 4b^3) \qquad (4-135)$$

整理式(4-135)，得到待定系数 $a_3$ 为

$$a_3 = t_w + 12a_1 b^4 + 12a_1 \frac{4l_t}{b} = t_w + \mu \frac{12 \times 9v_m^2}{\lambda \left(1 + \frac{3l_s}{b}\right)^2} \left(1 + \frac{4l_t}{b}\right) \tag{4-136}$$

则式(4-131)的解为

$$t_\infty = t_w + \mu \frac{12 \times 9v_m^2}{\lambda \left(1 + \frac{3l_s}{b}\right)^2} \left(1 - \frac{y^4}{b^4} + \frac{4l_t}{b}\right) \tag{4-137}$$

(2) 能量方程齐次解分析。对应式(4-127)的齐次方程为

$$\rho C_p v \frac{\partial t_1}{\partial z} = \lambda \left(\frac{\partial^2 t_1}{\partial y^2} + \frac{\partial^2 t_1}{\partial z^2}\right) \tag{4-138}$$

采用分离变量法，令 $t_1 = Y(y)Z(z)$，可以得到微分方程的分离变量形式为

$$\frac{1}{Y} \frac{d^2 Y}{dy^2} = \frac{\rho C_p v dZ}{dz} - \frac{1}{Z} \frac{d^2 Z}{dz^2} \tag{4-139}$$

由于式(4-139)左端为 $y$ 的函数，因此右端 $\frac{dZ}{Zdz}$ 和 $\frac{d^2 Z}{dz^2}$ 必为常数，假设 $\frac{dZ}{Zdz} = A$，$Z\frac{d^2 Z}{dz^2} = B$，可得

$$\frac{dZ}{dz} = AZ, \quad \frac{d^2 Z}{dz^2} = BZ \tag{4-140}$$

下面分 $A=0$ 和 $A \neq 0$ 两种情况讨论式(4-140)的解。

当 $A=0$ 时，代入式(4-138)，积分得到：

$$Z = D_0 \tag{4-141}$$

其中 $D_0$ 为常数。于是关于 $Y$ 的方程变为

$$\frac{d^2 Y}{dy^2} = 0 \tag{4-142}$$

求解式(4-142)，可以得到：

$$Y = E_1 y + D_1 \tag{4-143}$$

当 $A \neq 0$ 时，对式(4-140)进行积分，得到

$$Z = e^{Az}, \quad B = A^2 \tag{4-144}$$

则关于 $Y$ 的方程变为

$$\frac{d^2 Y}{dy^2} + Y\left(B - A\frac{\rho C_p}{\lambda} v(y)\right) = 0 \tag{4-145}$$

上述情况中，对 $A=0$，由式(4-141)和式(4-143)，可得

$$t_1 = Y(y)Z(z) = (E_1 y + D_1)D_0 = E_1 D_0 y + D_1 D_0 \tag{4-146}$$

根据式(4-146)，可知当 $A=0$ 时，若 $E_1 \neq 0$ 将导致流体温度分布不对称，与对称热边界条件矛盾，所以 $E_1 = 0$，其解为常数。$A < 0$ 满足物理解；对 $A > 0$，根据式(4-146)可知，当 $z \to \infty$ 时，使得 $Z(z) \to \infty$，导致流体温度奇异。综上所述，$A > 0$，导致解(流体温度场)不具有物理意义，所以去除。下面讨论将只取 $A < 0$。

为讨论方便，对 $y$ 坐标和 $z$ 坐标进行无量纲化处理，令

$$y_1 = \frac{y}{b}, \quad z_1 = \frac{z}{3/(8Peb)} \tag{4-147}$$

$$Z(z_1) = e^{Az_1} = e^{-\beta^2 z_1} \tag{4-148}$$

则可以得到：

$$\frac{\mathrm{d}Y}{\mathrm{d}y_1} = \frac{\mathrm{d}Y}{\mathrm{d}y} b \tag{4-149}$$

$$\frac{\mathrm{d}Z}{\mathrm{d}z_1} = \frac{\mathrm{d}Z}{\mathrm{d}z} \frac{3}{8\mathrm{Pe}b} \tag{4-150}$$

$$\frac{\mathrm{d}^2 Z}{\mathrm{d}z_1^2} = \frac{\mathrm{d}^2 Z}{\mathrm{d}z^2} \left(\frac{3}{8b}\right)^2 \tag{4-151}$$

将前述速度表达式(4-123)式代入式(4-145)，可得

$$\frac{\mathrm{d}^2 Y}{\mathrm{d}y_1^2} + Y\left\{\left[\frac{\left(1+\frac{2l_s}{b}\right) - y_1^2}{\left(1+\frac{3l_s}{b}\right)}\right]\beta^2 + \frac{9\beta^4}{64\mathrm{Pe}^2}\right\} = 0 \tag{4-152}$$

式(4-152)可以约化为合流超几何方程[7]，以 $P_{k,m}(\xi)$ 表示惠泰克方程式(4-153)的解：

$$\frac{\mathrm{d}^2 P_{k,m}(\xi)}{\mathrm{d}\xi^2} + \left[-\frac{1}{4} + \frac{k}{\xi} + \frac{\frac{1}{4} - m^2}{\xi^2}\right] P_{k,m}(\xi) = 0 \tag{4-153}$$

假设

$$Y(y_1) = y_1^\eta e^{f(y_1)} P_{k,m}(h(y_1)) \tag{4-154}$$

其中

$$f(y_1) = \alpha y_1^\phi \tag{4-155}$$

$$h(y_1) = \Omega y_1^\phi \tag{4-156}$$

通过直接计算，可得 $Y(y_1)$ 的微分方程：

$$\frac{\mathrm{d}^2 Y}{\mathrm{d}y_1^2} + \left[\frac{1-\phi-2\eta}{y_1} - 2\phi\alpha y_1^{\phi-1}\right]\frac{\mathrm{d}Y}{\mathrm{d}y_1}$$

$$+ \left[\phi^2\left(\alpha^2 - \frac{\Omega^2}{4}\right)y_1^{\phi-2} + \phi(2\alpha\eta + \Omega k\phi)y_1^{\phi-2} + \frac{\eta(\eta+\phi) + \phi^2\left(\frac{1}{4} - \phi^2\right)}{y_1^2}\right]Y = 0 \tag{4-157}$$

显然，令

$$\alpha = 0, \ \phi = 2, \ \eta = -\frac{1}{2}, \ m^2 = \frac{\eta(\eta+\phi)}{\phi^2} + \frac{1}{4} = \frac{1}{16} \tag{4-158}$$

$$k = \frac{\dfrac{1+2\dfrac{l_s}{b}}{1+3\dfrac{l_s}{b}}\beta^2 + \dfrac{9\beta^4}{64\mathrm{Pe}^2}}{4\Omega} \tag{4-159}$$

式(4-157)可以退化为式(4-152)。根据式(4-158)，解得 $m = \pm 1/4$。

式(4-152)的解为

$$Y = C_1 y_1^{-\frac{1}{2}} M_{k,m}(x) + C_2 y_1^{-\frac{1}{2}} W_{k,m}(x) \tag{4-160}$$

其中

$$x = \Omega y_1^2 \tag{4-161}$$

因为流体在微通道中心处的温度必须为有限值，而 $y_1^{-1}W_{k,m}(x)$ 中含有 $y_1 = 0$ 的奇异项 $y_1^{-1}M_{k,m}(x)\ln x$，所以必有 $C_2 = 0$。当 $m = \pm 1/4$ 时，因为 $2m$ 不为整数，所以式 $(4-152)$ 的解为

$$Y = C_3 y_1^{-\frac{1}{2}} M_{k,m}(x) + C_{y_1}^{-\frac{1}{2}} M_{k,-m}(x) \tag{4-162}$$

$$M_{k,m}(x) = \mathrm{e}^{-\frac{\Omega y_1^2}{2}} y_1^{1+2m} \Omega^{\frac{1}{2}+m} \left[ 1 + \frac{\Gamma(1+2m)}{\Gamma\left(\frac{1}{2}+m-k\right)} \sum_{n=1}^{\infty} \frac{\Gamma\left(\frac{1}{2}+m-k+n\right)}{n!\,\Gamma(1+2m+n)} (\Omega y_1^2)^n \right] \tag{4-163}$$

$$M_{k,-m}(x) = \mathrm{e}^{-\frac{\Omega y_1^2}{2}} y_1^{1-2m} \Omega^{\frac{1}{2}-m} \left[ 1 + \frac{\Gamma(1-2m)}{\Gamma\left(\frac{1}{2}-m-k\right)} \sum_{n=1}^{\infty} \frac{\Gamma\left(\frac{1}{2}-m-k+n\right)}{n!\,\Gamma(1-2m+n)} (\Omega y_1^2)^n \right] \tag{4-164}$$

将式 $(4-163)$ 和式 $(4-164)$ 代入式 $(4-162)$，可得

$$
\begin{aligned}
Y = {} & C\mathrm{e}^{-\frac{\Omega y_1^2}{2}} \left[ 1 + \frac{\Gamma(1-2m)}{\Gamma\left(\frac{1}{2}-m-k\right)} \sum_{n=1}^{\infty} \frac{\Gamma\left(\frac{1}{2}-m-k+n\right)}{n!\,\Gamma(1-2m+n)} (\Omega y_1^2)^n \right] \\
& + C_3 y_1 \mathrm{e}^{-\frac{\Omega y_1^2}{2}} \left[ 1 + \frac{\Gamma(1+2m)}{\Gamma\left(\frac{1}{2}+m-k\right)} \sum_{n=1}^{\infty} \frac{\Gamma\left(\frac{1}{2}+m-k+n\right)}{n!\,\Gamma(1+2m+n)} (\Omega y_1^2)^n \right]
\end{aligned} \tag{4-165}
$$

根据式 $(4-124)$，可得

$$m = -\frac{1}{4}, \quad C_3 = 0 \tag{4-166}$$

所以本征函数 $Y$ 为

$$
\begin{aligned}
Y & = C\mathrm{e}^{-\frac{\Omega y_1^2}{2}} F\left(\frac{1}{4}-k, \frac{1}{2}, \Omega y_1^2\right) \\
& = C\mathrm{e}^{-\frac{\Omega y_1^2}{2}} \left[ 1 + \frac{\Gamma\left(\frac{1}{2}\right)}{\Gamma\left(\frac{1}{4}-k\right)} \sum_{n=1}^{\infty} \frac{\Gamma\left(\frac{1}{4}-k+n\right)}{\Gamma\left(1-\frac{1}{2}+n\right)} (\Omega y_1^2)^n \right]
\end{aligned} \tag{4-167}
$$

本征函数 $Y$ 的一阶导数为

$$\frac{\mathrm{d}Y}{\mathrm{d}y_1} = -C\Omega y_1 \mathrm{e}^{-\frac{\Omega y_1^2}{2}} F\left(\frac{1}{4}-k, \frac{1}{2}, \Omega y_1^2\right) + \frac{\frac{1}{4}-k}{\frac{1}{2}} 2\Omega y_1 C\mathrm{e}^{-\frac{\Omega y_1^2}{2}} F\left(\frac{1}{4}-k+1, \frac{1}{2}+1, \Omega y_1^2\right) \tag{4-168}$$

式 $(4-152)$ 的解为

$$t_1 = D + \frac{\mu v_{\mathrm{m}}^2}{\lambda} \sum_{j=1}^{\infty} C_j Y_j(y_1) \mathrm{e}^{-\beta_j z_1} \tag{4-169}$$

下面确定常数 $D$。将齐次解式(4-169)和特解式(4-137)代入式(4-129)，得到：

$$t = t_w + \mu \frac{12 \times 9 v_m^2}{\lambda (1 + 3 l_s/b)^2} \left(1 - \frac{y^4}{b^4} + \frac{4 l_t}{b}\right) + D + \frac{\mu v_m^2}{\lambda} \sum_{j=1}^{\infty} C_j Y_j(y_1) e^{-\beta_j z_1} \quad (4-170)$$

当 $z \to \infty$ 时，$z_1 \to \infty$，流体温度 $t_\infty$ 趋于壁面温度 $t_w$，因此由式(4-170)可得 $D = 0$。于是能量方程的齐次解为

$$t_1 = \frac{\mu v_m^2}{\lambda} \sum_{j=1}^{\infty} C_j Y_j(y_1) e^{-\beta_j z_1} \quad (4-171)$$

其中

$$\Omega_j = \sqrt{\frac{\beta_j^2}{1 + 3 \dfrac{l_s}{b}}} \quad (4-172)$$

$$k_j = \frac{\dfrac{1 + 2 \dfrac{l_s}{b}}{1 + 3 \dfrac{l_s}{b}} \beta_j^2 + \dfrac{9 \beta_j^4}{64 P_e^2}}{4 \Omega_j} \quad (4-173)$$

$$Y_j = e^{-\frac{\Omega_j y_1^2}{2}} F\left(\frac{1}{4} - k_j, \frac{1}{2}, \Omega_j y_1^2\right)$$

$$= e^{-\frac{\Omega_j y_1^2}{2}} \left[1 + \frac{\Gamma\left(\dfrac{1}{2}\right)}{\Gamma\left(\dfrac{1}{4} - k_j\right)} \sum_{n=1}^{\infty} \frac{\Gamma\left(\dfrac{1}{4} - k_j + n\right)}{n! \Gamma\left(\dfrac{1}{2} + n\right)} (\Omega_j y_1^2)^n\right] \quad (4-174)$$

在流体的温度表达式中，$C_j$ 和 $\beta_j$ 都为未知参数，需要通过边界条件进行求解。若忽视黏度耗散对换热的影响，则流体温度的表达式退化为

$$t_1 = \sum_{j=1}^{\infty} C_j Y_j(y_1) e^{-\beta_j z_1} \quad (4-175)$$

(3) 平均温度。

① 考虑黏度耗散时的平均温度。根据流体截面平均温度(Bulk Temerature)的定义，流体的平均温度可表示为

$$t_m(z_1) = \frac{\int_{AC} C_p \rho t v \, dA}{\int_{AC} C_p \rho v \, dA} = \frac{\int_0^1 \dfrac{3\left[\left(1 + \dfrac{2 l_s}{b}\right) - y_1^2\right]}{2\left(1 + \dfrac{3 l_s}{b}\right)} (t_1(y_1, z_1) + t_\infty) b \, dy_1}{b v_m}$$

$$= t_w + \frac{\mu v_m^2}{\lambda} \xi_1 + \frac{\mu v_m^2}{\lambda} \xi_2 \quad (4-176)$$

其中

$$\xi_1 = \int_0^1 \frac{3\left[\left(1 + \dfrac{2 l_s}{b}\right) - y_1^2\right]}{2\left(1 + \dfrac{3 l_s}{b}\right)} \sum_{j=1}^{\infty} C_j Y_j(y_1) Z_j(z_1) \, dy_1 \quad (4-177)$$

$$\xi_2 = \int_0^1 \frac{3\left[\left(1+\frac{2l_s}{b}\right)-y_1^2\right]}{2\left(1+\frac{3l_s}{b}\right)} \frac{12\times 9}{(1+3l_s/b)^2}\left(1-y_1^4+\frac{4l_t}{y_1}\right)dy_1 \tag{4-178}$$

② 不考虑黏度耗散时的平均温度。若忽视黏度耗散，由式（4-137），可得 $t_\infty=t_w$，则流体的平均温度可表示为

$$t_m(z_1) = \frac{\int_{AC} C_p \rho t v \, dA}{\int_{AC} C_p \rho v \, dA} = \frac{\int_0^1 \frac{3\left[\left(1+\frac{2l_s}{b}\right)-y_1^2\right]}{2\left(1+\frac{3l_s}{b}\right)}(t_1(y_1,z_1)+t_w)b\,dy_1}{bv_m}$$

$$= t_w + \int_0^1 \frac{3\left[\left(1+\frac{2l_s}{b}\right)-y_1^2\right]}{2\left(1+\frac{3l_s}{b}\right)} \sum_{j=1}^{\infty} C_j Y_{1j}(y_1) e^{-\beta_j z_1} \, dy_1 \tag{4-179}$$

（4）本征值的求解。根据流体温度跳跃边界条件假设，流体温度在流固交界面处有一个跳跃，即

$$t\big|_{y=b} - t_w = -l_t \frac{\partial t}{\partial y}\bigg|_{y=b} = -\frac{l_t}{b}\frac{\partial t}{\partial y_1}\bigg|_{y_1=1} \tag{4-180}$$

将流体温度场表达式（4-128）代入式（4-180），得到

$$t_w + \mu \frac{12\times 9 v_m^2}{\lambda(1+3l_s/b)^2}\left(1-y_1^4\big|_{y_1=1}+\frac{4l_t}{b}\right)+\frac{\mu v_m^2}{\lambda}\sum_{j=1}^{\infty}C_j Y_j e^{-\beta_j z_1} - t_w$$

$$= -\frac{l_t}{b}\frac{\mu v_m^2}{\lambda}\left(\frac{-4\times 12\times 9}{(1+3l_s/b)^2}y_1^3\big|_{y_1=1}+\sum_{j=1}^{\infty}C_j \frac{dY_j}{dy_1}\bigg|_{y_1=1}e^{-\beta_j z_1}\right) \tag{4-181}$$

经整理得到：

$$\frac{12\times 9}{\lambda(1+3l_s/b)^2}\frac{4l_t}{b}+\sum_{j=1}^{\infty}C_j Y_j e^{-\beta_j z_1}$$

$$= -\frac{l_t}{b}\frac{\mu v_m^2}{\lambda}\left(\frac{-4\times 12\times 9}{(1+3l_s/b)^2}y_1^3\big|_{y_1=1}+\sum_{j=1}^{\infty}C_j \frac{dY_j}{dy_1}\bigg|_{y_1=1}e^{-\beta_j z_1}\right) \tag{4-182}$$

因为 $\frac{\mu v_m^2}{\lambda}$ 和 $e^{-\beta_j z_1}$ 均不为零，所以必须有

$$Y_j + \frac{l_t}{b}\frac{dY_j}{dy_1}\bigg|_{y_1=1} = 0 \tag{4-183}$$

将式（4-174）代入式（4-183），得到

$$\left(1-\frac{l_t}{b}\Omega_j y_1\right)F\left(\frac{1}{4}-k_j,\frac{1}{2},\Omega_j y_1^2\right)+2\Omega_j \frac{l_t}{b}y_1 \frac{\left(\frac{1}{4}-k_j\right)}{\frac{1}{2}}F\left(\frac{1}{4}-k_j+1,\frac{1}{2},\Omega_j y_1^2\right)=0$$

$$\tag{4-184}$$

因为式（4-172）和式（4-173）中，$\Omega_j$ 和 $k_j$ 都是 $\beta_j$ 的一元函数，所以式（4-184）是关于 $\beta_j$ 的非线性方程，通过 MATLAB 进行数值仿真可得到本征值 $\beta_j$。取 $l_t=0$，$l_s=0$。仿真结果如表 4-6 所示（取前 9 个本征值）。

表 4-6　前 9 个本征值 $\beta_j$

| $j$ | $\beta_j(l_s=0, l_t=0)$ | | |
|:---:|:---:|:---:|:---:|
| | Pe$=10^6$ | Pe$=10$ | Pe$=25$ |
| 1 | 1.6816 | 1.6668 | 1.681 |
| 2 | 5.6699 | 5.5044 | 5.641 |
| 3 | 9.6682 | 8.9335 | 9.5213 |
| 4 | 13.668 | 11.92 | 13.26 |
| 5 | 17.667 | 14.54 | 16.826 |
| 6 | 21.667 | 16.876 | 20.205 |
| 7 | 25.667 | 18.994 | 23.4 |
| 8 | 29.667 | 20.94 | 26.421 |
| 9 | 33.667 | 22.746 | 29.283 |

(5) 温度跳跃系数的探讨。微通道入口处流体温度在壁面处存在跳跃现象。假设入口处流体温度均匀，流体温度为 $t_e$，壁面温度为 $t_w$，$t(y_1,0)$ 为入口处（$z_1=0$）的流体温度。

根据温度跳跃假设，$t(y_1,0)$ 与 $y_1$ 存在以下关系：

$$t(y_1,0) = \begin{cases} t_e & 0 < y_1 < 1 \\ t_w & y_1 = 1 \end{cases} \tag{4-185}$$

为了对温度跳跃现象进行模拟，这里利用傅立叶级数有限项展开的方法构造了入口处流体的分布函数：

$$t(y_1,0) = t_w + t_e\left[\frac{\pi}{2} - \left(\frac{1}{2} + y_t\right)\right] \tag{4-186}$$

式中

$$y_t = \begin{cases} \dfrac{\pi-1}{2} & |y_1| < 1 \\ -\dfrac{1}{2} & 1 < |y_1| < \pi \end{cases} \tag{4-187}$$

根据式（4-186）和式（4-187），可得

$$\begin{aligned} t(y_1,0) &= t_w + (t_w - t_e)\left[\eta\frac{2}{\pi}\left(\frac{\pi-1}{2} - \sum_{n=1}^{\infty}\frac{1}{n}\sin n \cos ny_1\right) - 1\right] \\ &= t_w + (t_w - t_e)R \end{aligned} \tag{4-188}$$

其中

$$R = \eta\frac{2}{\pi}\left(\frac{\pi-1}{2} - \sum_{n=1}^{\infty}\frac{1}{n}\sin n\cos ny_1\right) - 1 \tag{4-189}$$

下面通过实例对式（4-188）进行验证。仿真参数如表 4-7 所示，仿真结果如图 4.15

所示。

**表 4 - 7　入口处流体温度仿真参数**

| $N$ | $t_w/℃$ | $t_e/℃$ | $\eta$ | $t(y_1,0)/℃$ |
|---|---|---|---|---|
| 401 | 60 | 30 | 0.8 | 54 |
| 401 | 60 | 30 | 1 | 60 |

由图 4.15 可以看出，公式(4 - 188)可以很好地模拟温度跳跃现象：首先，该式能够描述流体温度和壁面温度的跳跃现象。图 4.15(a)为考虑温度跳跃时入口处流体温度分布。当 $\eta=0.8$ 时，在壁面处($y_1=1$)，流体的温度 $t=54℃$，而壁面温度 $t_w=60℃$，存在温度跳跃现象。图 4.15(b)为不考虑温度跳跃时入口处流体温度分布，可以看出，当 $\eta=1$ 时，在壁面处($y_1=1$)，流体的温度 $t=60℃$，流体温度和壁面温度完全相同。其次，该式通过取不同的 $\eta$，可以模拟不同程度的温度跳跃现象。其中，$0<\eta<1$ 是有跳变边界条件，$\eta=1$ 是无跳变边界条件。

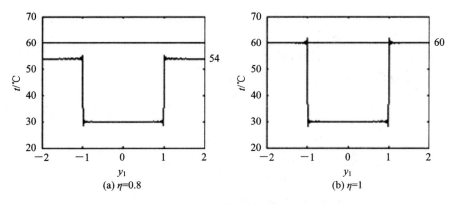

图 4.15　入口处流体温度分布

将入口处流体温度函数式(4 - 188)代入温度跳跃公式(4 - 125)，得到

$$t_w - t_w - (t_w - t_e)\left[\eta\frac{2}{\pi}\left(\frac{\pi-1}{2} - \sum_{n=1}^{\infty}\frac{1}{n}\sin n\cos ny_1\right) - 1\right] = (t_w - t_e)l_t\eta\frac{2}{\pi}\sum_{n=1}^{\infty}\frac{1}{n}\sin^2 n$$

$$(4 - 190)$$

整理式(4 - 190)，可得

$$l_t = b\frac{t_1\big|_{y_1=1} - t_w}{-\dfrac{\partial t_1}{\partial y_1}\bigg|_{y_1=1}} = b\frac{\eta\dfrac{2}{\pi}\left(\dfrac{\pi-1}{2} - \displaystyle\sum_{n=1}^{\infty}\dfrac{1}{n}\sin n\cos n\right) - 1}{-\eta\dfrac{2}{\pi}\displaystyle\sum_{n=1}^{\infty}\sin^2 n} \qquad (4 - 191)$$

显然，实际应用中应该取有限级数项，即 $n\neq\infty$，否则退化为 $l_t=0$ 的无跳跃边界条件。本书在对称热边界条件下缝隙微通道的数值仿真计算时，采用式(4 - 191)得到温度跳跃系数，仿真时取 $\eta=0.8$。

根据式(4 - 200)得到温度跳跃系数，代入式(4 - 184)，得到的本征值如表 4 - 8 所示。

表 4 - 8　前 9 个本征值 $\beta_j$

| $j$ | $\beta_j(P_e = 10^6)$ | | |
|---|---|---|---|
| | $l_s = 0$ $l_t = 0$ | $l_s/R_0 = 0.16$ $l_t/R_0 = 0.2621$ | $l_s/R_0 = 0.24$ $l_t/R_0 = 0.3875$ |
| 1 | 1.6816 | 1.4333 | 1.3393 |
| 2 | 5.6699 | 5.0106 | 4.7987 |
| 3 | 9.6682 | 8.6903 | 8.4367 |
| 4 | 13.668 | 12.432 | 12.17 |
| 5 | 17.667 | 16.217 | 15.956 |
| 6 | 21.667 | 20.031 | 19.772 |
| 7 | 25.667 | 23.864 | 23.607 |
| 8 | 29.667 | 27.712 | 27.454 |
| 9 | 33.667 | 31.57 | 31.31 |

（6）待定系数 $C_j$ 的求解。

① 考虑黏度耗散。将入口流体温度函数 $t(y_1,0)$（式（4-188））应等于 $z=0$ 时流体温度（式（4-128）），可得

$$t(y_1,0) = t_w + (t_w - t_e)R = t_w + \mu \frac{12 \times 9 v_m^2}{\lambda(1 + 3l_s/b)^2}\left(1 - \frac{y^4}{b^4} + \frac{4l_t}{b}\right) + \frac{\mu v_m^2}{\lambda}\sum_{j=1}^{\infty} C_j Y_j(y_1)$$

$$(4-192)$$

其中，$C_j$ 为一组待定系数（$j = 1, 2\cdots, n$），可通过本征函数 $Y_i(i=1, 2, \cdots, n)$ 的加权正交性确定。

根据斯特姆—刘维本征问题，本征函数 $Y_j(y_1)$ 存在加权正交关系，即

$$\int_0^1 G(y_1)Y_i(y_1)Y_j(y_1)\mathrm{d}y_1 = N_n^2 \delta_{mm} \qquad (4-193)$$

其中

$$G(y_1) = \frac{\left(1 + \dfrac{2l_s}{b}\right) - y_1^2}{\left(1 + \dfrac{3l_s}{b}\right)} + \frac{9\beta^2}{64\mathrm{Pe}^2} \qquad (4-194)$$

$$\delta_{mm} = \begin{cases} 1 & i = j \\ 0 & i \neq j \end{cases} \qquad (4-195)$$

对式（4-191）进行整理，得到：

$$\frac{R}{\mathrm{Br}} - \frac{12 \times 9}{(1 + 3l_s/b)^2}\left(1 - \frac{y^4}{b^4} + \frac{4l_t}{b}\right) = \sum_{j=1}^{\infty} C_j Y_j(y_1) \qquad (4-196)$$

其中

$$B_r = \frac{\mu v_m^2}{\lambda(t_e - t_w)} \qquad (4-197)$$

对式(4-197)的两侧同乘以 $G(y_1)Y_i(y_1)$，可得

$$\frac{R}{\mathrm{Br}}G(y_1)Y_{1i}(y_1) - \frac{12 \times 9}{(1+3l_s/b)^2}\left(1 - \frac{y^4}{b^4} + \frac{4l_t}{b}\right)G(y_1)Y_i(y_1) = \sum_{j=1}^{\infty}C_jG(y_1)Y_j(y_1)Y_i(y_1) \tag{4-198}$$

经过整理得到：

$$C_j = -\frac{1}{N_n^2}\int_0^1 G(y_1)Y_j(y_1)\left(\frac{R}{\mathrm{Br}} + \Lambda\right)\mathrm{d}y_1 \tag{4-199}$$

其中

$$\Lambda = \frac{12 \times 9}{(1+3l_s/b)^2}\left(1 - y_1^4 + \frac{4l_t}{b}\right) \tag{4-200}$$

式(4-199)可以适应不同的边界条件，令 $\eta = 1$，$t(y_1, 0) = t_e$，$R = -1$，就可以退化为入口流体温度为均匀分布的待定系数。

② 不考虑黏度耗散对换热的影响。假设在入口处($z=0$)处流体温度为 $t(y_1, 0) = t_e$，可得

$$t(y_1, 0) = t_e = t_w + \sum_{j=1}^{\infty}C_jY_j(y_1) \tag{4-201}$$

同上所述，利用本征函数的加权正交性，可得待定系数为

$$C_j = \frac{1}{N_n^2}\int_0^1 (t_e - t_w)G(y_1)Y_{1j}(y_1)\mathrm{d}y_1 \tag{4-202}$$

利用本征函数的加权正交性，可得

$$C_{1j} = \frac{\displaystyle\int_0^1 (t_{m1} - t_w)G(y_1)Y_j(y_1)}{N_n^2\displaystyle\int_0^1 \frac{3\left[1 + \left(\dfrac{2l_s}{b}\right) - y_1^2\right]}{2\left(1 + \dfrac{3l_s}{b}\right)}\mathrm{d}y_1}\mathrm{d}y_1 \tag{4-203}$$

针对式(4-202)进行仿真，得到的待定系数如表 4-9 所示。

表 4-9　前 9 个本征值 $C_j$

| | $C_j$ (Pe $= 10^6$) | | |
|---|---|---|---|
| $j$ | $l_s = 0$ $l_t = 0$ | $l_s/R_0 = 0.16$ $l_t/R_0 = 0.2621$ | $l_s/R_0 = 0.24$ $l_t/R_0 = 0.3875$ |
| 1 | −48.033 | −47.099 | −46.485 |
| 2 | 11.967 | 10.119 | 8.9853 |
| 3 | −6.433 | −4.6777 | −3.7738 |
| 4 | 4.298 | 2.6951 | 2.0264 |
| 5 | −3.1854 | −1.7426 | −1.249 |
| 6 | 2.5108 | 1.2129 | 0.8408 |
| 7 | −2.0607 | −0.887 23 | −0.601 03 |
| 8 | 1.7404 | 0.6762 | 0.449 51 |
| 9 | −1.5017 | −0.530 91 | −0.349 59 |

(7) 热流密度及努塞尔数。

① 考虑黏度耗散时的热流密度。流固界面处($y=b$)的对流换热量等于贴壁流体层的

热传导热量，将傅立叶定律应用到贴壁流体层，则流体热流密度可以表示为

$$q = \lambda \frac{\partial t}{\partial y}\Big|_{y=b} = \frac{-12 \times 9 \times 4 \mu v_{\mathrm{m}}^2}{(1 + 3l_{\mathrm{s}}/b)^2 b} + \frac{\mu v_{\mathrm{m}}^2}{b} \sum_{j=1}^{\infty} C_j Z_j(z_1) \frac{\mathrm{d}Y_j(y_1)}{\mathrm{d}y_1}\Big|_{y_1=1} \quad (4-204)$$

② 不考虑黏度耗散时的热流密度。

$$q = \lambda \frac{\partial t}{\partial y}\Big|_{y=b} = \frac{\lambda}{b} \sum_{j=1}^{\infty} C_j Z_j(z_1) \frac{\mathrm{d}Y_j(y_1)}{\mathrm{d}y_1}\Big|_{y_1=1} \quad (4-205)$$

③ 考虑黏度耗散时的努塞尔数。根据对流换热系数的定义，缝隙微通道的局部对流换热系数为

$$h(z_1) = \frac{q_{\mathrm{w}}}{t_{\mathrm{w}} - t_{\mathrm{m}}} = \frac{\dfrac{12 \times 9 \times 4 \mu v_{\mathrm{m}}^2}{(1 + 3l_{\mathrm{s}}/b)^2 b} - \dfrac{\mu v_{\mathrm{m}}^2}{b} \sum_{j=1}^{\infty} C_j Z_j(z_1) \dfrac{\mathrm{d}Y_j(y_1)}{\mathrm{d}y_1}\Big|_{y_1=1}}{\dfrac{\mu v_{\mathrm{m}}^2}{\lambda}\xi_1 + \dfrac{\mu v_{\mathrm{m}}^2}{\lambda}\xi_2} \quad (4-206)$$

根据定义，缝隙微通道的当量直径为 $4b$，则缝隙微通道的努塞尔数 Nu 可表示为

$$\mathrm{Nu}(z_1) = \frac{4b}{\lambda} h(z_1) = 4 \frac{\dfrac{12 \times 9 \times 4}{(1 + 3l_{\mathrm{s}}/b)^2} - \sum_{j=1}^{\infty} C_j Z_j(z_1) \dfrac{\mathrm{d}Y_j(y_1)}{\mathrm{d}y_1}\Big|_{y_1=1}}{\xi_1 + \xi_2} \quad (4-207)$$

④ 不考虑黏度耗散时的努塞尔数。根据不考虑黏度耗散时的平均温度计算式(4-179)、热流密度表达式(4-205)及局部对流换热系数的定义，得到

$$h(z_1) = \frac{q_{\mathrm{w}}}{t_{\mathrm{w}} - t_{\mathrm{m}}} = \frac{\dfrac{\lambda}{b} \sum_{j=1}^{\infty} C_j Z_j(z_1) \dfrac{\mathrm{d}Y_j(y_1)}{\mathrm{d}y_1}\Big|_{y_1=1}}{\displaystyle\int_0^1 \frac{3\left[\left(1 + \dfrac{2l_{\mathrm{s}}}{b}\right) - y_1{}^2\right]}{2\left(1 + \dfrac{3l_{\mathrm{s}}}{b}\right)} \sum_{j=1}^{\infty} C_j Y_j(y_1) \mathrm{e}^{-\beta_j z_1}\, \mathrm{d}y_1} \quad (4-208)$$

将对流换热系数的表达式(4-208)代入努塞尔数的定义式，得到

$$\mathrm{Nu}(z_1) = \frac{4b}{\lambda} h(z_1) = \frac{-4 \sum_{j=1}^{\infty} C_j Z_j(z_1) \dfrac{\mathrm{d}Y_j(y_1)}{\mathrm{d}y_1}\Big|_{y_1=1}}{\displaystyle\int_0^1 \frac{3\left[\left(1 + \dfrac{2l_{\mathrm{s}}}{b}\right) - y_1{}^2\right]}{2\left(1 + \dfrac{3l_{\mathrm{s}}}{b}\right)} \sum_{j=1}^{\infty} C_j Y_j(y_1) \mathrm{e}^{-\beta_j z_1}\, \mathrm{d}y_1} \quad (4-209)$$

经过仿真，得到速度滑移和温度跳跃的影响对热交换特性的影响曲线，如图4.16所示。

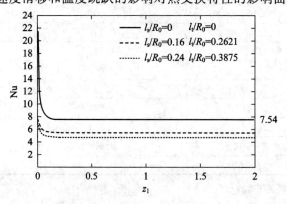

4.16 速度滑移和温度跳跃对努塞尔数的影响曲线

### 4.2.3　对流换热的实验关联式

对流传热是一个复杂的物理过程，有相变时更复杂。对于该问题基本规律的认识经历了很长时间的探索，对于同一类问题常常提出过十多个实验公式，一些公式由于当时测定条件的限制，被以后更准确的公式所替代，但不少多年前提出的实验公式在其所依据的实验数据范围内仍然使用到现在。

在应用实验关联式（特征数方程）时应注意：特征长度、特征速度和定性温度应按照准则式规定的方式进行选取与计算；准则方程不能任意推广到得到该方程的实验参数的范围之外。常见相似准则数的物理意义说明如表 4 - 10 所示。

**表 4 - 10　常见相似准则数的物理意义**

| 特征数名称 | 定　义 | 释　义 |
|---|---|---|
| Bi 数 | $\dfrac{hl}{\lambda}$ | 固体内部导热热阻与界面上换热热阻之比（$\lambda$ 为固体导热系数） |
| Fo 数 | $\dfrac{\alpha\tau}{l^2}$ | 非稳态过程的无量纲时间，表征过程进行的深度 |
| Gr 数 | $\dfrac{gl^3\alpha_v\Delta t}{v^2}$ | 浮升力与黏性力之比的一种度量 |
| $j$ 因子 | $\dfrac{Nu}{RePr^{1/3}}$ | 无量纲表面传热系数 |
| Nu 数 | $\dfrac{hl}{\lambda}$ | 壁面上流体的无量纲温度梯度（$\lambda$ 为流体的导热系数） |
| Pr 数 | $\dfrac{\mu C_p}{\lambda}=\dfrac{v}{\alpha}$ | 动量扩散能力与热量扩散能力的一种度量 |
| Re 数 | $\dfrac{ul}{v}$ | 惯性力与黏性力之比的一种度量 |
| St 数 | $\dfrac{Nu}{RePr}$ | 一种修正的 Nu 数，或视为流体实际的换热热流密度与流体可传递的最大热流密度之比 |

单相对流传热的实验结果可以整理成以下三种形式：

$$Nu = f(Re,Pr) \tag{4-210a}$$
$$St = f(Re,Pr) \tag{4-210b}$$
$$j = f(Re,Pr) \tag{4-210c}$$

由表 4 - 10 知 St、$j$ 与 Nu 之间存在内在联系，以下主要介绍式（4 - 210a）所示形式的关联式。

**1. 内部强制对流传热的实验关联式**

1）管槽内湍流强制对流传热关联式

对于管内的湍流强制对流传热，关联式可整理为幂函数的形式：

$$Nu = CRe^nPr^m \tag{4-211}$$

式中，常数 $C$、$n$、$m$ 的值由实验确定。

流体处于充分发展段时，最普遍的关联式是 Dittus-Boelter 公式：

$$Nu = 0.023 Re_f^{0.8} Pr_f^m \tag{4-212}$$

加热流体时，$m=0.4$；流体冷却时，$m=0.3$。此式适用于流体与壁面温度具有中等温差的场合。定性温度采用流体平均温度 $t_f$，即管道进出口两截面平均温度的算术平均值。特征长度为管道内径 $d$。数据适用范围为

$$Re_f = 10^4 \sim 1.2 \times 10^5, \ Pr_f = 0.7 \sim 120, \ \frac{l}{d} \geqslant 60$$

当流体与管壁存在较大温差时，加热或冷却流体时，流体的黏度变化很大，应在关联式中加黏度修正项，在式(4-52)(此时 $n=0.4$)右端乘以 $c_t$，其计算公式为

对气体，被加热时
$$c_t = \left(\frac{T_f}{T_w}\right)^{0.5} \tag{4-213a}$$

被冷却时
$$c_t = 1.0 \tag{4-213b}$$

对液体，被加热时
$$c_t = \left(\frac{\eta_f}{\eta_w}\right)^{0.11} \tag{4-214a}$$

被冷却时
$$c_t = \left(\frac{\eta_f}{\eta_w}\right)^{0.35} \tag{4-214b}$$

式中：$T$ 为热力学温度(K)；$\eta$ 为动力黏度(Pa·s)；下标 f、w 分别表示以流体平均温度及壁面温度来计算流体的动力黏度。

式(4-221)是流体处于充分发展段的关联式，当流体在入口段时，由于热边界层较薄而具有比充分发展段更高的表面传热系数。考虑到入口效应，关联式应根据不同的入口条件添加相应的入口效应修正系数。对于通常工业设备中常见的尖角入口，推荐以下修正系数：

$$c_l = 1 + \left(\frac{d}{l}\right)^{0.7} \tag{4-215}$$

即应用式(4-212)计算的 Nu，乘以 $c_l$ 后即为包括入口段在内的总长为 $l$ 的管道的平均 Nu。

应当注意，对于非圆形截面槽道，若采用当量直径作为特征尺寸，则由圆管导出的湍流传热公式就可近似地应用于此。当量直径的计算公式为

$$d_e = \frac{4A_c}{P} \tag{4-216}$$

式中：$A_c$ 为槽道的流动截面积；$P$ 为湿周周长，即槽道壁与流体接触面的长度。

说明：Dittus-Boelter 公式仅能用于旺盛湍流范围并且要求是平直管道的水力光滑区。

2) 管槽内层流强制对流传热关联式

实际工程换热设备中，层流时的传热常常处于入口段的范围。对于此类情况，推荐采用齐德-泰特(Sieder-Tate)公式来计算长 $l$ 的管道的平均 Nu 数：

$$Nu_f = 1.86 \left(\frac{Re_f Pr_f}{l/d}\right)^{1/3} \left(\frac{\eta_f}{\eta_w}\right)^{0.14} \tag{4-217}$$

式中的定性温度为流体平均温度 $t_f$(但 $\eta_w$ 按壁温计算)，特征长度为管径，管子处于均匀壁温。实验数据验证范围为

$$Pr_f = 0.48 \sim 16\ 700, \ \frac{\eta_f}{\eta_w} = 0.0044 \sim 9.75, \ \left(\frac{Re_f Pr_f}{l/d}\right)^{1/3} \left(\frac{\eta_f}{\eta_w}\right)^{0.14} \geqslant 2$$

**2. 外部强制对流传热关联式**

1）流体外掠等温平板传热的关联式

流体外掠平板传热的特征数方程为

$$\mathrm{Nu} = 0.664 \mathrm{Re}^{1/2} \mathrm{Pr}^{1/3} \tag{4-218}$$

式中定性温度采用边界层流体的平均温度 $(t_w + t_\infty)/2$（$t_w$ 为壁面温度，$t_\infty$ 为流体均温），特征数中的特征长度取平板的全长。实验验证范围为 $\mathrm{Re} \leqslant 2 \times 10^5$（边界层流动进入湍流的标志）。

2）流体横掠单管的实验关联式

流体横掠单管是指流体沿着垂直于管子轴线的方向流过管子表面。邱吉尔（Churchill）与朋斯登（Bernstein）对此提出了如下的准则式：

$$\mathrm{Nu} = 0.3 + \frac{0.62 \mathrm{Re}^{1/2} \mathrm{Pr}^{1/3}}{[1 + (0.4/\mathrm{Pr})^{2/3}]^{1/4}} \left[ 1 + \left( \frac{\mathrm{Re}}{282\,000} \right)^{5/8} \right]^{4/5} \tag{4-219}$$

此式的定性温度为 $(t_w + t_\infty)/2$；特征长度为管外径；特征速度为来流速度 $u_\infty$。试验验证范围为 $0.4 \leqslant \mathrm{Re} \leqslant 4 \times 10^5$ 且 $\mathrm{RePr} > 0.2$。

3）流体外掠球体的实验结果

流体外掠圆球的平均表面传热系数可用如下关联式求解：

$$\mathrm{Nu} = 2 + (0.4 \mathrm{Re}^{1/2} + 0.06 \mathrm{Re}^{2/3}) \mathrm{Pr}^{0.4} \left( \frac{\eta_\infty}{\eta_w} \right)^{1/4} \tag{4-220}$$

式中的定性温度为来流温度 $t_\infty$，特征长度为球体直径。本公式的适用范围为 $0.71 < \mathrm{Pr} < 380$，$3.5 < \mathrm{Re} < 7.6 \times 10^4$。

**3. 自然对流传热的实验关联式**

自然对流分为大空间自然对流与有限空间自然对流，又称为外部自然对流与内部自然对流。大空间自然对流是指热边界层的发展不受到干扰或阻碍的自然对流，并不拘泥于几何上的很大或无限大；而有限空间自然对流是指边界层的发展受到干扰或者流体的流动受到限制。因此二者的换热规律有所区别。

1）大空间自然对流传热的实验关联式

工程计算中广泛采用以下形式的大空间自然对流实验关联式：

$$\mathrm{Nu} = C(\mathrm{Gr} \cdot \mathrm{Pr})^n \tag{4-221}$$

式中，定性温度采用边界层流体平均温度 $(t_w + t_\infty)/2$，格拉晓夫数中的温差取为 $t_w - t_\infty$（流体被加热）或 $t_\infty - t_w$（流体被冷却），常数 $C$ 与系数 $n$ 由实验确定。另外，常壁温与常热流密度可整理成同类形式的关联式。

换热面形状与位置、热边界条件以及层流或湍流的不同流态都影响 $C$ 与 $n$ 的值。如对于竖平板 $C$、$n$ 值及公式适用范围如下：

层流时　　　　　　$C = 0.59$，$n = 1/4$，$1.43 \times 10^4 \leqslant \mathrm{Gr} < 3 \times 10^9$

过渡区　　　　　　$C = 0.0292$，$n = 0.39$，$3 \times 10^9 \leqslant \mathrm{Gr} \leqslant 2 \times 10^{10}$

湍流时　　　　　　$C = 0.11$，$n = 1/3$，$\mathrm{Gr} > 2 \times 10^{10}$

注意：式（4-221）对于气体工质完全适用，而对于液体工质，考虑到物性与温度的依存关系，需要在该式的右端乘以校正因子 $(\mathrm{Pr}_f/\mathrm{Pr}_w)^{0.11}$，其中角码 f 与 w 分别表示以流体温度与壁面温度为定性温度。

水平面自然对流传热平均传热系数的实验关联式如下：

对于水平热面向上(冷面向下)，

$$\mathrm{Nu} = \begin{cases} 0.54(\mathrm{GrPr})^{1/4} & 10^4 \leqslant \mathrm{GrPr} \leqslant 10^7 \\ 0.15(\mathrm{GrPr})^{1/4} & 10^7 \leqslant \mathrm{GrPr} \leqslant 10^{11} \end{cases} \qquad (4-222)$$

对于热面向下(冷面向上)

$$\mathrm{Nu} = 0.27(\mathrm{GrPr})^{1/4} \qquad 10^5 \leqslant \mathrm{GrPr} \leqslant 10^{10} \qquad (4-223)$$

以上两式中，定性温度为 $(t_w + t_\infty)/2$，特征长度为 $L = \dfrac{A_p}{P}$(其中 $A_p$ 为平板的换热面积，$P$ 为其周界长度)。

球体的自然对流传热实验关联式为

$$\mathrm{Nu} = 2 + \frac{0.589(\mathrm{GrPr})^{1/4}}{[1+(0.469/\mathrm{Pr})^{9/16}]^{4/9}} \qquad (4-224)$$

此式定性温度同水平板，特征长度为球体直径。本公式的适用范围为 $\mathrm{Pr} \geqslant 0.7$，$\mathrm{GrPr} \leqslant 10^{11}$。

2) 有限空间自然对流传热实验关联式

当自然对流发生在有限空间时，流体运动受到腔体的限制，流体的加热与冷却在腔体内同时进行，因此腔体的壁面必然有高温 $(t_h)$ 和低温 $(t_c)$ 两部分。

对空气在夹层内的自然对流传热，推荐如下关联式：

竖夹层，

$$\mathrm{Nu} = \begin{cases} 0.197(\mathrm{GrPr})^{1/4}\left(\dfrac{H}{\delta}\right)^{-1/9} & 8.6 \times 10^3 \leqslant \mathrm{Gr} \leqslant 2.9 \times 10^5 \\[2mm] 0.073(\mathrm{GrPr})^{1/3}\left(\dfrac{H}{\delta}\right)^{-1/9} & 2.9 \times 10^5 \leqslant \mathrm{Gr} \leqslant 1.6 \times 10^7 \end{cases} \qquad (4-225)$$

上式的实验范围为 $11 \leqslant H/\delta \leqslant 42$。其中

$$\mathrm{Gr} = \frac{g\alpha_V \Delta t l^3}{V^2}$$

式中，$\alpha_V$ 为体积膨胀系数，$l$ 为特征长度。

水平夹层(底面向上散热)，

$$\mathrm{Nu} = \begin{cases} 0.212(\mathrm{GrPr})^{1/4} & 1.0 \times 10^4 \leqslant \mathrm{Gr} \leqslant 4.6 \times 10^5 \\ 0.061(\mathrm{GrPr})^{1/3} & \mathrm{Gr} > 4.6 \times 10^5 \end{cases} \qquad (4-226)$$

以上两式中，流体的定性温度为 $(t_h + t_c)/2$；特征尺度为夹层冷热两个表面的间距 $\delta$；Gr 数与牛顿冷却公式中温差取 $t_h - t_c$；$H$ 为竖夹层的高度。

**例 4.2**　一个竖封闭空腔夹层，两壁是边长为 0.5 m 的方形壁，两壁间距为 15 mm，温度分别为 100℃ 和 40℃。试计算通过空气夹层的自然对流传热量。

**解**　定性温度为两壁的平均温度

$$t_m = \frac{t_{w1} + t_{w2}}{2} = \frac{100℃ + 40℃}{2} = 70℃ \qquad (4-227)$$

空气的物性参数为：$\rho \approx 1.029 \ \mathrm{kg/m^3}$，$v \approx 20.02 \times 10^{-6} \ \mathrm{m^2/s}$，$\lambda = 0.0296 \ \mathrm{W/(m \cdot K)}$，$\mathrm{Pr} \approx 0.694$。对于空气，

$$\alpha_V = \frac{1}{T_m} = \frac{1}{343 \ \mathrm{K}} = 2.915 \times 10^{-3} \mathrm{K^{-1}} \qquad (4-228)$$

计算 $Gr_\delta$：

$$Gr_\delta = \frac{9.8 \text{ m/s}^2 \times 2.915 \times 10^{-3} \text{K}^{-1} \times 60℃ \times (15 \times 10^{-3} \text{m})^3}{(20.02 \times 10^{-6} \text{m}^2/\text{s})^2} \approx 1.444 \times 10^4$$

$$(4-229)$$

而 $H/\delta = 0.5 \text{ m}/0.015 \text{ m} \approx 33.3$，可按式 (4-225) 计算 Nu，即

$$Nu = 0.197 \times (1.444 \times 10^4 \times 0.694)^{1/4} \times \left(\frac{0.5}{0.015}\right)^{-1/9} \approx 1.335 \quad (4-230)$$

$$h = 1.335 \times \frac{0.0296 \text{ W/(m·K)}}{0.015 \text{ m}} \approx 2.63 \text{ W/(m}^2·\text{K)} \quad (4-231)$$

由牛顿冷却公式计算得自然对流传热量

$$\Phi_c = hA\Delta t = 2.63 \text{ W/(m}^2·\text{K)} \times 0.25 \text{ m}^2 \times 60℃ \approx 39.5 \text{ W}$$

**例 4.3**　水流过长 $l=5$ m、壁温均匀的直管时，从 $t'_f = 25.3℃$ 被加热到 $t''_f = 34.6℃$，管子的内径 $d=20$ mm，水在管内的流速为 2 m/s，求表面传热系数。

**解**　水的平均温度为

$$t_f = \frac{t'_f + t''_f}{2} = \frac{25.3℃ + 34.6℃}{2} \approx 30℃ \quad (4-232)$$

以此为定性温度，查得水的物性

$$\lambda_f \approx 0.618 \text{ W/(m·K)}, \quad V_f \approx 0.805 \times 10^{-6} \text{ m}^2/\text{s}, \quad Pr_f \approx 5.42$$

由此得

$$R_{ef} = \frac{ud}{v_f} = \frac{2 \text{ m/s} \times 0.02 \text{ m}}{0.805 \times 10^{-6} \text{m}^2/\text{s}} \approx 4.97 \times 10^4 > 10^4 \quad (4-233)$$

流动处于旺盛湍流区。采用式 (4-212) 求 $h_m$：

$$Nu_f = 0.023 Re_f^{0.8} Pr_f^{0.4} = 0.023 \times (4.97 \times 10^4)^{0.8} \times 5.42^{0.4} \approx 258.5 \quad (4-234)$$

$$h_m = \frac{\lambda_f}{d} Nu_f = \frac{0.618 \text{ W/(m·K)}}{0.02 \text{ m}} \times 258.5 \approx 7988 \text{ W/(m}^2·\text{K)} \quad (4-235)$$

30℃时水的 $\rho \approx 995.7 \text{ kg/m}^3$，$C_p = 4.177 \text{ kJ/(kg·K)}$，被加热水每秒内的吸热量为

$$\Phi = \rho\mu \frac{\pi d^2}{4} C_p (t''_f - t'_f) = 995.7 \text{ kg/m}^3 \times 2 \text{ m/s} \times \frac{3.14 \times (0.02 \text{ m})^2}{4}$$
$$\times 4174 \text{ J/(kg·K)} \times (34.6℃ - 25.3℃) \approx 2.43 \times 10^4 \text{W} \quad (4-236)$$

用下式计算壁温：

$$t_w = t_f + \frac{\Phi}{hA} = 30℃ + \frac{2.43 \times 10^4 \text{W}}{7988 \text{ W/(m}^2·\text{K)} \times 0.02 \text{ m} \times 3.14 \times 5 \text{ m}} ℃ \approx 39.7℃$$

$$(4-237)$$

温差 $t_w - t_f = 9.7℃$，在式 (4-212) 适用范围内，故所求的 $h_m$ 为本题答案。

# 4.3　热　辐　射

## 4.3.1　辐射概述

物体通过电磁波来传递能量的方式称为辐射，由于热的原因而产生的电磁波辐射称为热辐射。热辐射研究对象的波长为 $0.1 \sim 100$ $\mu m$，包括可见光线、部分紫外线和红外线。

　　热辐射与对流换热及导热有本质的不同，它不需要物体直接接触，不需要中间介质，可以在真空中传递，而且在真空中辐射能的传递最有效；在辐射换热过程中，不仅有能量的转换，而且伴随有能量形式的转化。物体的辐射能力与其温度性质有关，与绝对温度的四次方成正比。

　　当热辐射投射到物件上时，遵循着可见光的规律，其中部分被物体吸收，部分被反射，其余则透过物体。设投射到物体上的辐射能量为 $Q$，其中 $Q_a$ 被吸收，$Q_\rho$ 被反射，$Q_\tau$ 穿透物体（如图 4.17 所示），则有

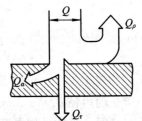

$$Q = Q_a + Q_\rho + Q_\tau$$

$$\frac{Q_a}{Q} + \frac{Q_\rho}{Q} + \frac{Q_\tau}{Q} = 1$$

记为

$$\alpha + \rho + \tau = 1 \qquad (4-238)$$

式中，$\alpha$ 为吸收率，$\rho$ 为反射率，$\tau$ 为穿透率，它们的取值与物体的本质有关，而且与物体的温度和辐射的波长也有关。

图 4.17　辐射能力分布

　　对于大多数的固体和液体：$\tau = 0$，$\alpha + \rho = 1$。固体和液体对投入辐射的吸收和反射特性，具有在物体表面上进行的特点，而不涉及物体内部。

　　对于不含颗粒的气体：$\rho = 0$，$\alpha + \tau = 1$。气体的辐射和吸收在整个气体容积中进行，表面状况无关紧要。

　　为研究辐射特性，提出以下理想辐射模型：

　　黑体：$\alpha = 1$，$\rho = 0$，$\tau = 0$，即落在物体上的辐射能全部被吸收。

　　白体：$\alpha = 0$，$\rho = 1$，$\tau = 0$，即落在物体上的所有辐射能被反射。

　　透明体：$\alpha = 0$，$\rho = 0$，$\tau = 1$，即落在物体上的辐射能全部透过物体。

　　自然界和工程应用中，完全符合理想要求的黑体、白体和透明体虽然并不存在，但和它们很相像的物体却是有的。例如，煤炭的吸收比达到 0.96，磨光的金子反射比几乎等于 0.98，而常温下空气对热射线呈现透明的性质。

　　黑体在热辐射分析中有特殊的重要性。在相同温度的物体中，黑体的辐射能力最大。通过研究黑体辐射并与其它物体的辐射进行比较，从而获得其它物体的辐射情况。

## 4.3.2　热辐射基本定律

### 1. 黑体热辐射基本定律

1) *Stefan-Boltzmann* 定律

　　辐射力（记为 $E$）指单位时间内，物体的单位表面积向半球空间发射的所有波长的能量总和（$W/m^2$），表征物体发射辐射能本领的大小。黑体的辐射力与热力学温度（K）的关系由斯忒藩-玻尔兹曼（Stefan-Boltzmann）定律规定：

$$E_b = \sigma T^4 = c_0 \left(\frac{T}{100}\right)^4 \qquad (4-239)$$

式中：$\sigma = 5.67 \times 10^{-8}\ W/(m^2 \cdot K^4)$，为黑体辐射常数；$c_0 = 5.67\ W/(m^2 \cdot K^4)$，为黑体辐射系数；下角标 b 表示黑体。

　　上述定律又称为辐射四次方定律，是热辐射工程计算的基础，该定律表明辐射力随着

温度的升高而急剧增加。

2）普朗克定律

光谱辐射力（记为 $E_\lambda$）是指单位时间内单位表面积向其上的半球空间的所有方向辐射出去的包含波长 $\lambda$ 在内的单位波长内的能量，单位为 $W/(m^2 \cdot m)$ 或 $W/(m^2 \cdot \mu m)$。黑体的光谱辐射力随波长的变化规律由普朗克定律描述如下：

$$E_{b\lambda} = \frac{c_1 \lambda^{-5}}{e^{\frac{c_2}{(\lambda T)}} - 1} \tag{4-240}$$

式中：$\lambda$ 为波长（m）；$T$ 为黑体热力学温度（K）；$c_1$ 为第一辐射常数，其值为 $3.7419 \times 10^{-16}$ $W \cdot m^2$；$c_2$ 为第二辐射常数，其值为 $1.4388 \times 10^{-2}$ $m \cdot K$。

普朗克定律表明黑体的光谱辐射力随着波长的增加，先是增大，然后又减小。光谱辐射力最大处的波长 $\lambda_m$ 随温度变化而变化，$\lambda_m$ 与 $T$ 的关系由维恩（Wien）位移定律给出：

$$\lambda_m T = 2.8976 \times 10^{-3} m \cdot K \tag{4-241}$$

维恩位移定律的发现在普朗克定律之前，但可以通过将普朗克定律对 $\lambda$ 求导并使其等于零得到。

3）兰贝特定律

定向辐射强度是指从黑体单位可见面积发射出去的落到空间任意方向的单位立体角中的能量。设面积为 $dA$ 的黑体微元面积向围绕空间纬度 $\theta$ 方向的微元立体角 $d\Omega$ 内辐射出去的能量为 $d\Phi(\theta)$，则由实验表明黑体的定向辐射强度为

$$I = \frac{d\Phi(\theta, \varphi)}{dA \cos\theta d\Omega} \tag{4-242}$$

上式就是黑体的兰贝特（Lambert）定律，它表明黑体的定向辐射强度是个常量，与空间方位无关；还表明黑体单位面积辐射出去的能量在空间的不同方向分布是不均匀的，其定向辐射力随纬度角 $\theta$ 呈余弦规律变化，在该表面的法向最大，切向最小（为零），因此兰贝特定律也称为余弦定律。

**2. 实际物体的辐射特性**

1）实际物体的辐射力

同温度下，黑体发射热辐射的能力最强，包括所有方向和所有波长。真实物体表面的发射能力低于同温度下的黑体。相同温度下，实际物体的辐射力与黑体辐射力之比称为该物体的发射率，习惯上称为黑度（记为 $\varepsilon$），即

$$\varepsilon = \frac{E}{E_b} \tag{4-243}$$

可得实际物体的辐射力为

$$E = \varepsilon E_b = \varepsilon \sigma T^4 = \varepsilon c_0 \left(\frac{T}{100}\right)^4 \tag{4-244}$$

上式是实际物体辐射换热计算的基础。其中物体的黑度取决于物体的材料、温度及其表面状况等，与周围环境条件无关，一般通过实验测定。

2）实际物体的光谱辐射力

实际材料表面的光谱辐射力不遵守普朗克定律，或者说不同波长下光谱发射率随波长的变化比较大，并且不规则。实际物体的光谱辐射力小于同温度下黑体同一波长下的光谱

辐射力，二者之比称为实际物体的光谱发射率，即

$$\varepsilon_\lambda = \frac{E_\lambda}{E_{b\lambda}} \tag{4-245}$$

光谱发射率与实际物体的发射率之间的关系如下：

$$\varepsilon = \frac{E}{E_b} = \frac{\int_0^\lambda \varepsilon(\lambda) E_{b\lambda}\, d\lambda}{\sigma T^4} \tag{4-246}$$

实际物体的辐射力不是与温度严格地成四次方关系，实用中用此关系，修正系数 $\varepsilon$ 与 $T$ 有关。

3）实际物体的定向辐射强度

实际物体按空间方向的分布，也不完全符合兰贝特定律，也就是说实际物体的定向辐射强度在不同方向上有所变化。实际物体的定向辐射强度与黑体的定向辐射强度之比称为定向发射率，即

$$\varepsilon(\theta) = \frac{I(\theta)}{I_b(\theta)} = \frac{I(\theta)}{I_b} \tag{4-247}$$

漫射体是指表面的定向发射率与方向无关，即定向辐射强度与方向无关，这是对大多数实际物体表面的一种很好的近似。另外，服从兰贝特定律的辐射，定向发射率在极坐标上是个半圆。

**3. 实际物体对辐射能的吸收**

1）灰体

实际物体的吸收比 $\alpha$ 的大小取决于吸收物体本身的情况和投入辐射的特性。物体的吸收比与投入辐射有关，从而使工程中的辐射换热计算大为复杂。为方便计算，引入灰体的概念，把光谱吸收比与波长无关的物体称为灰体。此时，不管投入辐射的分布如何，吸收比 $\alpha$ 都是同一个常数。

像黑体一样，灰体也是一种理想物体。工业上通常遇到的热辐射，其主要波长区段位于红外线范围内，在此范围内，大多数工程材料当做灰体处理引起的误差是可以容许的，这种简化处理给辐射换热分析带来了很大的方便。

2）基尔霍夫定律

基尔霍夫定律揭示了实际物体辐射力与吸收比之间的联系，可表述为：任何物体的辐射力与吸收比的比值与物体的性质无关，恒等于同温度下黑体的辐射力。可用两块无限大平板间的热力学平衡方法对该定律进行推导。

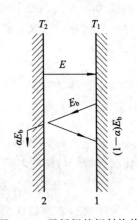

图 4.18 平板间的辐射换热

如图 4.18 所示，其中板 1 是黑体表面，板 2 是任意物体的表面，设两块板表面的辐射力、吸收比和表面温度分别为 $E_b$、$\alpha_b(=1)$、$T_1$ 和 $E$、$\alpha$、$T_2$。两个物体很接近，从而一块板发出的辐射能全部落到另一块板上。现在考察板 2 的能量收支差额。板 2 单位面积在单位时间发射的辐射能为 $E$，投射到黑体表面 1 后全部被吸收；而黑体表面 1 辐射出的能量 $E_b$ 落到板 2 上，只能被吸收 $\alpha E_b$，其余部分被反射回板 1，并被黑体表面全部吸

收。板 2 辐射换热的差额即为两板间辐射传热的热流密度，即

$$q = E - \alpha E_b$$

当体系处于 $T_1 = T_2$ 的状态，即处于热平衡条件下时，$q = 0$，则

$$\frac{E}{\alpha} = E_b$$

把这种关系推广到任意物体时，可写出如下关系式：

$$\frac{E_1}{\alpha_1} = \frac{E_2}{\alpha_2} = \cdots = \frac{E}{\alpha} = E_b \tag{4-248}$$

这就是基尔霍夫定律的表达式，需注意只有物体与黑体投入辐射处于热平衡的状态时，该定律才成立，除非是具有漫射特性的灰体。由基尔霍夫定律可知，物体的辐射能力越大，吸收能力也越大，所以同温度下黑体的辐射力最大。

### 4.3.3　热辐射的计算

两个表面之间的辐射换热量与两个表面之间的相对位置有很大关系，两个表面间的相对位置不同时，一个表面发出而落到另一个表面上的辐射能的百分数随之而异，从而影响到换热量。

**1. 角系数的定义及计算**

把表面 1 发出的辐射能中落到表面 2 上的百分数称为表面 1 对表面 2 的角系数，记为 $X_{1,2}$；表面 2 发出的辐射能中落到表面 1 上的百分数称为表面 2 对表面 1 的角系数，记为 $X_{2,1}$。

假设所研究的表面是漫射表面，并且在所研究表面的不同地点上向外发射的辐射热流密度是均匀的，则角系数具有相对性、完整性和可加性。利用角系数的这些性质，通过求解代数方程而获得角系数的方法称为代数分析法。

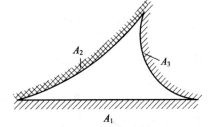

图 4.19　三个凸面形成的封闭系统

首先利用代数分析法导出由三个表面组成的封闭系统（如图 4.19 所示）的角系数计算公式。设三个表面的面积分别为 $A_1$、$A_2$、$A_3$，并且在垂直纸面方向上三个表面的长度相等。由角系数的相对性和完整性可以得到：

$$\text{相对性：}\begin{cases} A_1 X_{1,2} = A_2 X_{2,1} \\ A_1 X_{1,3} = A_3 X_{3,1} \\ A_2 X_{2,3} = A_3 X_{3,2} \end{cases} \qquad \text{完整性：}\begin{cases} X_{1,2} + X_{1,3} = 1 \\ X_{2,1} + X_{2,3} = 1 \\ X_{3,1} + X_{3,2} = 1 \end{cases}$$

联立上述六元一次方程组，可以解出 6 个未知的角系数。如 $X_{1,2}$ 为

$$X_{1,2} = \frac{A_1 + A_2 - A_3}{2A_1} \tag{4-249}$$

由于在垂直纸面方向上三个表面的长度相等，可在上式中约去。若系统横截面上三个表面的线段长度分别为 $l_1$、$l_2$、$l_3$，则上式可改写成

$$X_{1,2} = \frac{l_1 + l_2 - l_3}{2l_1} \tag{4-250}$$

下面利用代数分析法来确定任意两个非凹表面间的角系数。如图 4.20 所示，假定在垂

直于纸面的方向上表面的长度是无限延伸的，只有封闭系统才能应用角系数的完整性，为此作辅助线 $ac$ 和 $bd$，它们代表在垂直纸面方向上无限延伸的另外两个表面，与 $A_1$、$A_2$ 一起构成封闭腔。根据角系数的完整性，表面 $A_1$ 对 $A_2$ 的角系数为

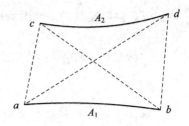

图 4.20 两表面间的角系数

$$X_{ab,cd} = 1 - X_{ab,ac} - X_{ab,bd} \qquad (4-251a)$$

把图形 $abc$ 和 $abd$ 看成两个各由三个表面组成的封闭系统，利用式(4-250)，可得

$$X_{ab,ac} = \frac{ab + ac - bc}{2ab} \qquad (4-251b)$$

$$X_{ab,bd} = \frac{ab + bd - ad}{2ab} \qquad (4-251c)$$

将式(4-251b)和式(4-251c)带入式(4-251a)可得

$$X_{ab,cd} = \frac{(bc + ad) - (ac + bd)}{2ab} \qquad (4-251d)$$

由式(4-251d)可以归纳出如下的一般关系式：

$$X_{1,2} = \frac{\text{交叉线之和} - \text{不交叉线之和}}{2 \times \text{表面} A_1 \text{的断面长度}} \qquad (4-251e)$$

对于在一个方向上长度无限延伸的多个表面组成的封闭系统，任意两个表面之间的角系数的计算式，都可以根据上述关系给出，这种方法又称为交叉线法。

**2. 有效辐射**

投入辐射是指单位时间内投射到单位面积上的总辐射能，记为 $G$。有效辐射是指单位时间内离开单位面积的总辐射能，记为 $J$。有效辐射 $J$ 包括表面的自身辐射 $E$ 和投入辐射 $G$ 中被表面反射的部分 $\rho G$，$\rho$ 为反射比，可表示为 $1-\alpha$。

有效辐射与辐射换热量之间的关系可通过图 4.21 来说明。

从表面 1 外部来观察，其能量收支差额应等于有效辐射 $J_1$ 与投入辐射 $G_1$ 之差，即

$$q = J_1 - G_1 \qquad (4-252a)$$

从表面内部观察，该表面与外界的辐射换热量应为

$$q = E_1 - \alpha_1 G_1 \qquad (4-252b)$$

联立式(4-252a)和式(4-252b)并消去 $G_1$，得到 $J$ 与表面净辐射换热量之间的关系：

$$J = \frac{E_1}{\alpha_1} - \frac{1-\alpha_1}{\alpha_1} q = E_b 1 - \left(\frac{1}{\varepsilon_1} - 1\right) q$$

$$(4-252c)$$

式中的各个量均是对同一表面而言的，且以向外界的净放热量为正值。

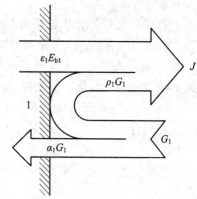

图 4.21 有效辐射示意图

**3. 两漫灰表面组成的封闭腔的辐射换热**

由两个等温的漫灰表面组成的封闭系统如图 4.22 所示，无论哪种情形，表面 1、2 间的辐射换热量均可写为

$$\Phi_{1,2} = A_1 J_1 X_{1,2} - A_2 J_2 X_{2,1} \tag{4-253}$$

同时，由有效辐射与辐射传热量的关系，得

$$J_1 A_1 = A_1 E_{b1} - \left(\frac{1}{\varepsilon_1} - 1\right)\Phi_{1,2} \tag{4-254a}$$

$$J_2 A_2 = A_2 E_{b2} - \left(\frac{1}{\varepsilon_2} - 1\right)\Phi_{2,1} \tag{4-254b}$$

由能量守恒定律有

$$\Phi_{1,2} = -\Phi_{2,1} \tag{4-254c}$$

将式(4-254a)和(4-254b)代入式(4-254c)，可得

$$\Phi_{1,2} = \frac{E_{b1} - E_{b2}}{\dfrac{1-\varepsilon_1}{\varepsilon_1 A_1} + \dfrac{1}{A_1 X_{1,2}} + \dfrac{1-\varepsilon_2}{\varepsilon_2 A_2}} \tag{4-254d}$$

若以 $A_1$ 为计算面积，上式可改写为

$$\Phi_{1,2} = \frac{A_1(E_{b1} - E_{b2})}{\left(\dfrac{1}{\varepsilon_1} - 1\right) + \dfrac{1}{X_{1,2}} + \dfrac{A_1}{A_2}\left(\dfrac{1}{\varepsilon_2} - 1\right)} = \varepsilon_s A_1 X_{1,2}(E_{b1} - E_{b2}) \tag{4-255}$$

定义系统黑度(或称为系统发射率)$\varepsilon_s$ 为

$$\varepsilon_s = \frac{1}{1 + X_{1,2}\left(\dfrac{1}{\varepsilon_1} - 1\right) + X_{2,1}\left(\dfrac{1}{\varepsilon_2} - 1\right)} \tag{4-256}$$

下面介绍三种特殊情形的辐射传热式。

(1) 表面 1 为凸面或平面，如图 4.22(b)、(c)、(d)所示。此时，$X_{1,2}=1$，于是

$$\Phi_{1,2} = \frac{A_1(E_{b1} - E_{b2})}{\dfrac{1}{\varepsilon_1} + \dfrac{A_1}{A_2}\left(\dfrac{1}{\varepsilon_2} - 1\right)} = 5.67\varepsilon_s A_1\left[\left(\frac{T_1}{100}\right)^4 - \left(\frac{T_2}{100}\right)^4\right] \tag{4-257a}$$

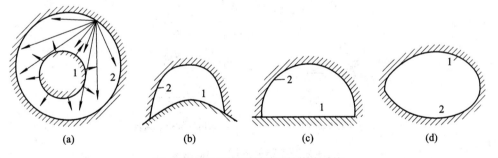

(a)　　　　　　(b)　　　　　　(c)　　　　　　(d)

图 4.22　两物体组成的辐射传热系统

其中系统黑度为

$$\varepsilon_s = \frac{1}{\dfrac{1}{\varepsilon_1} + \dfrac{A_1}{A_2}\left(\dfrac{1}{\varepsilon_2} - 1\right)} \tag{4-257b}$$

(2) 表面积 $A_1$ 与表面积 $A_2$ 相差很小，如两平行平壁间的辐射换热。此时有

$$\Phi_{1,2} = \frac{A_1(E_{b1} - E_{b2})}{\dfrac{1}{\varepsilon_1} + \dfrac{1}{\varepsilon_2} - 1} = \frac{5.67 A_1\left[\left(\dfrac{T_1}{100}\right)^4 - \left(\dfrac{T_2}{100}\right)^4\right]}{\dfrac{1}{\varepsilon_1} + \dfrac{1}{\varepsilon_2} - 1} \tag{4-258}$$

（3）表面积 $A_2$ 比表面积 $A_1$ 大得多，即 $A_1/A_2$ 趋向于零，如车间内的采暖板、热力管道，测温传感器等都属于此种情况。此时有

$$\Phi_{1,2} = \varepsilon_1 A_1 (E_{b1} - E_{b2}) = 5.67 \varepsilon_1 A_1 \left[ \left( \frac{T_1}{100} \right)^4 - \left( \frac{T_2}{100} \right)^4 \right] \qquad (4-259)$$

### 4. 辐射传热的网络分析

两表面之间的辐射换热量，根据有效辐射的计算式

$$J = \frac{E}{\alpha} - \frac{1-\alpha}{\alpha} q = E_b - \left( \frac{1}{\varepsilon} - 1 \right) q$$

可得

$$q = \frac{E_b - J}{\frac{1-\varepsilon}{\varepsilon}} \quad 或 \quad \Phi = \frac{E_b - J}{\frac{1-\varepsilon}{\varepsilon A}} \qquad (4-260)$$

又据两个表面的净换热量为

$$\Phi_{1,2} = A_1 J_1 X_{1,2} - A_2 J_2 X_{2,1} = A_1 X_{1,2} (J_1 - J_2)$$

由此得

$$\Phi_{1,2} = \frac{J_1 - J_2}{\frac{1}{A_1 X_{1,2}}} \qquad (4-261)$$

将式（4-260）和式（4-261）与电学中的欧姆定律相比可见：换热量 $\Phi$ 相当于电流强度；$E_b - J$ 或 $J_1 - J_2$ 相当于电势差；而 $\frac{1-\varepsilon}{\varepsilon A}$ 和 $\frac{1}{A_1 X_{1,2}}$ 则相当于电阻，分别称为辐射换热表面的表面辐射热阻及空间辐射热阻。这两个辐射热阻的等效电路如图 4.23 所示。利用这两个单元格电路，可以容易地画出组成封闭系统的两个灰体表面间辐射换热的等效网络，如图 4.24 所示。根据等效网络，可以立即写出换热量计算式：

$$\Phi = \frac{E_{b1} - E_{b2}}{\frac{1-\varepsilon_1}{\varepsilon_1 A_1} + \frac{1}{A_1 X_{1,2}} + \frac{1-\varepsilon_2}{\varepsilon_2 A_2}} \qquad (4-262)$$

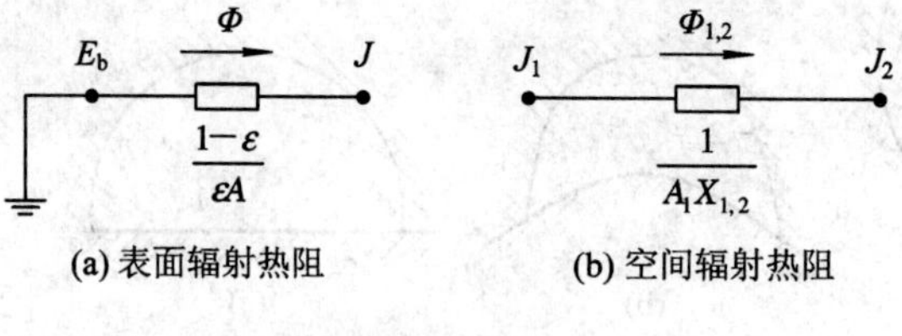

(a) 表面辐射热阻　　　　　　　(b) 空间辐射热阻

图 4.23　辐射传热单元网络图

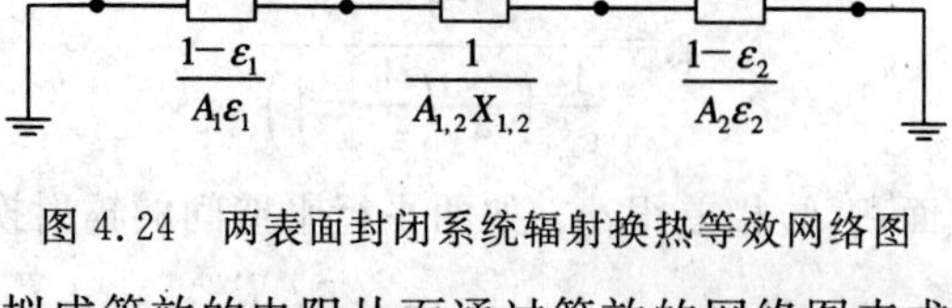

图 4.24　两表面封闭系统辐射换热等效网络图

这种把辐射热阻比拟成等效的电阻从而通过等效的网络图来求解辐射换热的方法，称为辐射换热的网络法。

**例 4.4**　一直径 $d = 50$ mm，长度 $l = 8$ m 的钢管，被置于横断面为 $0.2$ m×$0.2$ m 的砖

槽道内。若钢管温度和发射率分别为 $t_1=250℃$、$\varepsilon_1=0.79$，砖槽壁面温度和发射率分别为 $t_2=250℃$、$\varepsilon_2=0.93$，试计算该钢管的辐射热损失。

**解**　表面 1 非凹，可直接应用式(4-225a)计算钢管辐射热损失：

$$\Phi=\frac{A_1 C_0\left[\left(\dfrac{T_1}{100}\right)^4-\left(\dfrac{T_2}{100}\right)^4\right]}{\dfrac{1}{\varepsilon_1}+\dfrac{A_1}{A_2}\left(\dfrac{1}{\varepsilon_2}-1\right)}$$

$$=\frac{\dfrac{3.14\times0.05\times8\times5.67}{\left(\dfrac{523}{100}\right)^4-\left(\dfrac{300}{100}\right)^4}}{\dfrac{1}{0.79}+\dfrac{3.14\times0.05}{4\times0.2}\times\left(\dfrac{1}{0.93}-1\right)}$$

$$\approx 3710\ \text{W}=3.710\ \text{kW} \tag{4-263}$$

**例 4.5**　两块尺寸为 $1\ \text{m}\times2\ \text{m}$，间距为 $1\ \text{m}$ 的平行平板置于室温 $t_3=27℃$ 的大厂房内。平板背面不参与换热。已知两板的温度和发射率分别为 $t_1=827℃$、$t_2=327℃$、$\varepsilon_1=0.2$、$\varepsilon_2=0.5$，试计算每个板的净辐射热量及厂房壁所得到的辐射热量。

**解**　本题是 3 个灰表面间的辐射换热问题。厂房很大，表面热阻可取为零，$J_3=E_{b3}$。网络图如图 4.25 所示。据给定的几何特性 $X/D=2$，$Y/D=1$，查阅平行平面间的角系数的计算图线可得

$$X_{1,2}=X_{2,1}=0.285$$
$$X_{1,3}=X_{2,3}=1-X_{1,2}=1-0.285=0.715$$

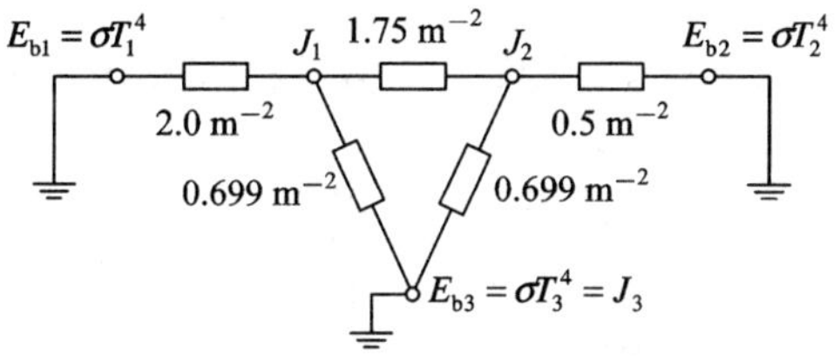

图 4.25　例 4.5 的网络图

计算网络中的各热阻值：

$$\begin{cases}\dfrac{1-\varepsilon_1}{\varepsilon_1 A_1}=\dfrac{1-0.2}{0.2\times2}=2.0\ \text{m}^{-2},\quad \dfrac{1-\varepsilon_2}{\varepsilon_2 A_2}=\dfrac{1-0.5}{0.5\times2}=0.5\ \text{m}^{-2}\\[2mm]\dfrac{1}{A_1 X_{1,2}}=\dfrac{1}{2\times0.285}\approx1.75\ \text{m}^{-2},\quad \dfrac{1}{A_2 X_{2,3}}=\dfrac{1}{2\times0.715}\approx0.699\ \text{m}^{-2}\\[2mm]\dfrac{1}{A_1 X_{1,3}}=\dfrac{1}{2\times0.715}\approx0.699\ \text{m}^{-2}\end{cases} \tag{4-264}$$

对 $J_1$、$J_2$ 节点应用直流电路的基尔霍夫定律得

$$\begin{cases}J_1\text{节点：}\dfrac{E_{b1}-J_1}{2}+\dfrac{J_2-J_1}{1.75}+\dfrac{E_{b3}-J_1}{0.699}=0\\[2mm]J_2\text{节点：}\dfrac{J_1-J_2}{1.75}+\dfrac{E_{b3}-J_2}{0.699}+\dfrac{E_{b2}-J_2}{0.5}=0\end{cases} \tag{4-265}$$

其中：

$$\begin{cases} E_{b1}=C_0\left(\dfrac{T_1}{100}\right)^4=5.67\times\left(\dfrac{1100}{100}\right)^4\approx 83.01\times 10^3=83.01\ \text{kW/m}^2 \\[2mm] E_{b2}=C_0\left(\dfrac{T_2}{100}\right)^4=5.67\times\left(\dfrac{600}{100}\right)^4\approx 7.348\times 10^3=7.348\ \text{kW/m}^2 \\[2mm] E_{b3}=C_0\left(\dfrac{T_3}{100}\right)^4=5.67\times\left(\dfrac{300}{100}\right)^4\approx 459\ \text{W/m}^2=0.459\ \text{kW/m}^2 \end{cases} \tag{4-266}$$

将 $E_{b1}$、$E_{b2}$、$E_{b3}$ 的值代入方程(4-265)，联立求解得

$$J_1\approx 18.33\ \text{kW/m}^2,\ J_2\approx 6.437\ \text{kW/m}^2 \tag{4-267}$$

于是，板 1 的辐射换热为

$$\Phi_1=\frac{E_{b1}-J_1}{\dfrac{1-\varepsilon_1}{\varepsilon_1 A_1}}\approx\frac{83.01\times 10^3-18.33\times 10^3}{2}=32.34\times 10^3\ \text{W}=32.34\ \text{kW} \tag{4-268}$$

板 2 的辐射换热为

$$\Phi_2=\frac{E_{b2}-J_2}{\dfrac{1-\varepsilon_2}{\varepsilon_2 A_2}}\approx\frac{7.348\times 10^3-6.437\times 10^3}{0.5}=1.822\times 10^3\ \text{W}=1.822\ \text{kW} \tag{4-269}$$

厂房墙壁的辐射换热量为

$$\begin{aligned} \Phi_3&=\frac{E_{b3}-J_3}{0.699}+\frac{E_{b3}-J_2}{0.699}=-\left(\frac{E_{b1}-J_1}{2}+\frac{E_{b2}-J_2}{0.5}\right) \\[2mm] &=-(\Phi_1+\Phi_2) \\[2mm] &\approx -(32.34\times 10^3\ \text{W}+1.822\times 10^3\ \text{W})\approx -34.16\ \text{kW} \end{aligned} \tag{4-270}$$

# 习　　题

4.1　何谓热阻？何谓接触热阻？

4.2　对于无限大平板内的一维稳态导热问题，试说明在三类边界条件中，两侧面边界条件的哪些组合可以使平板中的温度获得确定的解。

4.3　一根直径为 20 mm、长 300 mm 的钢柱体，两端分别与温度为 250℃ 及 60℃ 的两个热源连接。柱体表面向温度为 30℃ 的环境散热，表面传热系数为 10 W/(m·K)。试计算该钢柱体在单位时间内从两个热源获得的热量。钢柱体的 $\lambda=40$ W/(m·K)。

4.4　说明 Re 数、Nu 数、Gr 数的物理意义。

4.5　何谓表面辐射热阻和空间辐射热阻？

4.6　简要说明边界层的概念。

4.7　温度为 80℃ 的平板置于来流温度为 20℃ 的气流中。假设平板表面中某点的速度在垂直于壁面方向的温度梯度为 40℃/mm，试确定该点处的热流密度。

4.8　一常物性的流体同时流过温度与之不同的两根直管 1 与 2，且 $d_1=2d_2$。流动与换热均已处湍流充分发展的区域。试确定在下列两种情形下两管内平均表面传热系数的相对大小：

（1）流体以同样的流速流过两管；

（2）流体以同样的质量流量流过两管。

4.9　温度为 0℃的冷空气以 6 m/s 的流速平行地吹过一太阳能集热器的表面。该表面呈方形，尺寸为 1 m×1 m，其中一个边与来流方向垂直。如果表面平均温度为 20℃，试计算由于对流而散失的热量。

4.10　一块有内部电加热的正方形薄平板，边长为 30 cm，被竖直地置于静止的空气中。空气温度为 35℃。为防止平板内部电热丝过热，其表面温度不允许超过 150℃。试确定所允许的电热器的最大功率。平板表面辐射换热系数取为 8.25 W/(m² · K)。

4.11　两块无限大平板的表面温度分别为 $t_1$ 及 $t_2$，发射率分别为 $\varepsilon_1$ 及 $\varepsilon_2$。其间遮热板的发射率为 $\varepsilon_3$，试画出稳态时三板之间辐射传热的网络图。

4.12　两平行放置平板，尺寸均为 1 m×1 m，相距 1 m，且处于一个很大的保温室内，室内壁温为 280 K，两表面的黑度和温度分别为 $\varepsilon_1 = 0.26$，$\varepsilon_2 = 0.8$，$T_1 = 840$ K，$T_2 = 55$ K。若不计背面换热，试求两表面间的净辐射量。

# 第 5 章　　电子器件封装热设计

## 5.1　电子芯片封装结构热应力

电子封装的含义是指通过对电路芯片进行包装，达到保护电路芯片，使其免受外界环境影响的目的。从成形工艺来看，电子封装划分为预成型封装（pre-mold）和后成型封装（post-mold）。依据使用的封装材料来划分，电子封装分为金属封装、陶瓷封装和塑料封装。依据封装外形来划分，划分为单列直插式封装（SIP）、双列直插式封装（DIP）、有引线塑料芯片载体（PLCC）封装、塑料四方形扁平封装（PQFP）、小外形封装（SOP）、塑料针栅阵封装（PPGA）、塑料球栅阵封装（PBGA）、芯片级封装等（CSP）。按第一级与第二级连接方式来划分，可以划分为插孔式（PTH）和表面贴装式（SMT）两种。

电路元件行业的迅速发展，导致芯片的集成度不断提高，发热功率也随之增加。非均匀交变温度场及元件组成部分热膨胀系数存在差异这两个因素导致产品内部出现热应力及应力集中问题，这些问题严重影响着电路设计的可靠性。所以需要在生产之前建立热力学模型，利用有限元方法进行数值分析，从而保证元件正常工作，达到降低成本的目的。

电路元件的使用寿命与内部出现的热应力分布情况息息相关，故而需要用到温度场理论对电路元件模型进行温度分布分析，进而将所得出的温度分布情况运用热弹性力学理论进行二次分析，最终得到元件内部应力分布。在知道应力分布之后，只需采用力学中的强度理论、疲劳寿命理论进行校正，便知元件工作状况是否合适或者去推测元件可以正常工作的寿命。

### 5.1.1　温度场计算

温度的变化会导致物体产生热胀冷缩现象，芯片在工作与非工作时温度会有很大变化。由于受到部件的外部结构或内部约束的限制，使得温度变化而产生的胀缩不能自由进行，那么这些结构或部件内将产生热应力。如果知道了元件的温度分布情况，那么热应力问题也将迎刃而解。温度场是指某一瞬间，空间中所有各点温度分布的总称。温度场是个数量场，可以用一个数量函数来表示：

$$T = f(x, y, z, t) \tag{5-1}$$

式中，$x$，$y$，$z$ 为空间直角坐标，$t$ 为时间。运用导热微分方程可以求解出温度场。建立导热微分方程所用的方法为能量守恒的方法，即定义一个微分控制体积，判明有关的能量传递过程，并对微元控制体写出能量平衡方程，借用傅立叶定律从而得出导热微分方程：

$$\rho c \frac{\partial t}{\partial \tau} = \frac{\partial}{\partial x}\left(k \frac{\partial t}{\partial x}\right) + \frac{\partial t}{\partial y}\left(k \frac{\partial t}{\partial y}\right) + \frac{\partial}{\partial z}\left(k \frac{\partial t}{\partial z}\right) + q_v \tag{5-2}$$

式中：$t$ 为温度（℃）；$k$ 为材料的导热系数（W/m·℃）；$\tau$ 为过程进行的时间（s）；$c$ 为材料

的比热容(J/kg·℃)；$\rho$ 为材料的密度(kg/m³)；$q_v$ 为内热源的发热率(W/s)。

如果物体无内热源，则微分方程变为

$$\rho c \frac{\partial t}{\partial \tau} = \frac{\partial}{\partial x}\left(k\frac{\partial t}{\partial x}\right) + \frac{\partial t}{\partial y}\left(k\frac{\partial t}{\partial y}\right) + \frac{\partial}{\partial z}\left(k\frac{\partial t}{\partial z}\right) \tag{5-3}$$

整个微分方程的意义即为单位时间内进入单位体积的热量必然等于单位时间该单位体积内物质的内能增量。物体中的温度场的确定还依赖于热传递问题(包括传热方式有热传导、热对流、热辐射等)的解决。求解导热微分方程会用到材料的热导率等属性，表 5-1 列出了常见材料的相关属性。

**表 5-1　常用芯片、基板及金属材料封装性能**

| 材　料 | 密度/(g/cm³) | 热膨胀系数/(×10⁻⁶/K) | 热导率/(W/(m³·K)) |
|---|---|---|---|
| 硅 | 2.3 | 4.1 | 150 |
| 砷化镓 | 5.33 | 6.5 | 44 |
| 氧化铍 | 2.9 | 7.2 | 260 |
| 氮化铝 | 3.3 | 4.5 | 180 |
| 铜 | 8.9 | 17.6 | 400 |
| 铝 | 2.7 | 23.6 | 230 |
| 钨 | 19.3 | 4.45 | 168 |
| 钼 | 10.2 | 5.35 | 138 |
| 钢 | 7.9 | 12.6 | 65.2 |
| 不锈钢 | 7.9 | 17.3 | 32.9 |

要求解瞬态温度场需要给定边界条件和初始条件，这样才能在通解中找出具体问题的特解。

**1. 初始条件**

初始条件是指初始时刻温度场的分布情况，一般情况如下：

$$T\mid_{t=t_0} = T(x,y,z) \tag{5-4}$$

若在初始时刻，温度场内各处恒定并且为同一常数，则初始条件为

$$T\mid_{t=t_0} = T_0 \tag{5-5}$$

**2. 边界条件**

边界条件描述的是温度场在边界上的状况，边界条件分为以下三种类型。

1) 第一类边界条件(刚性边界条件)

若温度场某部分边界 $S_1$ 上的任意点处各时刻的温度已知，则这样的边界条件叫做第一类边界条件，可表示为

$$T(M,t)\mid_{M\in S_1} = \varphi(M,t) \tag{5-6}$$

式中：$T(M,t)$ 为 $t$ 时刻 $M$ 点的温度；$\varphi(M,t)$ 为边界上给定的已知函数；$M$ 为边界 $S_1$ 的点，$S_1$ 是边界的一部分。

这种边界条件相当于弹性力学中的已知位移边界，所以叫刚性边界。

2) 第二类边界条件(自然边界条件——传导边界)

若温度场的某部分边界 $S_2$ 上任一点处，各个时刻的法向传导热流强度 $q_{S_2}(M,t)$ 已知，

则由第 4 章傅立叶假设 $q = \dfrac{\mathrm{d}Q}{\mathrm{d}A} = -K\dfrac{\partial T}{\partial n}$ 可得

$$k_n \frac{\partial T}{\partial n}\bigg|_{M \in S_2} = q_{S_2}(M,t) \tag{5-7}$$

式中：$k_n$ 为沿边界法线方向的导热系数；$\dfrac{\partial T}{\partial n}$ 为温度场沿边界法线方向的梯度值；$M$ 为边界 $S_2$ 上的点，$S_2$ 是边界的一部分。

在绝热边界上，$q_{S_2}(M, t) = 0$，有

$$k_n \frac{\partial T}{\partial n}\bigg|_{M \in S_2} = 0 \tag{5-8}$$

3）第三类边界条件（自然边界条件——对流和辐射边界）

（1）对流边界条件。若温度场的某部分边界 $S_c$ 上任一点处，各个时刻的对流条件已知（如对流系数 $h$、流体温度 $T_e$），则由牛顿公式 $q_c = h(T_e - T_{S_c})n$，可得从周围介质导入温度场内的热流强度为

$$q_{S_c}(M,t) = h(T_e - T_{S_c}) \tag{5-9}$$

式中：$q_{S_c}(M,t)$ 为从周围介质导入温度场内的热流强度；$h$ 为对流系数（W/m² · ℃）；$T_e$ 为周围流体的温度（℃）；$T_{S_c}$ 为温度场边界 $S_c$ 部分的温度（℃）。

据傅立叶假设，热流强度又与温度梯度成正比，所以在边界 $S_c$ 上有

$$k_n \frac{\partial T}{\partial n}\bigg|_{M \in S_2} = q_{S_c}(M,t) = h(T_e - T_{S_c}) \tag{5-10}$$

（2）辐射边界条件。若温度场某部分边界 $S_r$ 上任一点处，各个时刻的辐射条件已知（如两物体黑度 $\varepsilon_1$ 和 $\varepsilon_2$、形状因子 $f$、斯忒藩-波尔兹曼常量 $\sigma$、辐射体温度 $T_r$ 等），则由斯忒藩-波尔兹曼定律 $q = \varepsilon\sigma A_1 F_{1,2}(T_1^4 - T_2^4)$（$F_{1,2}$ 为 1 对 2 表面的角系数）得到温度场边界 $S_r$ 所受的辐射热流强度：

$$q_{S_r}(M,t) = \varepsilon f\sigma(T_r^4 - T_{S_r}^4) = \varepsilon_r \varepsilon_{S_r} \tag{5-11}$$

式中：$q_{S_r}(M,t)$ 为周围物体向温度场辐射的热流强度；$\varepsilon_r$ 为辐射物体表面黑度；$\varepsilon_{S_r}$ 为计算温度场的物体 $S_r$ 边界处的黑度；$f$ 为形状因子，由辐射物体和计算温度场的物体的形状和尺寸而定；$\sigma$ 为斯忒藩-波尔兹曼常量；$T_r$ 为辐射物体的温度（℃）；$T_{S_r}$ 为计算温度场的物体边界 $S_r$ 处的温度（℃）。

根据傅立叶假设，在边界 $S_r$ 上应有

$$k_n \frac{\partial T}{\partial n}\bigg|_{M \in S_r} = q_{S_r}(M,t) = \varepsilon f\sigma(T_r^4 - T_{S_r}^4) \tag{5-12}$$

求解温度场可采用多种方法，一般分为两大类：一类是精确解法，即用分析方法求精确解的方法；另一类是近似解法，即用数值计算方法、图解法、电热模拟或水热模拟法等求近似解的方法。精确解法是以数学分析为基础，得到以函数形式表示的解为解析解，即精确解。该解法的优点是，在整个求解过程中物理概念与逻辑推理都比较清晰，最后结果也比较清楚地表示出各种因素对温度场的影响，同时还可用解析解作为其它方法，特别是数值解法精确度的检验。精确解法虽有不少优点，但它只适用于比较简单的问题，对于较为复杂的情况，如几何形状不规则，材料的物理参数随温度变化，边界条件复杂等问题，解析法就无能为力，而必须用数值法求近似解。数值法是以离散数学为基础，以计算机为

工具的方法。在热分析方面主要有有限差分法和有限元法。用有限元法求解温度场有两种方式：一是用加权参数法推导出有限元公式；二是人为创地造出一个温度场的泛函，然后用变分法去推导有限元公式。

为了用变分法去推导有限元公式，首先必须人为地创造出一个温度场的泛函表达式。该泛函表达式必须包括导热微分方程、边界条件和初始条件的全部内容。为了创造这个泛函，首先将导热微分方程、初始条件和边界条件规范化，即

$$\frac{\partial}{\partial x}\left(k\frac{\partial t}{\partial x}\right)+\frac{\partial t}{\partial y}\left(k\frac{\partial t}{\partial y}\right)+\frac{\partial}{\partial z}\left(k\frac{\partial t}{\partial z}\right)=-q_B \tag{5-13}$$

如果材料导热各向异性，则上式可变为

$$\frac{\partial}{\partial x}\left(k_x\frac{\partial t}{\partial x}\right)+\frac{\partial t}{\partial y}\left(k_y\frac{\partial t}{\partial y}\right)+\frac{\partial}{\partial z}\left(k_z\frac{\partial t}{\partial z}\right)=-q_B \tag{5-14}$$

$$k_n\frac{\partial T}{\partial n}\mid_{M\in S_c}=h(T_e-T_{S_c})\quad(\text{对流边界上}) \tag{5-15}$$

$$k_n\frac{\partial T}{\partial n}\mid_{M\in S_r}=h(T_r-T_{S_r})\quad(\text{辐射边界上}) \tag{5-16}$$

$$k_n\frac{\partial T}{\partial n}\mid_{M\in S_2}=q_{S_2}(M,t)\quad(\text{传导边界上}) \tag{5-17}$$

$$T(M,t)\mid_{M\in S_1}=\varphi(M,t)\quad(\text{给定温度的边界上}) \tag{5-18}$$

$$T\mid_{t=t_0}=T(x,y,z)\quad(\text{初始条件}) \tag{5-19}$$

上述公式当求稳态场时，$q_B=q_v$，瞬态场时 $q_B=q_v-\rho c\frac{\partial t}{\partial \tau}$。

根据上述公式，现创造一个泛函如下：

$$\prod=\int_v\frac{1}{2}\left\{k_x\left(\frac{\partial T}{\partial x}\right)^2+k_y\left(\frac{\partial T}{\partial y}\right)^2+k_z\left(\frac{\partial T}{\partial z}\right)^2\right\}\mathrm{d}V-\int_{S_c}h\left(T_eT_s-\frac{1}{2}T_s^2\right)\mathrm{d}S$$

$$-\int_{S_r}\varepsilon f\sigma\left(T_r^4T_s-\frac{1}{5}T_s^5\right)\mathrm{d}S-\int_{S_2}T_sq_{S_2}-\int_vTq_B\mathrm{d}V \tag{5-20}$$

其中，$T$ 为物体内部的温度，$T_s$ 为物体表面边界温度，它们都是待求的量。

对式(5-20)进行变分运算并取极值，有 $\sigma\prod=0$，即

$$\int_v\left\{k_x\frac{\partial T}{\partial x}\delta\left(\frac{\partial T}{\partial x}\right)+k_y\frac{\partial T}{\partial y}\delta\left(\frac{\partial T}{\partial y}\right)+k_z\frac{\partial T}{\partial z}\delta\left(\frac{\partial T}{\partial z}\right)\right\}\mathrm{d}V$$

$$-\int_{S_c}h(T_e-T_s)\delta T_s\mathrm{d}S-\int_{S_r}h(T_r-T_s)\delta T_s\mathrm{d}S$$

$$-\int_{S_2}hq_{S_2}\delta T_s\mathrm{d}S-\int_vq_B\delta T\mathrm{d}V=0 \tag{5-21}$$

将上式中第一项用矩阵形式表示，变为

$$\int_v\boldsymbol{T}'^{\mathrm{T}}\boldsymbol{K}\boldsymbol{T}'\mathrm{d}V-\int_{S_C}h(T_e-T_s)\delta T_s\mathrm{d}S-\int_{S_r}h(T_r-T_s)\delta T_s\mathrm{d}S$$

$$-\int_{S_2}q_{S_2}\delta T_s\mathrm{d}S-\int_vq_B\delta T\mathrm{d}V=0 \tag{5-22}$$

式中，$\boldsymbol{T}'=\left(\frac{\partial T}{\partial x}\frac{\partial T}{\partial y}\frac{\partial T}{\partial z}\right)^{\mathrm{T}}$，$\boldsymbol{K}$ 为传热系数矩阵，

$$\boldsymbol{K}=\begin{bmatrix}k_x&0&0\\0&k_y&0\\0&0&k_z\end{bmatrix} \tag{5-23}$$

　　公式(5-22)便是温度场的变分表达式，它以导热微分方程为基础，包含了边界条件和初始条件。此公式是推导有限元方程的理论基础，最终利用有限元方程来求解温度场分布情况。

## 5.1.2　应力场计算

　　由于温度变化引起的热变形受到约束所产生的应力，称为热应力或温度应力。如果器件是由不同材料组成的，即便温度恒定，但由于材料的热膨胀系数不同，也会导致热应力的产生。

　　当计算比较复杂的热应力问题时，需要从静力学、几何学和物理学三方面出发，因此有必要给出相应的能量守恒定律、质量守恒定律以及动量守恒定律。

　　热力学中的能量守恒定律也就是热力学第一定律，以 $K$ 表示物体整体的动能，$E$ 为物体内能，$H$ 表示对物体整体的供热率，$W$ 表示外力对物体所做的总功率，热力学定律如下：

$$\begin{cases} \dfrac{\mathrm{d}}{\mathrm{d}t}(K+E) = H + W \\[2mm] K = \dfrac{1}{2}\displaystyle\int_v \rho v^2 \,\mathrm{d}V \\[2mm] E = \displaystyle\int_v \rho \varepsilon \,\mathrm{d}V \\[2mm] H = \displaystyle\int_v \rho v \,\mathrm{d}V - \int_A h n \,\mathrm{d}A \\[2mm] W = \displaystyle\int_v \rho f v \,\mathrm{d}V + \int_A t v \,\mathrm{d}A \end{cases} \qquad (5-24)$$

式中：$\varepsilon$ 为单位质量的内能；$h$ 为热流密度矢量；$t$ 为真应力；$\rho$ 为密度；$v$ 为体积；$f$ 为单位质量的体力。

　　设物体单位体积的质量为 $\rho(X,t)$，物体的体积为 $V$，质量为 $M$，则质量守恒定律如下：

$$\frac{\mathrm{d}M}{\mathrm{d}t} = \frac{\mathrm{d}}{\mathrm{d}t}\int_{V_0} \rho J \,\mathrm{d}V_0 = 0 \qquad (5-25)$$

　　设物体在 $t$ 时刻的动量为 $P$，作用物体上全部外力的主矢量为 $\boldsymbol{F}_R$，$f$ 表示单位质量的体力，$A$ 表示物体的外表面，则物体的动量守恒方程如下：

$$\frac{\mathrm{d}P}{\mathrm{d}t} = \boldsymbol{F}_R = \int_v \rho f \,\mathrm{d}V + \int_A T_{ij} N_i G_j \,\mathrm{d}A \qquad (5-26)$$

　　对实际物体模型取平行六面微分体进行分析，所得弹性力学基本平衡方程如下，其中的应力分量也包括由温度引起的热应力。

$$\begin{cases} \dfrac{\partial \sigma_x}{\partial_x} + \dfrac{\partial \tau_{yx}}{\partial_y} + \dfrac{\partial \tau_{zx}}{\partial_z} + X = 0 \\[2mm] \dfrac{\partial \tau_{xy}}{\partial_x} + \dfrac{\partial \sigma_y}{\partial_y} + \dfrac{\partial \tau_{zy}}{\partial_z} + Y = 0 \\[2mm] \dfrac{\partial \tau_{xz}}{\partial_x} + \dfrac{\partial \tau_{yz}}{\partial_y} + \dfrac{\partial \sigma_z}{\partial_z} + Z = 0 \end{cases} \qquad (5-27)$$

式中：$\sigma_x$、$\sigma_y$、$\sigma_z$ 分别为单元体各方向的正应力；$\tau_{xy}$、$\tau_{yz}$、$\tau_{zx}$ 为微元体的剪应力；$X$、$Y$、$Z$ 分别为微元体沿坐标轴方向的体积力。

　　热弹性理论的几何方程如下：

$$\begin{cases} \varepsilon_x = \dfrac{\partial u}{\partial x} \\[4pt] \varepsilon_y = \dfrac{\partial v}{\partial y} \\[4pt] \varepsilon_z = \dfrac{\partial w}{\partial z} \\[4pt] \gamma_{xy} = \dfrac{\partial u}{\partial y} + \dfrac{\partial v}{\partial x} \\[4pt] \gamma_{xz} = \dfrac{\partial u}{\partial z} + \dfrac{\partial w}{\partial x} \\[4pt] \gamma_{yz} = \dfrac{\partial v}{\partial z} + \dfrac{\partial w}{\partial y} \end{cases} \tag{5-28}$$

式中：$\varepsilon_x$、$\varepsilon_y$、$\varepsilon_z$ 为正应变，其中包含应力引起的应变和温度引起的应变；$\gamma_{xy}$、$\gamma_{yz}$、$\gamma_{xz}$ 为剪应变（其中温度变化不产生剪应变）；$u$、$v$、$w$ 为位移矢量的分量。

　　应变中由应力引起的那一部分仍服从胡克定律，与等温情况一样，而由于温度变化直接引起的另一部分应变，则服从热膨胀规律，即 $\varepsilon = a(t_1 - t_0) = at$（其中 $a$ 为热膨胀系数）。由于假设物体是各向同性并且是均匀的，所以热弹性理论的物理方程如下：

$$\begin{cases} \varepsilon_x = \dfrac{1}{E}\left[\sigma_x - \mu(\sigma_y + \sigma_z)\right] + aT \\[4pt] \varepsilon_y = \dfrac{1}{E}\left[\sigma_y - \mu(\sigma_x + \sigma_z)\right] + aT \\[4pt] \varepsilon_z = \dfrac{1}{E}\left[\sigma_z - \mu(\sigma_y + \sigma_x)\right] + aT \\[4pt] \gamma_{xy} = \dfrac{2(1+\mu)}{E}\tau_{xy} \\[4pt] \gamma_{xz} = \dfrac{2(1+\mu)}{E}\tau_{xz} \\[4pt] \gamma_{yz} = \dfrac{2(1+\mu)}{E}\tau_{yz} \end{cases} \tag{5-29}$$

式中：$a$ 为热膨胀系数；$E$ 为弹性模量；$\mu$ 为泊松比。

　　热弹性理论的物理方程还有另一种形式，即用应变表示应力的形式为

$$\begin{cases} \sigma_x = \lambda e + 2G\varepsilon_x - \beta T \\[4pt] \sigma_y = \lambda e + 2G\varepsilon_y - \beta T \\[4pt] \sigma_x = \lambda e + 2G\varepsilon_z - \beta T \\[4pt] \tau_{xy} = G\gamma_{xy} \\[4pt] \tau_{xz} = G\gamma_{xz} \\[4pt] \tau_{yz} = G\gamma_{yz} \end{cases} \tag{5-30}$$

式中：$\lambda$、$G$ 为拉梅系数，$\lambda = \dfrac{E\mu}{(1+\mu)(1-2\mu)}$，$G = \dfrac{E}{2(1+\mu)}$；$\beta$ 为热应力系数，$\beta = (3\lambda + 2G)a$；$e$ 为体积应变，$e = \varepsilon_x + \varepsilon_y + \varepsilon_z$。

　　解决热弹性力学问题可采用两种方法，即位移解法和应力解法。位移解法就是以位移作为基本的未知函数，得到变温情况下以位移表示的平衡微分方程和以位移表示的应力边

界条件，在一定的位移边界条件下，弹性体内由于变温而引起的位移等于等温情况下受假想体力和假想面力作用时的位移，再根据边界条件进行求解，得到应力分量。应力求解热弹性问题时，要求热应力分量满足平衡微分方程和应力边界条件，同时还必须满足变温情况下的应力协调方程，最终同样归结为在假想体力和假想面力作用下的等温问题，从而得到所要求的热应力分量。位移法方程如下：

$$\begin{cases} \dfrac{\partial e}{\partial x} + G\nabla^2\mu - \beta\dfrac{\partial T}{\partial x} + X = o\left(\rho\dfrac{\partial^2\mu}{\partial t^2}\right) \\[2mm] (\lambda+G)\dfrac{\partial e}{\partial y} + G\nabla^2\upsilon - \beta\dfrac{\partial T}{\partial y} + Y = o\left(\rho\dfrac{\partial^2\upsilon}{\partial t^2}\right) \\[2mm] (\lambda+G)\dfrac{\partial e}{\partial z} + G\nabla^2 w - \beta\dfrac{\partial T}{\partial z} + Z = o\left(\rho\dfrac{\partial^2 w}{\partial t^2}\right) \end{cases} \tag{5-31}$$

位移法的位移边界条件（即已知表面位移矢量）为

$$\begin{cases} \mu\mid_s = \overline{\mu} \\ \upsilon\mid_s = \overline{\upsilon} \\ w\mid_s = \overline{w} \end{cases} \tag{5-32}$$

有限元的基本观点认为连续体是由有限个单元通过节点连接起来的集合体。在应力分析中，则可根据一个单元所受的外力及其位移来确定这个单元的势能。如对所有的单元，将其势能叠加起来，则可得到连续体的全部势能。当该连续体处于静力平衡状态时，势能取最小值，这就是所谓最小势能原理。因此，若给出各单元的外力和位移的关系，根据最小势能原理，就可求出各节点的位移。弹性体的温度场已经求得时，就可以进一步求出弹性体各部分的热应力。

物体由于热膨胀只产生线应变，剪切应变为零。这种由于热变形产生的应变可以看做是物体的初应变。计算热应力时只需算出热变形引起的初应变 $\varepsilon_0$，求得相应的初应变引起的等效节点载荷 $P\varepsilon_0$（温度载荷），然后按通常求解应力一样解得由于热变形引起的节点位移 $\alpha$，然后可以由 $\alpha$ 求得热应力 $\sigma$。也可以将热变形引起的等效节点载荷 $P\varepsilon_0$ 与其它载荷项合在一起，求得包括热应力在内的综合应力。计算应力时应包括初应变项：

$$\sigma = \boldsymbol{D}(\varepsilon - \varepsilon_0) \tag{5-33}$$

式中：$\boldsymbol{D}$ 为单元材料弹性常数所确定的弹性矩阵；$\varepsilon_0$ 为温度变化引起的温度应变，它现在是作为初应变出现在应力应变关系式中。对于三维问题是

$$\varepsilon_0 = \alpha(\phi - \phi_0)[111000]^{\mathrm{T}} \tag{5-34}$$

式中：$\alpha$ 为材料的热膨胀系数；$\phi$ 为结构的现时温度场；$\phi_0$ 为结构的初始温度场。

将式(5-33)代入虚位移原理的表达式(5-34)：

$$\int_\upsilon (\delta\boldsymbol{\varepsilon}^{\mathrm{T}}\sigma - \delta\boldsymbol{\mu}^{\mathrm{T}}\overline{f})\mathrm{d}V - \int_{S_\sigma}\delta\boldsymbol{\mu}^{\mathrm{T}}\overline{T}\mathrm{d}S = 0 \tag{5-35}$$

可得到包含温度应变在内，用以求解热应力问题的最小位能原理，它的泛函表达式如下：

$$\prod_p(\mu) = \int_\Omega\left(\frac{1}{2}\boldsymbol{\varepsilon}^{\mathrm{T}}D\sigma - \boldsymbol{\varepsilon}^{\mathrm{T}}D\varepsilon_0 - \boldsymbol{\mu}^{\mathrm{T}}f\right)\mathrm{d}\Omega - \int_{T_\sigma}\boldsymbol{\mu}^{\mathrm{T}}T\mathrm{d}\Gamma \tag{5-36}$$

将求解域 $\Omega$ 进行有限元离散，从 $\prod_p(\mu) = 0$ 可得到有限元求解方程：

$$\boldsymbol{K}\alpha = P \tag{5-37}$$

式中，$\boldsymbol{K}$ 为单元节点力矩阵，$\alpha$ 为节点位移，$P$ 为节点温度载荷。与不包括温度应变的有限

元求解方程相区别的是载荷向量中包括由温度应变引起的温度载荷，即

$$P = P_f + P_T + P_{\delta 0} \qquad (5-38)$$

式中，$P_f$、$P_T$ 为体积载荷和表面载荷引起的载荷项，$P_{\delta 0}$ 为温度应变引起的载荷项，

$$P_{\delta 0} = \sum_e \int \boldsymbol{\beta}^T D \boldsymbol{\varepsilon}_0 \, d\Omega \qquad (5-39)$$

### 5.1.3　电子芯片热应力问题简化分析

电子芯片以及 PCB 之间焊接时热应力分析可以简化成图 5.1 所示的模型（此模型适用于由芯片与 PCB 热膨胀系数差引起的剪应力分析。这里只考虑二维的情形。图中加大了焊点高度比例）。各种材料的有关性能参数如表 5-2 所示。

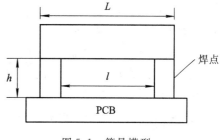

图 5.1　简易模型

表 5-2　材料性能参数

|  | 芯片 | PCB | 焊点 |
|---|---|---|---|
| 杨氏模量 | $E_1$ | $E_2$ | $E_3$ |
| 剪切弹性模量 | $G_1$ | $G_2$ | $G_3$ |
| 热膨胀系数 | $\alpha_1$ | $\alpha_2$ | $\alpha_3$ |

芯片的变形量为

$$A_1 A_2 = \frac{\alpha_1 (L+l) \Delta T}{2} \qquad (5-40)$$

PCB 的变形量为

$$B_1 B_2 = \frac{\alpha_2 (L+l) \Delta T}{2} \qquad (5-41)$$

焊点中点剪应变为

$$\gamma = \frac{(\alpha_2 - \alpha_1)(L+l) \Delta T}{4(1+\alpha_3 \Delta T) h} \qquad (5-42)$$

由胡克定律可知焊点中点剪应力 $\tau_3 = G_3 \gamma$，以 $A$ 或 $B$ 点为原点，向外移动距离为 $x$，则焊点中心两侧剪应力方程为

$$\tau_1 = \tau_3 + \frac{G_3 (\alpha_2 - \alpha_1) x \Delta T}{(1+\alpha_3 \Delta T) h} \qquad (5-43)$$

同理，由焊点向内测移动 $x$，剪应力为

$$\tau_2 = \tau_3 - \frac{G_3 (\alpha_2 - \alpha_1) x \Delta T}{(1+\alpha_3 \Delta T) h} \qquad (5-44)$$

得到了电路元件应力应变后还要与力学结合，要考虑材料强度以及疲劳循环应力。实际状况中，材料可分为延伸性材料与脆性材料两种。材料在破裂前能够承受很大应变的称为延伸性材料；反之，若在破裂前只有些许甚至没有屈服发生的材料称为脆性材料。基本上这是根据应力—应变曲线的特性来定义的，如图 5.2 所示。当材料承受外力负载时，一开始会遵循胡克定律：

$$\sigma = E \varepsilon$$

在到线性极限点之前，此部分为线性材料性质，其应力应变

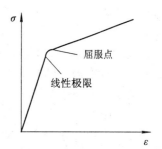

图 5.2　材料应力应变曲线

行为呈现完全线性，即当荷载移除后，应变会依斜率回到原点。而自线性极限到屈服点前，其应力应变行为虽为非线性，但当荷载移除后，应变还是会依斜率回到原点，因为两点间的数值很接近，所以一般都把线性极限与屈服点当成同一点来使用。如果荷载大到使应力超过屈服点，便使得材料进入到塑性状态，在屈服点之后，材料性质已达塑性区，故当荷载移除后便会产生永久变形。

通过比较计算出的材料应力应变情况与材料自身属性相对比，可以知道元件是否发生了永久变形，而且温度的变化还会影响弹性模量，即元件的组成材料是非线性材料。比如在倒装芯片中最重要的便是锡铅焊球，它负责传递信号，所以一旦锡铅焊球毁坏，则整个封装体也将失去功能，在数值分析时为了能更精准地模拟锡铅焊球的力学行为，就需要把锡铅焊球设定为非线性材料。

目前最常用的屈服准则有两个，一个是最大切应力理论，一个是形状改变应变能密度理论，也就是通常所说的第三强度理论和第四强度理论。在一般应力状态下，当形状改变应变能密度达到拉伸试验中试件屈服时的形状改变应变能密度值时，材料就屈服。当材料承受荷载时，对于多轴应力而言可以用一个等效应力 $\sigma_e$ 作为依据来判断材料的状态：

$$\sigma_e = \sqrt{\frac{1}{2}\big[(\sigma_1 - \sigma_2)^2 + (\sigma_2 - \sigma_1) + (\sigma_3 - \sigma_1)^2\big]} \tag{5-45}$$

除此之外，还需考虑疲劳循环应力。通过寿命预测模型，可利用有限元模拟的结果预测出封装组件的寿命。在微电子封装的设计和研发阶段，分析者对封装设计构造和循环加载条件引起的失效比较感兴趣。这需要利用寿命预测方法把有限元解的结果转换成焊接连接层失效循环数。基于塑性变形的疲劳模型（Modified Coffin - Manson Equation）如下：

$$N_f = \frac{1}{2}\left[\frac{\Delta\gamma_t}{2\varepsilon_f}\right]^{1/C} \tag{5-46}$$

式中：$N_f$ 为焊点的疲劳寿命；$\Delta\gamma_t$ 为一次温度循环中的总剪应变范围；$\varepsilon_f$ 为元件疲劳延展系数；$C$ 为元件疲劳延展指数。

通过强度分析及疲劳模型分析便可以确定元件是否会发生断裂、变形现象，也能够估算出元件的使用寿命。

# 5.2　DIP 封装热设计

DIP 封装又称 DIP 包装，是一种集成电路的封装方式。集成电路的外形为长方形，在其两侧有两排平行的金属引脚，称为排针。DIP 包装的元件可以焊接在印制电路板电镀的贯穿孔中，或是插在 DIP 插座（Socket）上。DIP 包装的元件一般会简称为 DIP$n$，其中 $n$ 是引脚的个数。DIP 封装元件可以用插入式封装技术的方式安装在电路板上，也可以利用 DIP 插座安装。利用 DIP 插座可以方便元件的更换，也可以避免在焊接时造成元件过热的情形。一般插座会配合体积较大或单价较高的集成电路使用。

DIP 封装具有以下特点：

（1）适合在 PCB 上穿孔焊接，操作难度低。

（2）芯片面积与封装面积之间的比值较大，故体积也较大。

Intel 系列 CPU 中 8088 就采用 DIP 封装形式，缓存（Cache）和早期的内存芯片也是这种封装形式，如图 5.3 所示。

(a)

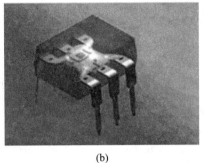
(b)

图 5.3　双列直插器件

对于 DIP 封装而言，在芯片工作时，实际散热情况比较复杂，可以分成三个子过程：① 壳体里面的热传导，② 来自壳体外表面的对流，③ 外壳与周围环境的辐射热交换，如图 5.4 所示。

芯片模型如图 5.5 所示，这里以上表面的导热、对流、辐射为例来进分析。

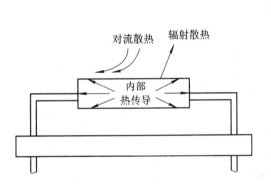

图 5.4　芯片散热模型

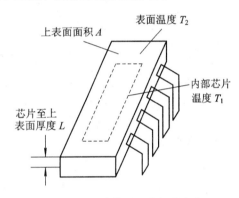

图 5.5　芯片模型以及相关参数

过程①中通常采用一维稳态形式的傅立叶传导定律：

$$Q = \frac{kA(T_1 - T_2)}{L} \qquad (5-47)$$

式中：$L$ 为壳体厚度，$Q$ 为热传导率，$k$ 为导热率，$T_1$ 为内部芯片温度，$T_2$ 为外表面温度，$A$ 为相应方向表面面积。通常需要计算多个方向温差和面积来确定导热情况。式(5-47)也可以用管壳的热阻 $R$ 来表示：

$$Q = \frac{T_1 - T_2}{R} \qquad (5-48)$$

式中，$R = L/(kA)$。

过程②即来自管壳外表面的对流可用热传导率式子来表示：

$$Q = -hA(T_2 - T_A) \qquad (5-49)$$

式中：$h$ 为表面热传导系数，$A$ 为表面面积，$T_A$ 为周围环境温度。外部热阻可用 $R = 1/(hA)$ 来表示，不同的冷却方式会影响表面热传导系数的取值，比如采用强迫对流的热传导系数就会比采用自然对流高出很多。外部热阻与冷却环境有关，处于用户的控制之下。

把管壳与一块高导热的基板或者一种特殊的散热装置接合在一起，将会对管壳温度有比较显著的影响。

　　过程③即管壳与周围环境的辐射热交换可根据斯忒藩-玻尔兹曼定律计算：

$$Q = \sigma \varepsilon A (T_2^4 - T_A^4) \qquad (5-50)$$

式中：$\sigma$ 为斯忒藩-玻尔兹曼常数，$\sigma = 5.6 \times 10^{-8} \text{ W/m}^2 \text{ K}^4$；$T$ 为绝对温度；$\varepsilon$ 为辐射率。

　　对于温度场分析来说，由于元件散热方式很复杂，难以用数学方式准确分析，工程上常用有限元软件建立元件模型，采用仿真分析，得出温度分布。

　　由于温度不断循环，PCB 和芯片的热膨胀系数不同导致位移差异，使得元件引线绕其枢轴向后或向前运动，加速了元件损坏，如图 5.6 所示。

　　DIP 引线中为了减小热应力，可以通过抬高元件使之

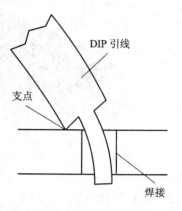

图 5.6　热膨胀系数不同
　　　　导致的引线偏移

高于 PCB 的上表面，从而使热应力减小，但是会增加制造成本。另一种办法是通过减小 DIP 和 PCB 的热膨胀系数差异，可以迅速减小热应力。

# 5.3　PGA 封装热设计

　　PGA 封装是在芯片的内外有多个方阵形的插针，每个方阵形插针沿芯片的四周间隔一定距离排列，如图 5.7 所示。根据引脚数目的多少，可以围成 2～5 圈。安装时，要将芯片插入专门的 PGA 插座。为使 CPU 能够更方便地安装和拆卸，从 486 芯片开始，出现了一种名为 ZIF 的 CPU 插座，专门用来满足 PGA 封装的 CPU 在安装和拆卸上的要求。PGA 底面的垂直引脚呈陈列状排列，引脚长约 3.4 mm。表面贴装型 PGA 在封装的底面有陈列状的引脚，其长度为 1.5～2.0 mm。多数为陶瓷 PGA，用于高速大规模逻辑 LSI 电路，成本较高。引脚中心距通常为 2.54 mm，引脚数为 64～447。为了降低成本，封装基材可用玻璃环氧树脂印制基板代替。Intel 系列 CPU 中，80486 和 Pentium 均采用这种封装式。

图 5.7　PGA 封装

　　PGA 封装是为解决 LSI 芯片的高 I/O 引脚数和减小封装面积而设计的针栅阵列多层陶瓷封装结构，其制作技术与 DCIP 的多层陶瓷封装基本相同。一般采用 90%～96% 的三

氧化二铝生瓷材料，每层用厚膜钨或者钼浆料印制成布线图形，并且通孔金属化，按设计要求进行生瓷叠片并压层，然后整体放入烧结炉中进行烧结，使层间达到气密封装，然后镀镍，之后再钎焊针引脚，最后镀金。在信号线的印制图形中每个金属化焊区均与相应的针引脚相连。外壳内腔是 IC 芯片黏结位置，用黏结剂固定好 IC 芯片后，连接芯片焊区与陶瓷金属化焊区，再进行封盖，就成为 IC 芯片 PGA 气密封装结构。

　　由于 PGA 的针引脚是以 2.54 mm 的节距在封装底面上呈栅阵排列，所以 I/O 数可以高达数百乃至上千个，这是 DIP 封装结构无法比拟的。PGA 是气密封的，所以可靠性高，但因其制作工艺复杂、成本高，故适用于可靠性要求高的军品使用。由于 PGA 面阵引脚结构具有许多优点，所以为后来开发的焊球阵列封装（BGA）提供了面阵引脚结构排列的经验，也为解决 QFP 窄节距四边引脚的困难提供了帮助。事实上，PGA 的面阵针引脚可大大缩短，即短引脚 PGA，从而可使 PGA 从插值型的结构变成表面贴装型结构，如图 5.8 所示。

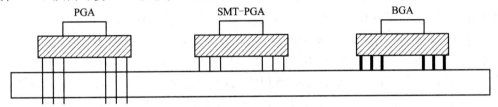

图 5.8　PGA 封装到 BGA 封装的转变

　　对于 PGA 封装方式来说，芯片是直接插在陶瓷芯片载体上插装槽之中的，或者焊接在载体上。载体与 PCB 上相应焊点相互连接，因此焊点的稳定对整体组件的可靠性有着很大影响，需要进行热应力分析。

　　**例 5.1**　如图 5.9 所示，有 44 个输入/输出焊脚的陶瓷芯片载体，装在能够在 −55～105℃的快速温度循环范围内工作的 PCB 上，陶瓷芯片载体厚度为 1 mm，预计焊点高度为 0.08 mm，PCB 厚 1.5 mm，求焊点的剪切应力。

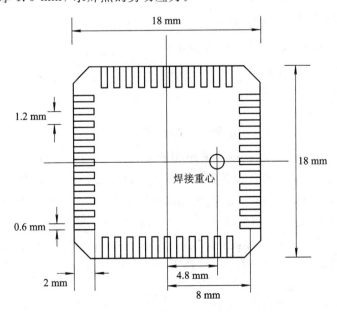

图 5.9　陶瓷芯片载体

**解** 可以建立陶瓷芯片、普通环氧玻璃纤维 PCB 和焊点之间的平衡方程。因为在 $X-Y$ 平面中，PCB 的膨胀将大于芯片的膨胀，负载将先传递给焊点，然后再传递给芯片。它会使焊点承受剪切负载，同时使芯片和 PCB 承受拉伸负载，如图 5.10 所示。

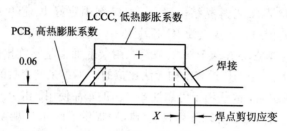

图 5.10  芯片和 PCB 拉伸状况

最大芯片膨胀将发生在芯片对角线方向上，因为这是最大的芯片尺寸。但使用对角线尺寸并不方便，因为所有其它尺寸都必须旋转 45°以使它们协调一致。因此，为了方便起见，可将所有的偏移都相对水平 $X$ 轴选取，然后再旋转 45°以获得最大值。

通过利用对称关系评价半个陶瓷芯片组件。因为有两个焊脚位于芯片对角线中心，膨胀不包括它们，而且它们仅承受很小的剪切负载，这就意味着只需要检查 44 个焊脚中的 21 个左侧或者右侧的焊脚。在 1/2 个载体的 21 个焊脚的重心可以根据独立的焊脚位置求得（指的是焊脚中心和载体中心线的水平距离，可以通过图 5.9 标注的尺寸计算出来）：

11 个焊脚在 8 mm 处＝88 mm

2 个焊脚在 6 mm 处＝12 mm

2 个焊脚在 4.8 mm 处＝9.6 mm

2 个焊脚在 3.6 mm 处＝7.2 mm

2 个焊脚在 2.4 mm 处＝4.8 mm

2 个焊脚在 1.2 mm 处＝2.4 mm

共 21 个焊脚＝124 mm

平均焊脚中心＝$\dfrac{124}{21}$＝5.9 mm

芯片的位移加上焊点的位移必须等于 PCB 的位移。每个要素的力用 $P$ 表示，其中方程下标 $S$、$C$、$P$ 分别代表焊点、元件和 PCB 沿 $Z$ 轴的位移。

$$\alpha_C L_C \Delta t + \frac{P_C L_C}{A_C E_C} + \frac{P_S h_S}{A_S G_S} = \alpha_P L_P \Delta t - \frac{P_P L_P}{A_P E_P} \tag{5-51}$$

式中：$\alpha_C = 5 \times 10^{-6}/{}^\circ\text{C}$（陶瓷芯片载体的热膨胀系数）；$L_C = 5.9$ mm（芯片载体的有效长度）；$\alpha_P = L_C = 15 \times 10^{-6}/\text{k}$（PCB 沿 $Z$ 轴的热膨胀系数）；$\Delta t = 80\,^\circ\text{C}$（温度循环时中间温度到最高温度）；$A_C = 1 \times 18 = 18$ mm²（载体的截面面积）；$E_C = 28.97 \times 10^4$ N/mm²（载体的弹性模量）；$h_S = 0.08$ mm（焊点典型高度）；$A_S = 21 \times 2 \times 0.6 = 25.2$ mm²（21 个焊脚的总剪切面积）；$G_S = 8.3 \times 10^3$ N/mm²（焊盘剪切模量）；$L_P = 4.8$ mm（PCB 到中心的有效长度，与焊点位置相关）；$A_P = 1.5 \times 18 = 27$ mm²（PCB 的截面面积）；$E_P = 1.38 \times 10^4$ N/mm²（PCB 的 $X-Y$ 平面的弹性模量）。

考虑水平平面内各力之和：

$$P_C = P_S = P_P \tag{5-52}$$

再代入以上数据可以得到：

$$P = 236.18 \text{N} \tag{5-53}$$

焊点的平均剪切应力可以根据 21 个焊脚的焊点剪切面积（忽略焊肩）

$$S_s = \frac{KP_s}{A_s} \tag{5-54}$$

求得，当对必须经过多余 5000～10 000 个应力循环的系统进行应力计算时，必须考虑应力集中因子($K$)。但是，当材料很软且预计只有 1000～2000 个应力循环时，应力集中因子则为 1.0。

$$S_s = \frac{236.18}{25.2} = 9.37 \text{ N/mm}^2 \tag{5-55}$$

最大焊点剪切应力将发生在芯片载体的对角线拐角处。该值可以通过测出载体拐角与焊接区重心的尺寸比求得。它包括两个比值：第一个比值测出从载体边缘的焊脚到焊接重心的距离；第二个比值是将芯片载体旋转 45°以求得其到拐角焊脚的距离。

$$焊脚重心比 = \frac{8}{6} = 1.33$$

$$旋转 45°到拐角 = \sqrt{2} = 1.414$$

在芯片载体拐角处的最大焊点剪切应力可以用以上三个式子求取，如下：

$$S_{Smax} = 9.37 \times 1.33 \times 1.414 = 17.62 \text{ N/mm}^2 \tag{5-56}$$

# 5.4　QFP 封装热设计

QFP 封装的引脚从四个侧面引出，引脚呈鸟翼形，引脚间距很小，一般大规模或超大规模集成电路采用这种封装形式。用这种形式封装的芯片必须采用 SMT(Surface Mount Technology，表面组装技术)将芯片边上的引脚与主板焊接起来。采用 SMT 安装的芯片不必在主板上打孔，一般在主板表面上有设计好的相应管脚的焊点。将芯片各脚对准相应的焊点，即可实现与主板的焊接。塑料 QFP 通常称为 PQFP，PQFP 有两种工业标准：一种是 PQFP 角上有凸缘的封装，以便在运输和处理过程中保护引脚，其引脚间距是相同的，都为 0.025 英寸；另一种是 PQFP 没有凸缘，其引脚间距有 1.0 mm、0.8 mm 和 0.65 mm 三种。PQFP 最常见的引脚数是 84、100、132、164。Intel 系列 CPU 中 80286、80386 和某些 486 主板采用这种封装形式。QFP 封装结构如图 5.11 所示。

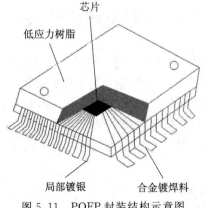

图 5.11　PQFP 封装结构示意图

PQFP 封装的特点如下：

（1）适用于 SMD 表面安装技术在 PCB 电路板上安装布线。

（2）适合高频使用。

（3）操作方便，可靠性高。

（4）芯片面积与封装面积之间的比值较小。

在对芯片进行温度场求解或者用有限元仿真软件进行温度分析时，需要弄清电子元件的散热方式，如图 5.12 所示。这是 PQFP 封装的散热情况，可以分为以下三个过程：

（1）芯片到环境的散热。元件内部热源发出的热量在元件内部通过热传导过程到达元件表面。从表面到环境散热包括对流换热和辐射散热。

（2）芯片的引脚散热。此部分是指裸露出来的引脚会把一小部分热量通过对流散热和辐射散热散发到环境中。

（3）芯片到基板再到环境散热。从散热示意图（见图 5.12）中可以很清楚地看到，很大一部分热量会从芯片底部直接通过导热方式传递到基板上，再通过基板内的导热及基板外表面的对流辐射散发到环境中。

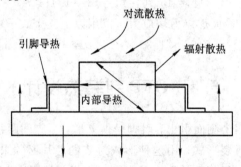

图 5.12　PQFP 芯片方式散热示意图

由于 PQFP 封装采用表面组装技术将引脚与 PCB 板上的焊点一对一焊接，导致芯片与 PCB 的距离非常接近，两者之间的固定也仅靠焊点连接，所以当温度升高或降低导致元件发生热胀冷缩时，芯片与 PCB 的不同热膨胀系数将会导致两者不同的变形程度，产生应力及焊点断裂现象，因此需要对 PQFP 的焊点进行热应力分析。对于表面贴装来说，焊点的热应力均可以结合芯片或载体的形状依据上一节的例题来求解。

## 5.5　BGA 封装热设计

随着集成电路技术的发展，对集成电路的封装要求更加严格。这是因为封装技术关系到产品的功能性，当 IC 的频率超过 100 MHz 时，传统封装方式可能会产生所谓的"交叉效应"现象，而且当 IC 的引脚数大于 208 Pin 时，传统的封装方式将面临困难。因此，除使用 QFP 封装方式外，现今大多数的高脚数芯片（如图形芯片与芯片组）等皆转而使用 BGA 封装技术。BGA 一出现便成为 CPU、主板上南北桥芯片等高密度、高性能、多引脚封装的最佳选择。

BGA 封装技术又可详分为五大类：

（1）PBGA 基板：一般为 2～4 层有机材料构成的多层板。Intel 系列 CPU 中，Pentium

Ⅱ、Ⅲ、Ⅳ处理器均采用这种封装形式。

（2）CBGA 基板：即陶瓷基板，芯片与基板间的电气连接通常采用倒装芯片的安装方式。Intel 系列 CPU 中，Pentium Ⅰ、Ⅱ和 Pentium Pro 处理器均采用过这种封装形式。

（3）FCBGA 基板：硬质多层基板。

（4）TBGA 基板：基板为带状软质的 1～2 层 PCB 电路板。

（5）CDPBGA 基板：指封装中央有方型低陷的芯片区（又称空腔区）。

BGA 封装具有以下特点：

（1）I/O 引脚数虽然增多，但引脚之间的距离远大于 QFP 封装方式，提高了成品率。

（2）虽然 BGA 的功耗增加，但由于采用的是可控塌陷芯片法焊接，从而可以改善电热性能。

（3）信号传输延迟小，适应频率大大提高。

（4）由于引脚是焊球，可改善共面性，大大减小了共面失效。

（5）BGA 引脚牢固，不像 QFP 那样存在引脚易变形问题。

图 5.13 所示为 PBGA 封装结构示意图，PBGA 中的焊球做在基板上。PBGA 封装采用的焊球材料为共晶或准共晶 Pb - Sn 合金。焊球和封装体的连接不需要另外的焊料。这种 PBGA 封装主要对湿气较为敏感，需合理放置。

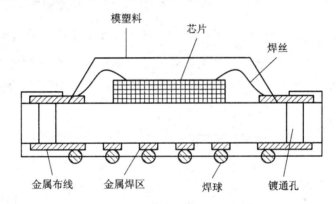

图 5.13　PBGA 封装结构示意图

当电路元件用 BGA 封装方式焊接在 PCB 上时，高温情况下镀通孔将产生张力，这是由于 PCB 的热膨胀系数明显高于铜电镀通孔的热膨胀系数，在高温下 PCB 的膨胀将会高于铜，而在低温下 PCB 的收缩将会高于铜，如图 5.14 所示。

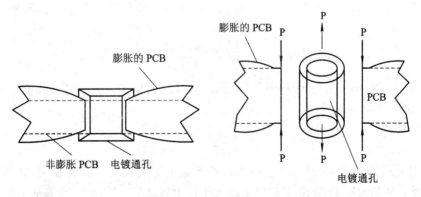

图 5.14　电镀通孔热膨胀示意图

**例 5.2** 确定在 $-55 \sim 95℃$ 的温度范围内进行快速热循环期间，内径为 0.7 mm，外径为 0.8 mm 的铜电镀通孔，以及在 2 mm 厚的环氧玻璃纤维 PCB 中产生的热膨胀应力。

**解** 在电镀通孔铜管内产生的力可由式(5-57)确定，此方程表示的是膨胀位移与力位移的关系，在电镀通孔内的应力则可根据铜的横截面面积求得。

$$\alpha_C L_C \Delta t + \frac{P_C L_C}{A_C E_C} = \alpha_P L_P \Delta t - \frac{P_P L_P}{A_P E_P} \tag{5-57}$$

可以设定环绕铜电镀通孔的环氧玻璃纤维 PCB 的有效直径为 PCB 的厚度，求解还需以下数据：

给定：

$$\alpha_C = 17 \times 10^{-6} / ℃ \quad （铜通孔的热膨胀系数）$$

$$\Delta t_{max} = 150℃ \quad （峰峰值温度范围）$$

$$\Delta t_{AV} = 150/2 = 75℃ \quad （中点到高温和中点到低温的范围）$$

$$A_C = \frac{\pi(0.8^2 - 0.7^2)}{4} = 0.118 \ mm^2 \quad （铜面积）$$

$$E_C = 8.3 \times 10^4 \ N/mm^2 \quad （电镀铜的弹性模量）$$

$$\alpha_P = 70 \times 10^{-6} / ℃ \quad （Z 轴 PCB 在 95℃ 时的平均热膨胀系数）$$

$$A_P = \frac{\pi(2^2 - 0.8^2)}{4} = 2.64 \ mm^2 \quad （环绕镀通孔的 PCB 的面积）$$

$$E_P = 1.03 \times 10^3 \ N/mm^2 \quad （环氧玻璃纤维 PCB 在 95℃ 沿 Z 轴的弹性量）$$

将以上系数代入式(5-57)，当铜电镀孔的长度与 PCB 的厚度相同时，方程两边的长度 $L$ 将相互抵消：

$$17 \times 10^{-6} \times 75 + \frac{P_C}{0.118 \times 8.3 \times 10^4} = 70 \times 10^{-6} \times 75 - \frac{P_P}{2.65 \times 1.03 \times 10^3} \tag{5-58}$$

考虑 $Z$ 轴方向个力之和：

$$P_C = P_P \tag{5-59}$$

算得

$$P = 8.49 \ N \quad （铜电镀通孔的拉伸负载） \tag{5-60}$$

铜电镀通孔的拉伸应力可以依据铜电镀通孔的横截面积来确定。当累积 10 000 ~ 20 000 或更多个循环时，应使用应力集中因子。因为预计只有数千个应力循环，使用 1.0 的应力因子：

$$S_t = \frac{KP}{A_C} \tag{5-61}$$

式中：$P = 8.49 \ N$，铜电镀空的轴向负载；$A_C = 0.118 \ mm^2$，为铜电镀通孔的横截面面积；$K = 1.0$，为应力因子）。

从而可算得

$$S_t = 71.95 \ N/mm^2 \tag{5-62}$$

在铜电镀通孔膝部（PCB 表面的铜盘在此与铜电镀通孔的镀铜管相交）常常产生较大的应力。因为环氧树脂 PCB 沿 $Z$ 轴的膨胀大于铜电镀通孔，所以 PCB 表面的铜盘将随着 PCB 的膨胀而被迫抬高或弯曲。

# 5.6　叠层芯片 SCSP 封装元件热应力分析

随着全球电子产品个性化、轻巧化的需求不断提升，封装技术已进步到 CSP(Chip Size Package)封装阶段。它减小了芯片封装外形的尺寸，做到裸芯片尺寸有多大，封装尺寸就有多大，即封装后的 IC 尺寸边长不大于芯片的 1.2 倍，IC 面积只比芯片大不超过 1.4 倍。

CSP 封装分类如下：

(1) 柔性基板封装(FPGBA)：是日本 NEC 公司开发的，主要由 LSI 芯片、载带、黏结层和金属凸点等构成。载带由聚酰亚胺和铜箔组成。采用共晶焊料(63%Sn～37%Pb)作为外部互连电极材料。其主要特点是结构简单，可靠性高，安装方便，可充分利用传统 TAB 焊接机进行焊接。

(2) 刚性基板(CSTP)：陶瓷基板薄型封装，是日本东芝公司开发的一种超薄型 CSP。CSTP 主要由 LSI 芯片、AlN 基板、Au 凸点和树脂等构成。通过焊装、树脂填充和打印等三步工艺制成。CSTP 的厚度只有 0.5～0.6 mm，封装效率高达 75%以上。

(3) Flexible Interposer Type(软质内插板型)：其中最有名的是 Tessera 公司的 MicroBGA，CTS 的 Sim - BGA 也采用相同的原理。其它代表厂商包括通用电气(GE)和 NEC。

(4) Wafer Level Package(晶圆尺寸封装，简称 WLCSP)：有别于传统的单一芯片封装方式，WLCSP 是将整片晶圆切割为一颗颗的单一芯片，它号称是封装技术的未来主流，已投入研发的厂商包括 FCT、Aptos、卡西欧、EPIC、富士通、三菱电子等。

CSP 封装具有以下特点：

(1) 满足了芯片 I/O 引脚不断增加的需要。

(2) 芯片面积与封装面积之间的比值很小。

(3) 极大地缩短了延迟时间。

(4) 电性能、散热性能良好。

叠层芯片尺寸封装(Stacked Chip-Scale Package，SCSP)是 CSP 封装与叠层封装相结合的产物。芯片黏结层是黏结芯片和基板的一层薄膜，具有多孔性和亲水性，易于吸收周围环境中的湿气。在高温时，芯片黏结层的弹性模量会变得很小，由玻璃态转化为高弹态/黏流态，这是为了使芯片黏结层更好地填补基板及芯片表面不光滑的地方。在焊接时，芯片黏结层所吸收的湿气蒸发从而产生蒸汽压力，作用于孔洞并促使孔洞增长，形成分层，从而影响封装器件的可靠性。SCSP 一般由 2～3 个层芯片(Die)、焊线(Wire)、黏结剂(Epoxy Paste)、塑封料(Molding Compound)、基板(Substrate)和焊球组成。SCSP 封装分为两种形式：一种是金字塔形的叠层封装，上层芯片比下层芯片面积小，两层芯片之间由粘结剂相连；另一种是悬臂式的叠层封装，上下层芯片大小相同，中间加一层较小的空白芯片，用黏结剂把空白芯片和上下层芯片黏结起来，如图 5.15 所示。

对于 SCSP 封装来说，热量传递大致分为如下过程：

(1) 顶部芯片产生的热量一部分通过上表面的对流和辐射传递出去，一小部分热量通过引脚散发到环境中，还有一部分穿过插件层到达底部芯片，最终由基板散发出去。当然这个过程要依赖于上下两个芯片的发热情况，与温差有很大的关联。

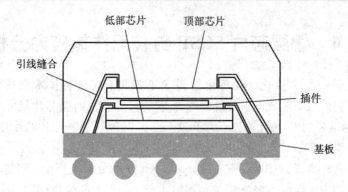

图 5.15　SCSP 封装结构示意图

（2）底部芯片产生的热量主要通过热传导传递到下面基板中，最终通过基板表面的对流和辐射传递出去。

对于层叠封装来说，由于热量传递难度大，导致产生的热应力也较大，带来的破坏相较单层芯片封装更为严重。采用 SCSP 封装时，大多数引线成形工具则用于将引线弯曲成 90°，以插入 PCB 的通孔进行射流焊接。当其暴露在热循环环境中时，由于 PCB 比元件的热应力系数高，因此 PCB 的膨胀大于元件，如图 5.16 所示。引线和 PCB 焊点中将产生弯曲力矩，它会在焊点中引起剪切撕裂应力。

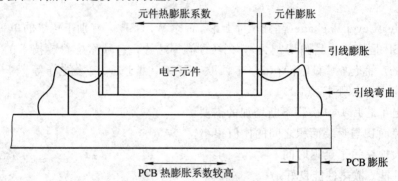

图 5.16　电子组件膨胀状况

通常减小引线压力采用以下三种办法：

（1）减小惯性矩。可以通过改变引线的横截面形状来降低惯性矩，这样可以减小引线中的应力。

（2）减小引线偏移。通过减小元件本体与 PCB 之间在热膨胀系数方面的相对差异，可以减小引线的偏移。

（3）增加引线长度。增加引脚线长度将迅速减小引线中的力，如图 5.17 所示。

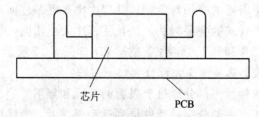

图 5.17　增加引线长度示意图

**例 5.3**　确定在 $-40\sim80℃$ 的温度循环中，由于 $X-Y$ 平面内环氧玻璃纤维 PCB 热膨胀的失配，会引起轴向引线、通孔安装的引线和焊点中产生应力，如图 5.18 所示。试分析引线中的载荷和由于引线弯曲力矩在焊点中产生的剪切应力。

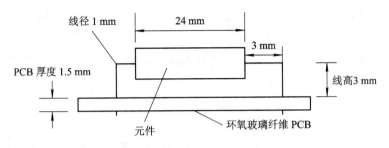

图 5.18　电子组件受热膨胀

**解**　引线中的应力分析如下：

因为 PCB 的热膨胀系数大于元件的热膨胀系数，PCB 的热膨胀也将大于元件的膨胀。膨胀差异将迫使元件引线的垂直边弯曲。这种作用将在引线中产生弯曲和剪切应力，在焊点中产生剪切撕裂应力。

对几何形状的研究表明，PCB 的膨胀必须等于元件本体的膨胀，加上引线的水平膨胀，再加上引线垂直边的弯曲变大使得简化形式如下：

$$X_P = X_R + X_H + X_W \tag{5-63}$$

式中：$X_P$ 为 PCB 沿 $X$ 轴的热膨胀；$X_W$ 为引线垂直边沿 $X$ 轴的弯曲；$X_H$ 为引线水平边的热膨胀；$X_R$ 为元件本体沿 $X$ 轴的热膨胀。

胀差迫使引线各边弯曲，使引线产生水平应力。该力的大小可以根据引线垂直边中产生的位移弯曲求得。此弯曲位移如下：

$$X_W = \alpha_P L_P \Delta t_{AV} - \alpha_R L_R \Delta t_{AV} - \alpha_H L_H \Delta t_{AV} \tag{5-64}$$

式中：$\alpha_P = 15\times10^{-6}/℃$，为 $X\text{-}Y$ 平面内 PCB 热膨胀系数；$L_P = 12\text{ mm} + 3\text{ mm} = 15\text{ mm}$，为 PCB 的有效长度；$\Delta t = 120℃$，为总的温度范围；$\Delta t_{AV} = 120/2 = 60℃$，为快速温度循环中点到峰值的温度；$\alpha_R = 6\times10^{-6}/℃$，为元件的热膨胀系数；$L_R = 12\text{ mm}$，为元件本体长度一半；$\alpha_H = 16\times10^{-6}/℃$，为水平铜线的热膨胀系数；$L_H = 3\text{ mm}$，为引线的水平长度。

代入以上系数解得 $X_W = 0.0063\text{ mm}$，它表示引线的弯曲位移。对于两边长度相等的方形框架来说，由于偏差在引线中产生的力公式如下：

$$P = \frac{7.5 E_W I_W X_W}{L_W^3} \tag{5-65}$$

（若芯片引线未发生弯曲，则用 $P = \dfrac{A_W E_W X_W}{L_W}$，$A_W$ 指铜线面积。）

除引线长度之外，所有物理特性均为已知。对通过引线的负载通路和检查将表明，负载并不突然中止于 PCB 结合面或元件结合面处。引线既伸入 PCB 内，又伸入元件本体内，这样就使引线的有效长度稍长于预期的引线长度。在类似电子部件上的测试数据表明，对于弯曲的引线来说，可认为引线伸入元件本体和 PCB 大约各有一个引线直径的长度。在例题中就使用该近似值来求得引线的有效长度。求解引线中诱发的水平力所需要的信息说明如下。

给定:

$L_W = 3 + 1 = 4 \text{ mm}$ (引线有效长度=暴露长度+一个引线直径)

$d = 1 \text{ mm}$ (引线直径)

$E_W = 0.11 \times 10^6 \text{ N/mm}^2$ (铜引线的弹性模量)

$X_W = 0.0063 \text{ mm}$

$I_W = \dfrac{\pi d^4}{64} = \dfrac{3.14 \times 1 \text{ mm}^4}{64} = 0.049 \text{ mm}^4$ (惯性矩)

代入以上系数,可以得到 $P = 3.98 \text{ N}$,焊点处引线内的弯曲力矩可以由 $M = 0.6PL$ 求得(其中 $L = 3 + 1/2 = 3.5 \text{ mm}$,由于引线出现不规则变形,故力矩要乘一个系数,约为 0.6),得到 $M = 8.36 \text{ N} \cdot \text{mm}$。

通过保守地忽略任何焊点凸起的焊缝,可由式(5-66)求得焊点剪切撕裂应力 $S_{ST}$ 的大小:

$$S_{ST} = \frac{M}{hA_S} \qquad\qquad (5-66)$$

式中:$M = 8.36 \text{ N} \cdot \text{mm}$;$h = 1.5 \text{ mm}$,为 PCB 板的厚度);$A_S$ 为焊接面积。

若给出焊接面积的大小,可以用公式(5-66)来求解焊点剪切撕裂应力。例题 5.3 给出了求解焊点由于引线产生的弯矩而带来的剪切撕裂应力的过程,在对 SCSP 或者别的通孔封装方式求解时,还需要考虑引脚个数、引线的形状和放置方式,计算过程较为复杂。

# 5.7　3D 封装热设计

近几年来,先进的封装技术已在 IC 制造行业开始出现,如多芯片模块(MCM)就是将多个 IC 芯片按功能组合进行封装,特别是三维封装首先突破传统的平面封装的概念,组装效率高达 200% 以上。它使单个封装体内可以堆叠多个芯片,实现了存储容量的倍增,业界称之为叠层式 3D 封装;其次,它将芯片直接互连,互连线长度显著缩短,信号传输得更快且所受干扰更小;再则,它将多个不同功能芯片堆叠在一起,使单个封装体实现更多的功能,从而形成系统芯片封装新思路;最后,采用 3D 封装的芯片还有功耗低、速度快等优点,这使电子信息产品的尺寸和质量大大减小。正是由于 3D 封装拥有无可比拟的技术优势,才使这一新型的封装方式拥有广阔的发展空间。

3D 封装技术又称立体封装技术,是在 $X-Y$ 平面的二维封装的基础上向空间发展的高密度封装技术。终端类电子产品对更轻、更薄、更小的追求推动了微电子封装朝着高密度的 3D 封装方向发展,3D 封装提高了封装密度,降低了封装成本,减小了芯片之间互连导线的长度,从而提高了器件的运行速度,通过芯片堆叠或封装堆叠的方式实现器件功能的增加。3D 封装虽可有效地缩减封装面积与进行系统整合,但其结构复杂,散热设计及可靠性控制都比 2D 芯片封装更具挑战性。3D 和 2D 封装对比如图 5.19 所示。

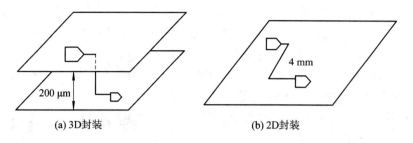

图 5.19 3D 和 2D 封装简化示意图

3D 封装的形式有很多种，主要可分为填埋型、有源基板型（如图 5.20 所示）和叠层型三类。填埋型即将元器件填埋在基板多层布线内或填埋、制作在基板内部。有源基板型是用硅圆片集成（Wafer Scale Integration，WSI）技术做基板时，先采用一般半导体 IC 制作方法做一次元器件集成化，形成有源基板，然后再实施多层布线，顶层再安装各种其它 IC 芯片或元器件，实现 3D 封装。这一方法是人们最终追求并力求实现的一种 3D 封装方法。叠层型是将两个或多个裸芯片或封装芯片在垂直芯片方向上互连形成 3D 结构。

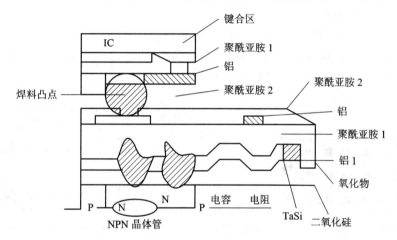

图 5.20 有源基板 3D 结构

目前有许多种基于堆叠方法的 3D 封装，主要包括硅片与硅片的堆叠（W2W）、芯片与硅片的堆叠（D2W）以及芯片与芯片的堆叠（D2D）。封装的工艺成本主要取决于已知合格芯片。

IMEC（Inter-University Micro Electronics Center）与国际半导体技术线路图（ITRS）以及 Jisso 封装标准集团共同制定了基于电子供应链的 3D 分类标准。分类如下：

（1）3D-SIP（System-In-Package）：采用传统的引线键合进行芯片堆叠，即在第二层和第三层 Jisso 封装层级实现 3D 互连。

（2）3D-WLP（Wafer-Level Package）：在 IC 钝化层工艺完成之后实现 3D 互连（Jisso 的第一级）。

（3）3D-SIC（Stacked-IC）：在全局层级或中间层级（Jisso 层级 0 层）的 3D 互连。

（4）3DIC：在芯片连接层级的局部层级实现 3D 互连。

最常见的裸芯片叠层 3D 封装先将合格芯片倒扣并焊接在薄膜基板上，这种薄膜基板的材质为陶瓷或环氧玻璃，其上有导体布线，内部也有互连焊点，两侧还有外部互连焊点，然后再将多个薄膜基板进行叠装互连。它的典型结构和原理图如图 5.21 所示。

由于 3D 封装是在一个较小的封装体内堆叠多层 IC 芯片，所以 3D 封装的散热问题尤为突出。如果不解决散热问题，将使封装体内温度过高，影响封装体内 IC 芯片的稳定性，严重时甚至会烧坏芯片。然而，3D 封装方式与传统封装方式不同，3D 封装只对其表面进行散热，因此无法取得令人满意的效果，即使在表面加散热装置也只能使靠近表面的那层芯片的温度下降，而对内部芯片温度的降低

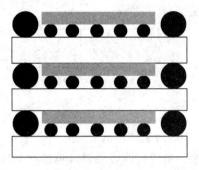

图 5.21　典型层叠 3D 封装结构示意图

却显得效果不理想。因而只能在封装体表面采用强力风冷或液体冷却，或者采用热阻值较低的基板。由于封装体是一个密封系统，当表面散热和低阻基板仍不能解决散热问题时，在内部芯片基板上合理设置缺口或通孔，利用气体对流的原理（封装体内不为真空时），将内部 IC 芯片所产生的热量带到封装体的表面，这样即有利于内部芯片的散热。

当芯片上方未加任何散热设备的时候 80%～90% 的热量将透过基板和锡球焊点向下散发出去，而加了散热器的芯片，散热途径发生转变，80%～90% 的热量通过封装表面到达散热器，从散热器中逸散出去。辐射散热只占极少部分。

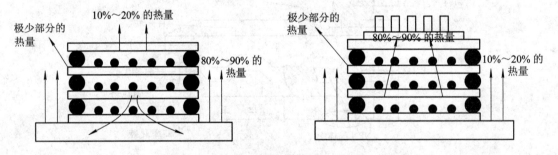

图 5.22　散热设备对热量散发的影响对比图

由于微通道散热能够有效地解决大功率芯片和多层次封装芯片导致的高发热量问题，所以完全可以采用这种方法来降低电路元件的温度。微通道散热模型如图 5.23 所示。

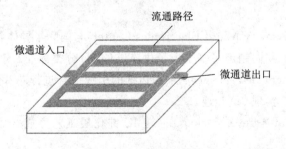

图 5.23　微通道散热模型

只需给定相关的参数，就能够确定微通道的散热能力。假定该微通道共有 8 个流通路径按照体积最小原则，把微通道体的长度设为 60 mm，宽度设计为 50 mm，高度设为

5 mm。在底板下面做一个凹槽，因为要把芯片放在凹槽内，其深度设为与芯片的高度相同。

计算当量直径(见图 5.24)，假设 $a=0.2$ mm，$b=4$ mm，由式(4-216)可得

$$d_e = \frac{4ab}{2(a+b)} = 0.381 \text{ mm} \tag{5-67}$$

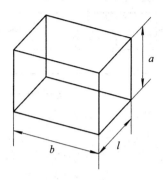

图 5.24　通流路径尺寸

考虑芯片的大小，取通道长度 $l=43$ mm。

$R_e$ 数的估计：假设平均温度 $t_f=30℃$，$v_f=0.805\times10^{-6}$，稳定条件下，临界的 $Re_f=Re_c=2300$。由式 $Re=\frac{\mu d_e}{v_f}$，得 $\mu=4.628\,75$ m/s。

水流速计算：因为 8 个微通道内的水流速度很难确定，假设其水流速度相同，流速为 0.8 m/s、入口的导管半径 $r=3$ mm，由质量守恒定律 $\frac{D}{Dt}\int_{D'}\rho dV=0$，可得出 $A\times v=8A_1$，得到入口速度为 0.725 m/s，可知水流处于层流状态。水流换热系数如下：

$$h = \frac{Nu \cdot \lambda_f}{d_e} = 12\,796 \text{ W/m}^2 \tag{5-68}$$

$$Q = 8\times hbl\{(t_{w1}-t_f)+(t_{w2}-t_f)\} = 88 \text{ W} \tag{5-69}$$

通过计算可知，在以上参数条件下，该微通道可以满足 88 W 发热量芯片的散热需求。

# 习　　题

5.1　列出几种常见封装方式，并选其一分析可能存在的热应力问题。

5.2　什么是导热微分方程？如何用该方程来分析温度场？

5.3　简述温度场泛函表达式和变分表达式。

5.4　写出弹性力学平衡方程和物理方程。

5.5　什么是位移法，如何用位移法求解基本平衡方程。

5.6　若已求得电路元件应力分布情况，如何确定该元件能否正常工作？

5.7　试比较 DIP、PQFP、SCSP 三种封装方式的区别。

5.8　如何减小焊点和引线中的应力，请结合本章中的封装方式来说明。

5.9　如图 5.25 所示，某二极管两端引脚焊接在 PCB 上，若不考虑弯曲偏差，试分析

在45～95℃温度循环范围内引线中的应力。设二极管、PCB、铜引线热膨胀系数分别为6×$10^{-6}$/℃、15×$10^{-6}$/℃、6×$10^{-6}$/℃。

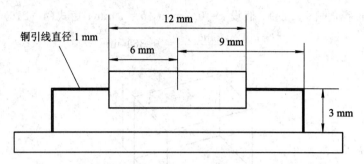

图 5.25　二极管的相关尺寸

5.10　2D 封装和 3D 封装有什么主要差异?

5.11　试分析本章中出现的层叠 3D 封装结构(见图 5.21)的散热过程。

5.12　请自己搜索资料,介绍 3D 封装的散热方式。

5.13　若本章微通道散热模型中流通路径变为圆形、三角形、梯形等,那么新的微通道散热能力如何改变?

# 第 6 章　PCB 的热设计

随着电子设计与制造技术的发展，电子及相关产业追求小型化、集成化、高频率和高运算速度，电子元器件和设备的热流密度迅速增加。研究表明，芯片级的热流密度高达 $100\ W/cm^2$，它仅比太阳表面的热流密度低两个数量级。太阳表面的温度可达 6000℃，而半导体集成电路芯片的结温应低于 100℃，如此高的热流密度，若不采取合理的热控制技术，必将严重影响电子元器件和设备的热可靠性。因此对电子设备进行合理的热设计变得尤为重要。而电子元器件散发的热量大多通过传导、对流、辐射传递到电路基板，因此对 PCB 进行合理有效的热设计也很关键。

## 6.1　PCB 上的热源

一般地，电子设备的热量主要来源于三个方面：一是电子设备工作过程中，功率元器件耗散的热量；二是电子设备的工作环境，通过导热、对流和热辐射的形式，将热量传给电子设备；三是电子设备与大气环境产生相对运动时，各种摩擦引起的增温。所以，热设计的总原则就是自热源至耗散空间（环境）之间，提供一条尽可能低、尽可能短的热阻通路。

同样，PCB 中热量的来源主要也有三个方面（如图 6.1 所示）：① 电子元器件的发热；② PCB 本身的发热；③ 其它部分传来的热。在这三个热源中，元器件的发热量最大，是主要热源，其次是 PCB 产生的热，外部传入的热量取决于系统的总体热设计，暂时不做考虑。

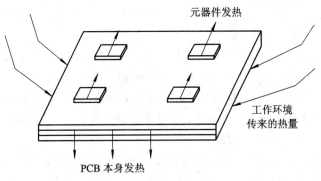

图 6.1　PCB 中热量的来源

PCB 热设计的目的是采取适当的措施和方法降低元器件与 PCB 的温度，使系统在合适的温度下正常工作。这主要是通过减小发热和加快散热来实现的。

# 6.2　PCB 结构设计

## 6.2.1　元器件排列方式

　　元器件布局的合理与否直接影响到产品的寿命、稳定性、EMC（电磁兼容）等，必须从电路板的整体布局、布线的可通性和 PCB 的可制造性、机械结构、散热、EMI（电磁干扰）、可靠性、信号的完整性等方面综合考虑。

　　一般先放置与机械尺寸有关的固定位置的元器件，再放置特殊的和较大的元器件，最后放置小元器件。元器件在印制板上进行排列时，要尽可能按元器件的轴线方向排列，元器件以卧式安装为主，并与板的四边垂直或平行，这样排列元件版面美观、整齐、规范，对安装调试及维修均较方便。同时，要兼顾布线方面的要求，高频元器件的放置要尽量紧凑，信号线的布线才能尽可能短，从而降低信号线的交叉干扰等。

### 1. 布局原则

　　目前，电子设备向多功能、小型化方向发展，这就要求在布局时，必须精心设计，巧妙安排，在各方面要求兼容的条件下，力求提高组装密度，以缩小整机尺寸。排列元件时应考虑下列因素：

　　（1）应保证电路性能的实现。

　　电路性能一般是指电路的频率特性、波形参数、电路增益和工作稳定性等有关指标，具体指标随电路的不同而异。例如，对于高频电路，在元器件布局时，解决的主要问题是减小分布参数的影响。布局不当，将会使分布电容、接线电感、接地电阻等分布参数增大，会直接改变高频电路的参数，从而影响电路基本指标的实现。

　　元器件的布局应使电磁场的影响减小到最低，采取措施避免电路之间形成干扰以及防止外来的干扰，以保证电路正常稳定地工作。电子设备中数字电路、模拟电路以及电源电路产生的干扰以及抑制干扰的方法不同，此外高频、低频电路由于频率不同，其干扰以及抑制干扰的方法也不同，所以在元件布局时，应该将数字电路、模拟电路以及电源电路分别放置，将高频电路与低频电路分开，有条件的应使之各自隔离或单独做成一块电路板。此外，布局中还应特别注意强、弱信号的器件分布及信号传输方向途径等问题。时钟发生器、晶振和 CPU 的时钟输入段都易产生噪音，要相互靠近些。易产生噪音的器件、小电流电路、大电流电路等应尽量远离逻辑电路。如有可能，应另做电路板，这一点很重要。

　　此外，不论什么电路，使用的元器件，特别是半导体器件，对温度非常敏感，元器件布局应采取有利机内的散热和防热的措施，以保证电路性能指标不受温度影响。

　　（2）应有利于布线，方便于布线。

　　元器件布设的位置，直接决定着连线长度和敷设路径，布线长度和走线方向不合理，会增加分布参数和产生寄生耦合，而且不合理的走线还会给装接工艺带来麻烦。

　　（3）应满足结构工艺的要求。

　　电子设备的组装不论是整机还是分机，都要求结构紧凑、外观性好、重量平衡、防震、耐震等。因此，元器件布局时要考虑重量大的元器件及部件的位置应分布合理，使整机重心降低，机内重量分布均衡。对于那些耐冲击和耐振动能力差，或工作性能受冲击、振动影响较大的元器件及部件，在布局时应充分考虑这些因素并分别采取措施。

（4）应有利于设备的装配、调试和维修。

现代电子设备由于功能齐全、结构复杂，往往将整机分为若干结构单元（分机），每个单元在安装、调试方面都是独立的。因此，元器件的布局要有利于生产时装调的方便和使用维修时的方便，如便于调整、便于更换元器件等。

（5）美观原则。

产品的成功，一是要注重内在质量，二是兼顾整体的美观。在保证电路功能和性能指标的前提下，PCB 上元器件的布局应考虑排列的美观性。元器件的布局要求均衡，疏密有序，不能头重脚轻或一头沉。

（6）排列顺序。

排列元件时应遵循一定的排列顺序：先大后小，先放置面积较大的元器件；先集成后分立，放置集成电路后，再在其周围放置其它分立元件；先主后次，先放置主电路元器件，再放置次电路元器件；每个单元电路，应以核心器件为中心，再围绕它放置其它附属器件。

（7）就近原则。

当印制板上对外连接确定后，相关电路部分应就近安放，避免走远路，绕弯子，尤其忌讳交叉穿插。

**2. 布局的一般方法**

元器件在印制板平面上的排列，可分为三种方式，即不规则排列、坐标排列和坐标格排列，如图 6.2 所示。

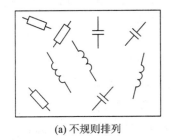
(a) 不规则排列
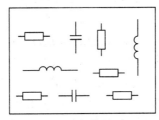
(b) 坐标排列
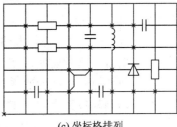
(c) 坐标格排列

图 6.2　元器件在印制板上的排列

不规则排列主要从电性能方面考虑，其优点是减少印制导线和元器件的接线长度，从而减小电路的分布参数；缺点是外观不整齐，也不便于机械化装配。这种排列一般适合于高频（30 MHz 以上），如图 6.2(a)所示。

坐标排列是指元器件与印制电路板的一边平行或垂直。其优点是排列整齐，缺点是引线可能较长，适用于低频（1 MHz 以下），如图 6.2(b)所示。

坐标格排列是指元器件除与印制板的一边平行或垂直以外，同时要求孔位于坐标格的交点上。对于孔组至少应有一个孔位于坐标网格交点上，如图 6.2(c)所示。这种排列方法除具有坐标排列的特点外，更便于机械化打孔及装配。坐标网格一般有 2.54 mm 及 2.50 mm 两种。

1) 按电路组成顺序成直线排列的方法

这种方法一般按电路原理图组成顺序（即根据主要信号的放大、变换的传递顺序）按级成直线布置各个功能单元的位置，使布局便于信号流通，并使信号尽可能保持一致的方向。晶体管电路及以集成电路为中心的电路都是如此。各级电路以器件为中心，元件就近排列，各级间应留适当的距离，并根据元件尺寸进行合理布设，使前面一级输出与后面一级输入很好衔接，尽量使小型元件直接跨接在电路之间。这种排列的优点如下：

（1）电路结构清晰，便于布设、检查，也便于各级电路的屏蔽或隔离。

（2）输出级与输入级相距甚远，使级间寄生反馈减小。

（3）前后级之间衔接较好，可使连接线最短，减小电路的分布参数。

如果受到机械结构等条件的限制，不允许做直线布置，仍可遵循电路信号的顺序按一定的路线排列，或排列成某个角度，或双列并行排列，或围绕某一中心元件适当布设。以每个功能电路的核心元件为中心，围绕它来布局。元器件应均匀、整齐、紧凑地排列在PCB 上，尽量减少连接和缩短各元器件之间的引线。

2）按电路性能及特点的排列方法

（1）如果由于整机要求必须将整个电路分成几块安装，则应使每一块装配好的印制电路板成为独立的功能电路，以便于单独调整、检验和维护。

（2）在布设高频电路元件时，应注意元件之间的距离越小越好，引线要短而直。

（3）对于推挽电路、桥式电路等对称性电路元件的排列，应注意元器件布设位置和走线的对称性，使对称元器件的分布参数尽可能一致。

（4）在电路中高电位的元件应排列在横轴方向上，低电位的元件应排列在纵轴方向上，这样可以减少高电位元件对低电位元件的干扰。

（5）将低电位的模拟电路和数字电路分开，避免模拟电路、数字电路和电源公共回线产生公共阻抗耦合。

（6）高、中、低速逻辑电路在 PCB 上要占用不同的区域。

（7）安排电路时要使得信号线长度最小。

（8）防止电磁干扰的滤波器要尽可能靠近 EMI 源，并放在同一块电路板上。

（9）印制板按频率和电流开关特性分区，噪声元件和非噪声元件要距离再远一些。

（10）如果遇到干扰电路靠近放大电路的输入端，在布设时若无法拉近两者的距离，则可改变相邻的两个元件的相对位置，以减小脉动及噪声干扰。

3）从结构工艺上考虑元器件的排列方法

印制电路板是元器件的支撑主体，元器件的排列主要是印制板上元器件的排列，其结构工艺应注意以下几点：

（1）在一般情况下，所有元器件均应布置在印制板的一面，以便于加工、安装和维护。对于单面印制板，元器件只能安装在没有印制电路的一面，元器件的引线通过安装孔焊接在印制导线的接点上。对于双面印制板，元器件也尽可能安装在板的一面。

（2）为防止印制板组装后的翘曲变形，元器件的排列要尽量对称，重量平衡，重心尽量靠板子的中心或下部，采用大板子组装时，还应考虑在板子上使用加强筋。重量超过 15 g 的元器件尽可能安置在印制板上靠近固定端，并降低重心，在板上用支架或固定夹进行装夹，然后焊接，以提高机械强度和耐振、耐冲击能力，以及减小印制板的负荷和变形。

为了便于合理地布置元器件、缩小体积和提高机械强度，可在主要的印制板之外再安装一块"辅助板",将一些笨重的元器件如变压器、扼流圈、大电容器、继电器等安装在辅助底板上,这样有利于加工和装配。对于印制板不能承载的元件,应在板外用金属托架安装,并注意固定及防止振动。

（3）元器件在板子上应排列整齐,不应随便倾斜放置;轴向引出线的元器件一般采用卧式跨接,使重心降低,有利于保证自动焊接时的质量。对于组装密度大、电气上有特殊要求的电路,可采用立式跨接,同尺寸的元器件或尺寸相差很小的元器件的插装孔距应尽量统一,跨距趋向标准化,便于元件引线的折弯和插装机械化。

（4）对于电位器、可调电感线圈、可变电容器、微动开关等可调元件的布局应考虑整机的结构要求。若是机内调节,应放在印制板上便于调节的地方;若是机外调节,其位置要与调节旋钮在机箱面板上的位置相适应。

（5）在元器件排列时,元器件外壳或引线到印制板的边缘距离不得小于 2 mm。在一排元件或部件中,两相邻元器件外壳之间的距离应根据工作电压来选择,但不得小于 1 mm。

4）按元件的特点及特殊要求合理安排

（1）敏感元件的排列,要注意远离敏感区。如热敏元件不要靠近发热元件（功放管、电源变压器、功率电阻等）,光敏元件更要安排在远离光源的位置。

（2）磁场较强的元件（变压器及某些电感器件）,在放置时应注意其周围有适当的空间或采取屏蔽措施,以减小对邻近电路（元件）的影响。它们之间应注意放置的角度,一般应互相垂直或成某一角度放置,不应平行安放,以免互相影响。

（3）高压元件或导线,在排列时要注意和其它元器件保持适当的距离,防止击穿或打火。

（4）需要散热的元器件,要装在散热器或作为散热器的机器底板上,或者在排列时有利于通风散热。

**3. 典型电路元器件的布局**

1）稳压电源

多数电子设备中都有稳压电源,是设备的直流电源供给部分,主要特点是:质量大,工作稳度高,容易产生电网频率干扰,有高压输出时对绝缘要求较高,输出低压大电流时对导线及接地点有一定要求。因此在元器件布局时,应主要考虑下面的问题:

（1）电源中的主要器件（如电源变压器、调整管、滤波电容器、泄放电阻等）体积和质量都大,布局时应放置在金属水平底座上,使整机重心平衡,机械紧固牢。底座一般用涂覆的钢质材料,除保证机械强度外,还常用作公共地线。

（2）电源中发热元件（如大功率整流器件、大功率变压器、大功率调整管等）较多,布局时应考虑通风散热,一般安置在底座的后面或两侧空气流通较好的地方,调整管及整流元件应装在散热器上,并远离其它发热元件（最好装在机箱后板外侧）,对于其它怕热元件（如电解电容,因为电解电容内的电解液是糊状体,在高温下容易干涸,产生漏电）,应远离发热体,小的元器件一般放在印制电路板上,印制电路板不要放在发热元件附近,应放在便于观察的地方,以便于调整和维修。

（3）电源内有电网频率（50 Hz）的泄漏磁场,易与放大器某些部分发生交连而产生交流声,因此,电源部分应与低频放大部分隔开,或者进行屏蔽。

(4) 当电源内有高压时，注意要使高压端和高压导线与机架机壳绝缘，并远离地电位的连线及结构件。控制面板上要安装高低压开关和指示灯，各种控制器和整流器的外壳都要妥善接地。

2) 低频放大器

低频放大电路是电子设备中常用的一种电路，主要特点是工作频率低，一般增益较高，易受干扰产生干扰声，或由寄生反馈引起自激。因此，在元件布局时考虑以下几个方面：

(1) 输入引线尽量短。尤其在连接电阻等元件时，接交流高电位的引线越短越好，接交流地电位的引线可以稍长一些。

(2) 输入端电位器外壳和轴柄应当良好地接地。如音调控制电路的高、低音调节电位器，一般工作电平都较低，容易受空间电磁场的干扰。所以，既要将电位器的外壳接地，又要使轴柄接地，保证良好屏蔽，免除外界干扰。

(3) 正确安装指示灯。一般指示灯与电源变压器的绕组较远，所以引线很长，很容易成为交流干扰源。为此，要求指示灯离输入级电路尽量远。最好采用双线对地绝缘的指示灯座，并把灯丝引线双线绞合起来。

(4) 放大器输入回路的导线和输出回路、交流电源的导线要分开，不要平行铺设或捆扎在一起，以免相互感应。

(5) 小信号的输入线要采用具有金属丝外壳的屏蔽线，屏蔽线外套要可靠接地，并且必须一端接地。

3) 中频放大器

在元器件布局时，应注意各级发射极电阻和旁路电容接地，并且基极偏置电阻和退耦电容的接地点最好接在一起。

4) 高频放大器

高频放大器也是电子设备中常见的电路，其主要特点是：工作频率较高（一般为几兆赫至几十兆赫），若增益比较大，则电路工作稳定性很容易受到影响。这主要是由于电路元件的分布参数（如引线电感、寄生电容、接地电阻等）使电路原来的参数发生了变化，导致电路不能正常工作。因此，在布置元件时应注意以下几点：

(1) 在高频下工作的电路，要考虑元器件之间的分布参数。一般电路应尽可能使元器件平行排列。这样不但美观，而且焊接容易，便于批量生产。

(2) 元器件布置要紧凑，要有利于连接并且连线最短，必要时可将元器件直接组装在开关上，形成波段转换组装件。易受干扰的元器件不能相互挨得太近，输入和输出元件应尽量远离。

(3) 高频电路中的安装件（包括机械固定或绝缘保护所需要的）的布置，要考虑它们与高频回路元件之间的位置、距离及带来的影响。若距离很近则会不同程度地改变回路的分布参数，影响电路性能。常将流过高频电流的导线和元件架空，离开底座。另外，每一件安装件都要保证牢固可靠；若遇到振动、冲击，则不允许发生相对位移，以避免分布参数的改变给电路带来不良影响。

（4）高频电路的接地方式十分重要。首先是接地点的正确选择，包括元件就近接地和尽量做到一点接地，当这两种接法有矛盾时，可根据具体情况灵活运用，以试验效果来确定；其次是接地性能必须良好。

**4. 元器件布局的检查**

（1）印制板尺寸是否和加工图纸尺寸相符？是否符合 PCB 制造工艺的要求？有无定位标记？

（2）元件在二维、三维空间上有无冲突？

（3）元件布局是否疏密有序、排列整齐？是否全部布完？

（4）需经常更换的元件能否方便地更换？插件板插入设备是否方便？

（5）热敏元件与发热元件之间是否有适当的距离？

（6）可调元件的调整是否方便？

（7）在需要散热的地方，装了散热器没有？空气流是否流畅？

（8）信号流程是否顺畅且互连最短？

（9）插头、插座等与机械设计是否矛盾？

（10）线路的干扰问题是否有所考虑？

## 6.2.2　PCB 走线设计

在 PCB 设计中，以布线的设计过程限定最高，技巧最细，工作量最大。需要注意，PCB 布线没有严格的规定，也没有能覆盖所有 PCB 布线的专门规则。大多数 PCB 布线受限于电路板的大小和覆铜板的层数。一些布线技术可以应用于一种电路，却不能应用于另外一种，这主要依赖于布线工程师的经验。

**1. 印制导线的走线形式**

1）直角走线

直角走线一般是 PCB 布线中要求尽量避免的情况，也几乎成为衡量布线好坏的标准之一。直角走线会使传输线的线宽发生变化，造成阻抗的不连续。直角走线对信号的影响主要体现在三个方面：一是拐角可以等效为传输线上的容性负载，减缓上升时间；二是阻抗不连续会造成信号的反射；三是直角尖端会产生电磁干扰。

2）差分走线

差分信号在高速电路设计中的应用越来越广泛，电路中最关键的信号往往都要采用差分结构设计。差分信号就是驱动端发送两个等值、相反的信号，接收端通过比较两个电压的差值来判断逻辑状态"0"还是"1"。而承载差分信号的那一对走线就称为差分走线。

差分走线与单端信号走线相比，最明显的优势：一是抗干扰能力强，二是时序定位准确。差分走线的一般要求是"等长、等距"。等长是为了保证两个差分信号时刻保持相反极性，减少共模分量；等距则主要是为了保证两者差分阻抗一致，减小反射。

3）蛇形走线

蛇形走线是布线中经常使用的一类走线形式，其主要目的就是为了延时，满足系统时序设计的要求。PCB 上的任何一条走线在通过高频信号的情况下都会对该信号造成延时，蛇形走线的主要作用是补偿"同一组相关"信号线中延时较小的部分。

**2. 印制接点的形状尺寸**

印制接点是指印制在榫接孔周围的金属部分,供元件引线和跨接线焊接用。接点的尺寸取决于榫接孔的尺寸。榫接孔是指固定元件引线或跨接接线面贯穿基板的孔。

印制电路板接点的形状可以分为三种形式:岛形接点、圆形接点和方形接点。

(1)岛形接点。具有岛形接点的印制电路多应用在高频电路中。它可以减少接点和减小印制导线的电感,增大地线的屏蔽面积,以减小接点间的寄生耦合。

(2)圆形接点。具有圆形接点的印制电路多用于低频及一般电路中。它由圆形焊盘及导线组成,导线走向直观、明确。

(3)方形接点。具有方形接点的印制电路多应用于低频电路。它的焊点与导线区别不明显。由于不需要画图,因此其绘制比较方便。它适用于手工描版或刀刻。其加工精度要求低,应用得较少。

**3. PCB 布线的原则**

在 PCB 分区、分层、布局等基本框架确定好以后,就该进行 PCB 布线了。布线时,必须先对所有信号线进行分类,对控制、数据、地址等总线进行区分,对 I/O 接口线进行分类。首先布时钟、敏感信号线,再布高速信号线。在确保此类信号的过孔足够少,分布参数足够好以后,最后再布一般的不重要的信号线。对于元器件的引角出线,同样也要仔细分析,确保布线最优。

1)电源、地线的处理

即使在整个 PCB 中的布线完成得都很好,但由于电源、地线的考虑不周到而引起的干扰,也会使产品的性能下降,有时甚至影响到产品的成功率。因此,对电、地线的布线要认真对待,把电、地线所产生的噪音干扰降到最低,以保证产品的质量。

现只对降低或抑制噪音作一表述。通常是在电源、地线之间加上去耦电容。尽量加宽电源、地线的宽度,最好是地线比电源线宽,它们的关系是:地线>电源线>信号线,通常信号线宽为 0.2~0.3 mm,最精细宽度可达 0.05~0.07 mm,电源线为 1.2~2.5 mm。对数字电路的 PCB 可用宽的地导线组成一个回路,即构成一个地网来使用(模拟电路的地不能这样使用),用大面积铜层作地线使用,在印制板上把没被用上的地方都与地相连接作为地线使用,或是做成多层板,电源、地线各占用一层。

2)数字电路与模拟电路的共地处理

现在有许多 PCB 不再是单一功能电路(数字或模拟电路),而是由数字电路和模拟电路混合构成的。因此在布线时就需要考虑它们之间互相干扰问题,特别是地线上的噪音干扰。数字电路的频率高,模拟电路的敏感度强,对信号线来说,高频的信号线尽可能远离敏感的模拟电路器件,对地线来说,整个 PCB 对外界只有一个节点,所以必须在 PCB 内部进行处理数、模共地的问题,而在板内部数字地和模拟地实际上是分开的,它们之间互不相连,只是在 PCB 与外界连接的接口处(如插头等),数字地与模拟地有一点短接,注意只有一个短接点。也有在 PCB 上不共地的,这由系统设计来决定。

3)信号线布在电(地)层上

在多层印制板布线时,由于在信号线层没有布完的线已经不多,再多加层数就会造成浪费,也会给生产增加一定的工作量,成本也相应增加了。为解决这个矛盾,可以考虑在电(地)层上进行布线。首先应考虑用电源层，其次才是地层。因为最好是保留地层的完整性。

4）大面积导体中连接腿的处理

在大面积的接地(电)中，常用元器件的腿与其连接，对连接腿的处理需要进行综合考虑。就电气性能而言，元件腿的焊盘与铜面满接为好，但对元件的焊接装配就存在一些不良隐患，例如：① 焊接需要大功率加热器；② 容易造成虚焊点。所以兼顾电气性能与工艺需要，可做成十字花焊盘，称之为热隔离(Heat Shield)，俗称热焊盘(Thermal)。这样，可使在焊接时因截面过分散热而产生虚焊点的可能性大大减小。多层板的接电(地)层腿的处理相同。

5）布线中网络系统的作用

在许多 CAD 系统中，布线是依据网络系统决定的。网格过密，通路虽然有所增加，但步进太小，图场的数据量过大，这必然对设备的存储空间有更高的要求，同时也对计算机类电子产品的运算速度有极大的影响。而有些通路是无效的，如被元件腿的焊盘占用的或被安装孔、定门孔所占用的等。网格过疏，通路太少对布通率的影响极大。所以要有一个疏密合理的网格系统来支持布线的进行。

6）设计规则检查(DRC)

布线设计完成后，需认真检查布线设计是否符合设计者所制定的规则，同时也需确认所制定的规则是否符合印制板生产工艺的需求，一般检查有以下几个方面：

(1) 线与线、线与元件焊盘、线与贯通孔、元件焊盘与贯通孔、贯通孔与贯通孔之间的距离是否合理，是否满足生产要求。

(2) 电源线和地线的宽度是否合适，电源与地线之间是否紧耦合(低的波阻抗)，在PCB 中是否还有能让地线加宽的地方。

(3) 对于关键的信号线是否采取了最佳措施，如长度最短，加保护线，输入线及输出线被明显地分开。

(4) 模拟电路和数字电路部分是否有各自独立的地线。

(5) 后加在 PCB 中的图形(如图标、注标)是否会造成信号短路。

(6) 对一些不理想的线形是否进行了修改。

(7) 在 PCB 上是否加有工艺线。

(8) 阻焊是否符合生产工艺的要求，阻焊尺寸是否合适，字符标志是否压在器件焊盘上，以免影响电装质量。

(9) 多层板中的电源地层的外框边缘是否缩小，如电源地层的铜箔露出板外容易造成短路。

7）其它布线细则

(1) 一般情况下，首先应对电源线和地线进行布线，以保证电路板的电气性能。预先对要求比较严格的线(如高频线)进行布线，输入端与输出端的边线应避免相邻平行，以免产生反射干扰。必要时应加地线隔离，两相邻层的布线要互相垂直，平行容易产生寄生耦合。

(2) 振荡器外壳接地，时钟线要尽量短，且不能引得到处都是。时钟振荡电路下面、特殊高速逻辑电路部分要加大地的面积，而不应该走其它信号线，以使周围电场趋近于零。

（3）尽可能采用45°的折线布线，不可使用90°折线，以减小高频信号的辐射（要求高的线还要用双弧线）。

（4）任何信号线都不要形成环路，如不可避免，环路应尽量小；信号线的过孔要尽量少。

（5）关键的线尽量短而粗，并在两边加上保护地。

（6）通过扁平电缆传送敏感信号和噪声场带信号时，要用"地线—信号—地线"的方式引出。

（7）关键信号应预留测试点，以方便生产和维修检测用。

（8）原理图布线完成后，应对布线进行优化；同时，经初步网络检查和 DRC 检查无误后，应对未布线区域进行地线填充，用大面积铜层作地线使用，在印制板上把没被用上的地方都与地相连接作为地线使用，或是做成多层板，电源、地线各占用一层。

### 6.2.3 PCB 材料选择

在电子整机产品中，印制板起着负载元器件、电路互连和电路绝缘三大作用，它可以分为有机树脂系绝缘基材和陶瓷系绝缘基材两大类。有机树脂系是由纸、玻璃纤维等基材和酚醛系、环氧系等树脂组合而成的绝缘基材；陶瓷系用作绝缘基材时，主要用于封装元件中。从构造和功能方面分类，有机树脂系又可以分刚性 PCB、挠性 PCB 和兼有两者特征的刚挠 PCB 三种。刚性 PCB 根据生产阶段的不同，又可分为覆铜箔板（CCL）、印制板（PCB）和印制板组件（PCBA）。

**1. 印制板的主要参数**

1）电气参数

（1）介电常数。介电常数是以某塑料为介质时的电容与以真空为介质的电容之比，又称电容率或相对电容率，是表征介质储电能力大小的一个物理量，常用 $\varepsilon$ 表示。介电常数越小，材料的绝缘性越好。

不同的基板材料有不同的介电常数。印制基板提供的电路性能必须能够使信号在传输过程中不发生反射现象，信号保持完整，传输损耗低，起到匹配阻抗的作用，这样才能得到完整、可靠、精确、无干扰的传输信号。

（2）电介质损耗。电介质损耗是体现材料绝缘特性的重要参数。常用电介质损耗角用正切 $\tan\delta$ 来表示，它是电介质损耗与该电介质无功功率之比，其数值越小，表明绝缘特性越好。

（3）特性阻抗。特性阻抗（$Z_0$）在印制板中也是重要的电气参数，它需要与电路的元器件阻抗匹配。特性阻抗除了与导线的宽度、厚度和导线间距有关外，还与基板的介电常数及介电损耗有关。

特性阻抗与基材的介电常数的平方根成反比，即介电常数越小，阻抗越大。在高频微波电路中选择介电常数较小的基材，可以避免只靠减小导线宽度的办法来提高阻抗，因为导线宽度减小程度是受工艺极限制约的。过细的导线制作难度很高，所以设计时应综合平衡两者的关系，不断优化设计，以达到最佳的可制造性。

2）机械参数

（1）弯曲和扭曲。印制板的弯曲是沿一个方向的变形；而扭曲则是沿着对角线的翘曲，它有两个方向的变形。弯曲是指印制板的单向弧度变形，扭曲是指印制板的多向变形。弯曲和扭曲的测量可通过选取一块边长为 914.4 mm 的方形或短边不小于 610 mm 的长方形基板样本来进行。

（2）剥离强度。剥离强度指粘贴在一起的材料，从接触面进行单位宽度剥离时所需要的最大力。剥离时角度有 90°或 180°，它反映了材料的黏结强度。在印制板中，剥离强度表示铜箔与基材黏结力的大小，它随着铜箔厚度和材质的变化而变化。

印制板的机械参数还包括玻璃化转变温度、冲孔与钻孔加工性能及吸水率。印制板工作温度应远小于玻璃化转变温度，而通过基板吸水率的大小可以判断印制板湿度是否符合要求。

3）阻燃性能

刚性和挠性印制板均有阻燃型和非阻燃型两大类。目前对电子产品安全性要求越来越高，市场以阻燃板为主要产品。

**2. 基板材料的选择**

在选择好半导体器件和全部设计方法后，下一步就是选择合理的基材。基材就是印制板用的基板材料。基材对成品印制板的耐电压、绝缘电阻、介电常数、介质损耗等电性能以及耐热性、吸湿性及环保等有很大影响。正确地选择基材是印制板设计的重要内容，这对于高速印制板设计更为重要。

基板材料的选择很大程度上依赖于应用，这些材料应具有的特性如下：

（1）高导热率，以便使模块散热。

（2）CTE 特性接近那些连接到基底的材料。

（3）可接受的成本（低成本高产出的应用）。

（4）对电路走线和元件的电气隔离具有好的绝缘特性。

（5）对于电路走线和低电容耦合的低电容负载具有低的介电常数。

（6）耐用性、加工性应具有高强度和韧性。

（7）高度的尺寸稳定性。

（8）在用于模块制造与工作的处理温度下具有化学和物理稳定性。

PCB 表面贴装或穿孔技术常采用 FR-4，主要的标准是低成本。陶瓷技术常采用 $Al_2O_3$，主要的标准是低成本、高性能和小型化。功率模块砖常采用带有 AlN 或 BeO 基底的 DBC 或 IMS，最主要的准则是高导热率、高电流承载能力以及对温度循环和电应力的高可靠性。另外，在设计和布局方面要最大化铜的面积，这点非常重要。

# 6.3　PCB 散热方式

随着电子技术的飞速发展，电子元器件和设备的日趋小型化，使得设备的体积功率密度越来越大，特别在机载电子设备中尤为突出。热设计问题主要反映在一些功率器件和功率组件上，这些设备的冷却散热措施有多种，现将其方法和特点概述如下。

**1. 自然冷却**

电子设备所产生的热量是通过传导、对流和辐射三种方式将热量散发到周围的空气中，再通过空调等其它设备降低环境温度，达到散热的目的。进行热设计时，要尽可能减小传递热阻，增加设备中的对流风道和换热面积，增大设备外表的辐射面积。自然冷却是最简单、最经济的冷却方法，但散热量不大，一般用于热流密度不大的设备，如图 6.3 所示。

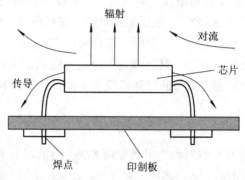

图 6.3  自然冷却示意图

**2. 强迫空气冷却**

强迫空气冷却按照风机的工作方式可分为抽风冷却和吹风冷却，如图 6.4 所示。当设备热源分布均匀时，采用抽风冷却；非均匀热源采用吹风冷却。根据设备发热量的大小，对所选的风机及风机的安装方式都有特殊要求（如气流的流量、压力、噪音等）。

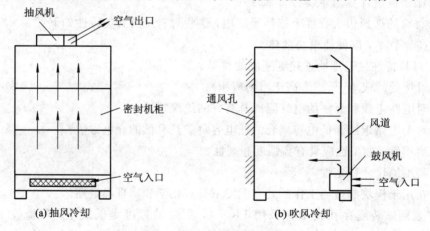

(a) 抽风冷却        (b) 吹风冷却

图 6.4  强迫空气冷却示意图

按照空气流经发热元件的方向，强迫空气冷却又分为横向通风冷却和纵向通风冷却。横向通风冷却就是冷却空气通过静压风道再流向需散热的元器件或散热器，发生换热后，热空气从设备的另一侧排出。纵向通风冷却用于垂直安装的印制电路板等，空气从下部进入设备，热空气从上部排出。在设计冷却系统时，需合理地布置各个发热器元件，发热少耐温差的元器件排在气流的上游，然后按耐温性由低到高排列。这种冷却方法多用于发热量不大的设备。

强迫空气冷却是常见的冷却方法，与间接冷却方法相比，该冷却方法有结构简单、设备量少、成本低等优点，多用于热流密度较高的设备。

**3. 间接冷却**

间接冷却是元器件与冷却介质不直接接触，热量是通过换热器或冷板进行散热的方法，包括热管冷却、热电制冷和微通道制冷等。对于高热流密度的电子器件，采用常规的散热方法已无法达到有效的散热效果，需采用间接冷却方法。

随着 MCM 集成度的提高和功率密度的增加，散热技术日益成为 MCM 应用中非常重要的技术。而 MCM 芯片产生的热量除了通过辐射散发，主要还是通过热传导传递到基板，所以提高基板的散热能力至关重要。下面主要讨论几种 PCB 的冷却方式。

## 6.3.1　MCM 自然风冷却

**1. MCM 的定义、构成及结构特点**

随着微电子技术向高级阶段发展，产生了多芯片组件（Muti-Chip Module，MCM）技术。MCM 的一种典型定义为：MCM 是将两个或两个以上的大规模集成电路（LSI）裸芯片和其它微型元器件电连接于同一块共用的高密度互连基板上，并封装在同一外壳内所构成的具有一定部件或系统功能的高密度微电子组件。

MCM 的基本构成如图 6.5 所示。一个较为复杂典型的 MCM 是在多层布线基板上，采用微电子技术互连工艺将电阻、电容器和电感等无源元件（印制、淀积或片式化）与 LSI、IC 裸片进行二维或三维组合并电气连接，再实施必要的有机树脂灌封与机械或气密性封装构成的部件级的复合器件——二维或三维多芯片组件。

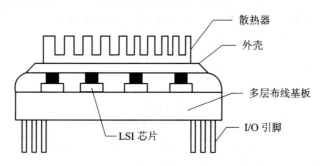

图 6.5　典整 MCM 的基本构成示意图

MCM 一般由三大部分构成：芯片、多层基板与较大的密封外壳。

多层布线基板是 MCM 的支柱，其成本占总成本的 60%，为整个 MCM 提供机械底座，对芯片的散热性能影响极大，与 IC 芯片之间的热匹配有较高的要求。基板材料的选用至关重要，它影响 MCM 的性能、相关材料的选择以及最终成本。

**2. 自然对流的换热系数求取**

当流体密度发生变化时，会发生由对流引起的热传递。若流体仅是由密度不同而产生的移动过程则称为自然对流。因为不需要附加设备，自然对流的基本关系用三个无量纲的比值即努塞尔数、格拉晓夫数和普朗特数来表示，如下所示：

$$\frac{hL}{K} = C\left(\frac{L^3 \rho^2 g\beta\Delta t}{\mu^2}\right)^m \left(\frac{C_{\mathrm{p}}\mu}{K}\right)^n \tag{6-1}$$

式中：$C$ 为取决于表面几何形状的常数；$L$ 为热流通道的长度（m）；$\rho$ 为流体密度（kg/m³）；$g$ 为重力加速度（m/s²）；$\beta$ 为体积膨胀（1/K）（或体积模数）；$\Delta t$ 为温差（K）；$\mu$ 为黏度

$(kg/(m \cdot s))$；$C_p$ 为流体的比热 $(J/(kg \cdot ℃))$；$K$ 为空气导热系数，即热导率 $(W/(m \cdot ℃))$；$h$ 为对流系数 $(W/(m^2 \cdot ℃))$。

经验已经证明，指数 $m$ 和 $n$ 非常接近相等。电子设备的自由对流计算可以使用 0.25 的指数值进行。

式(6-1)的几个术语可以合并以简化对流关系。令

$$\alpha = g\beta\rho^2 \frac{C_p\mu}{K} \qquad (6-2)$$

于是有

$$h = C\frac{K}{L}(\alpha L^3 \Delta t)^{0.25} \qquad (6-3)$$

在 $0 \sim 200$ ℉ 的很宽的温度范围内，关系式 $K\alpha^{0.25}$ 接近于常数，其值为约 0.52。将该值代入式(6-3)，可得到层流范围内的简化的自然对流方程：

$$h = C\frac{K}{L}\left(\frac{\Delta t}{L}\right)^{0.25} \qquad (6-4)$$

1) 垂直板的自然对流

在正常温度和海平面条件下，受热垂直板的简化层流自然方程可利用式(6-4)求得，如式(6-5)所示。式中温差的单位必须是 ℉，垂直高度 $L$ 的单位必须是 ft(英尺)。

$$h_c = 0.29\left(\frac{\Delta t}{L}\right)^{0.25} \qquad (6-5)$$

平均自然对流系数 $h_c$ 定义为紧贴平板并限制热流从平板流向四周环境空气的气模的热特性。通过垂直热板的横截面如图 6.6 所示。

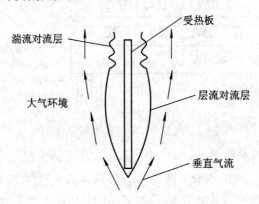

图 6.6　通过垂直热板的横截面

层流发生在高大平板的下边沿。从层流到湍流的转换通常在从板底边向上约 0.6 m 的距离处开始。湍流大约在大于 0.6 m 的距离上发生，取决于板到周围空气的温差。

2) 水平板的自然对流

正面向上的受热水平板或正面向下的冷却板的简化的层流自然对流方程可利用式(6-4)求得，如下式所示：

$$h_c = 0.27\left(\frac{\Delta t}{L}\right)^{0.25} \qquad (6-6)$$

沿水平板四周侧边上升的冷却气流代替了图 6.7 所示的上升热气流。

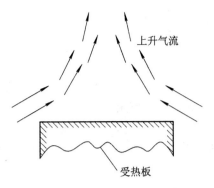

图 6.7　受热水平板正面向上

当受热水平板板面向下时，冷却空气在其上升之前必须沿底面流向板的外沿，如图 6.8所示。这会增大流阻而降低冷却效率。

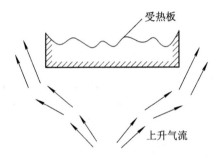

图 6.8　受热水平板正面向下

一旦确定了对流系数，能够带走的热量就可以根据下式确定：

$$Q = h_c A \Delta t \tag{6-7}$$

式中，$A$ 表示热面的面积，$\Delta t$ 表示受热面与环绕的周围空气之间的温差，$h_c$ 表示对流系数。

3) 自然对流条件下的湍流

当受热表面与环绕的周围空气之间的温差足够大时，在自然条件下也能产生湍流条件。湍流条件下的对流系数可以仅考虑温差近似求得。对于垂直受热板来说，湍流的自然对流系数由式(6-8)给出。对于正面受热的受热水平板来说，湍流自然对流系数由式(6-9)给出。这些条件下的温差都必须采用单位℉。

$$垂直板：h_c = 0.19 \Delta t^{0.333} \tag{6-8}$$

$$水平板：h_c = 0.22 \Delta t^{0.333} \tag{6-9}$$

对于 30 cm 高度的垂直板来说，通过令式(6-4)等于式(6-7)，可以确定从层流到湍流时所需要的温差。但这仅是近似值，更精确的数值必须利用格拉晓夫数来求取：

$$
\begin{cases}
0.29 \left( \dfrac{\Delta t}{1.0} \right)^{0.25} = 0.19 (\Delta t)^{0.333} \\[2mm]
\dfrac{(\Delta t)^{0.333}}{(\Delta t)^{0.25}} = 1.526 \\[2mm]
(\Delta t)^{0.083} = 1.526 \\[2mm]
\Delta t = 163 \ ℉(72.78℃)
\end{cases}
\tag{6-10}
$$

这就意味着，当平板与周围环境之间的温差约为 73 ℃时，30 cm 高的垂直板的对流热传递将从层流变为湍流。如果板高小于 30 cm，温差必须大于 73℃才能产生湍流条件。

　　4）PCB 的自然对流冷却

　　PCB 常常安装在顶部和底部完全敞开，允许冷却空气自由流动的机架内。这些 PCB 应垂直安装，且元件与相邻 PCB 之间的自由流动距离的最小间隔约为 1.9 cm，以防止自然对流气流流动困难或堵塞，如图 6.9 所示。

　　因为图 6.9 中各 PCB 是互相"对视"的，所以必须忽略辐射冷却效应。除了假定机架两端的 PCB 之外，这种简化造成了一种没有实际冷却的辐射热交换。这些较冷的端缝应留给功率最大的 PCB。

　　PCB 的前面和后面可以用于自然对流冷却。这是因为，与 PCB 一面的边界层的对流热阻相比，通过薄的 PCB 的传导热阻很低。通过 PCB 的热流将比通过各外表面附面层的热流更容易流过。它可以利用一个 15 cm×20 cm×0.15 cm 厚的垂直取向的 PCB 进行验证。

　　通过 PCB 的传导热阻如下：

$$R_1 = \frac{L}{KA} = \frac{0.0015}{0.114 \times 0.03} = 0.439 \text{ ℃}/(\text{W} \cdot \text{m}) \tag{6-11}$$

式中：$L=0.15$ cm $=0.0015$ mm，为 PCB 的厚度；$K=0.114$ W/(m·℃)，忽略引线的 PCB 的热导率；$A=15\times20=300$ cm$^2=0.03$ m$^2$，为 PCB 一面的面积。

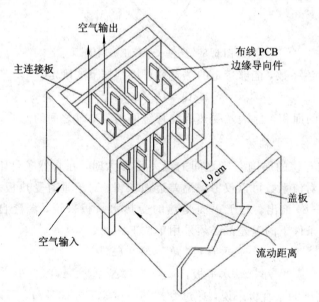

图 6.9　通过自然对流冷却的插入式 *PCB*

　　通过垂直 PCB 一面的附面层的对流热阻为

$$R_2 = \frac{1}{hA} = \frac{1}{2.5 \times 0.03} = 13.333 \text{ ℃}/\text{W} \tag{6-12}$$

式中：$h=2.5$ W/(m$^2$·℃)，为典型自然对流系数。

　　通过 PCB 的自然对流热阻是传导热阻的 13.333/0.439 即 30 倍。这就意味着，通过 PCB 的热量将比流过其外表面边界层的热量更容易通过，因此在只有一面布满元件的薄

PCB 上，PCB 前后两面的面积均可用于对流热传递。这适用于通孔安装元件或表面安装元件。

当 PCB 的一面没有布满元件时，必须减小可用于对流冷却的总的有效表面积，除非具有通过 PCB 两表面能够有效地散发热量的铜热沉或铝热沉。

**例 6.1**　如图 6.10 所示，所设计的电子机架采用自然对流冷却，PCB 与元件之间的间隔为 1.905 cm。设计更改要求再增加一块 PCB，但这样做也许间隔会减小得太多，除非新的 PCB 放在距离只有 0.51 cm 的很靠近机架侧面的地方。测得 PCB 的尺寸为 15.24 cm×22.86 cm，功耗为 5.5 W。在海平面条件下，电子机架必须在 43.3℃的最高环境温度下工作。该机架见图 6.10，最大允许元件表面温度为 100℃。铝机架具有低发射率的抛光表面，因此辐射引起的热耗很小。PCB 结构的表面仅允许从安装表面散发热量。试确定该设计是否合理。

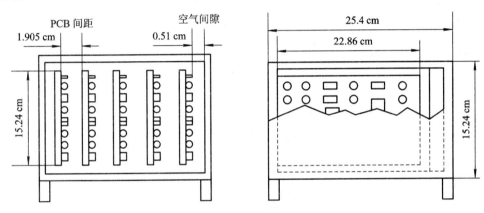

图 6.10　贴近箱壁的 PCB

**解**　元件发热必须流向外界环境。这就要求热量流过 0.51 cm 的内部空气隙($R_1$)和外部对流膜($R_2$)两个主要热阻面，如图 6.11 所示。

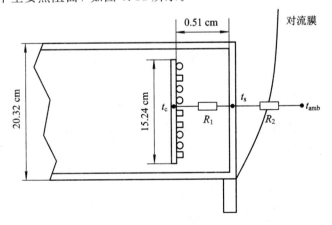

图 6.11　从元件到外界环境的热流通道热阻

在空气隙中的空气热导率是未知的，因此假定平均空气温度为 80℃，并在后文予以核查。确定当空气隙为 0.51 cm 时，包括对流系数的热阻：

$$R_1 = \frac{1}{h_{AG}A} \qquad\qquad (6-13)$$

给定：

$$K = 0.029 \text{ W/(m · ℃)} \quad \text{（空气隙热导率）}$$
$$L = 0.51 \text{ cm} = 0.0051 \text{ m} \quad \text{（空气隙厚度）}$$
$$h_{AG} = \frac{K}{L} = \frac{0.029}{0.0051} = 5.686 \text{ W/(m}^2 · ℃) \quad \text{（空气隙对流系数）}$$
$$A = 15.24 \text{ cm} \times 22.86 \text{ cm} = 0.0348 \text{ m}^2 \quad \text{（PCB 面积）}$$

则

$$R_1 = \frac{1}{5.686 \times 0.0348} = 5.1 \text{ ℃/W} \tag{6-14}$$

因为从机架表面到环境的温升是未知的，所以必须估算外表面的对流系数。假定起始数值为 $h = 4.54 \text{ W/(m}^2 · ℃)$，如果分析证明误差太大还可以进行更改。

$$R_2 = \frac{1}{hA} \tag{6-15}$$

给定：

$$h = 4.54 \text{ W/(m}^2 · ℃) \quad \text{（假定的起始值）}$$
$$A = 20.32 \text{ cm} \times 25.4 \text{ cm} = 0.0516 \text{ m}^2$$

则

$$R_2 = \frac{1}{4.54 \times 0.0516} = 4.3 \text{ ℃/W} \tag{6-16}$$

每个热阻的温升由式(6-17)和式(6-19)进行计算。

对于热阻 $R_1$：

$$\Delta t_1 = QR_1 \tag{6-17}$$

给定：

$$Q = 5.5 \text{ W}$$
$$R_1 = 5.0 \text{ ℃/W}$$

则

$$\Delta t_1 = 5.5 \times 5.0 = 27.5 \text{ ℃} \tag{6-18}$$

对于热阻 $R_2$：

$$\Delta t_2 = QR_2 = 5.5 \times 4.3 = 23.7 \text{ ℃} \tag{6-19}$$

已经假定自然对流系数为 $4.54 \text{ W/(m}^2 · ℃)$。现在可以利用垂直机架壁高 20.32 cm，根据式(6-4)确定其实际值。

$$h = 0.29 \left( \frac{\Delta t}{L} \right)^{0.25} = 0.29 \times \left( \frac{74.66}{0.667} \right)^{0.25} = 5.34 \text{ W/(m}^2 · ℃) \tag{6-20}$$

它与假定值比较接近。

PCB 上元件的表面温度 $t_c$ 可以确定如下：

$$t_c = t_a \Delta t_1 + \Delta t_2 = 43.3 + 27.5 + 23.7 = 94.5 \text{ ℃} \tag{6-21}$$

元件表面温度 $t_c$ 低于最高允许值 100 ℃，因此设计是合适的。

如果机架的内外表面经过阳极氧化，或者涂上了银色以外的任何涂料，辐射热传递度将增大，PCB 的表面温度将会更低。

## 6.3.2　MCM 组装的 PCB 强迫风冷

强迫对流热传递通常使用风扇、鼓风机或气泵提供通过热表面的高速流体(空气或液体)。高速流体形成从流体到热表面的流动边界层的低热阻,它反过来增加了由流体带走的热量。强迫空气冷却系统在电子系统中能够提供的热传递速率,比利用自然对流和辐射所能获得的热传递速率要高 10 倍以上,通常可减小空气冷却系统的尺寸,同时有较高的元件密度和较低的热点温度。这样就提高了电子元件的可靠性,但要求对风扇或气泵增加额外的维修。

**1. 风机的选择及应用**

1) 风机的分类

风机按照它的工作原理及结构形式可以分为两类:轴流式风机和离心式风机。所谓轴流式风机就是空气进出口的流动方向与轴线平行,相对于离心式风机,轴流式风机具有流量大、体积小、压头低的特点,如图 6.12 所示。根据结构形式,轴流式风机又可分为螺旋桨式、圆筒式和导叶式三种。

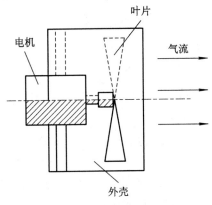

图 6.12　轴流式风机

螺旋桨式风机一般都作流通空气用,也有作散热器的冷却风扇用的,普通用的电风扇或排风扇均属这种类型;圆筒式风机是在螺旋桨形叶轮的外面围有圆筒,其叶尖漏损小,效率较前一种高;导叶式轴流风机的结构与圆筒式相同,仅在出口或进口加装导风叶,用以引导气流,减小涡流损失,效率高。

离心式风机由螺壳(包括空气的入口和出口)、转动的叶轮及外部的驱动电机等主要部件组成,如图 6.13 所示(不包括电机)。空气从轴向进入,然后转 90°,在叶轮内作径向流动,并在叶轮外周压缩,再经螺壳由出风口排出。叶轮由很多叶片组成,其风压由离心力产生。这类风机的特点是风压高、风量小,常用于阻力较大的发热元件或机柜的通风冷却。离心式风机按叶片形状,可分为前弯式、径向式和后弯式三种,如图 6.14 所示。

在叶轮速度和直径相同的条件下,前弯式叶片产生的压力最大,后弯式叶片产生的压力最小。当风机尺寸受到限制时,应采用前弯式叶片的风机,但是其工作稳定性较差。径向式风机介于这两种风机之间,其机械强度比另外两种都好。径向式风机和前弯式风机最适用于电子设备的冷却。在给定转速和尺寸的条件下,前弯式风机最好,因为它的压力最大。

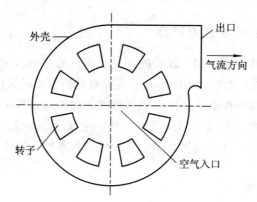

图 6.13　离心式风机

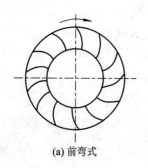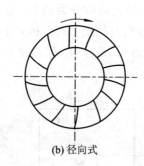

(a) 前弯式　　　　　　　(b) 径向式　　　　　　　(c) 后弯式

图 6.14　离心式风机叶轮形式

2）风机的特性曲线

风机的特性曲线是指风机在固定转速下工作时，其压力、效率与功率随风量而变化的关系。一般以风量为横坐标，压力、功率或效率为纵坐标。图 6.15 是前弯式离心式风机的特性曲线。由图可以看出，风量随风压而定：当风机不与任何风道连接时（即自由送风），其静压为零，风量达最大值；当风机出口完全被堵住时，风量为零，静压最高。在此曲线中间有一点，其效率最高。欲使功率消耗最小，风机应在效率最高这一点附近工作。前弯式离心式风机在效率最高时，总压力最大。

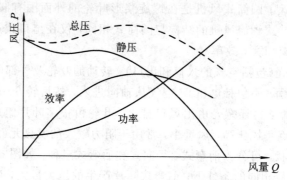

图 6.15　前弯式离心式风机特性曲线

3）风机的选择

选择风机时，需要考虑的因素很多，诸如空气的流量、风压、风机效率、空气的速度、通风系统的阻力特性、环境条件、噪音、体积和重量等，其中主要参数是风量和风压。根据通风冷却系统所需的风量、风压及环境条件选定风机的类型。要求风量大、风压低的设备可采用轴流式风机，反之可选用离心式风机。

在使用风机时，应使其噪音控制在允许的强度范围内，以免影响操作人员的正常工作。风机安装在机柜上，可在风机下面安装减振器，并在风机出口与风管间接一段软管，进行隔振，减小噪音。

**2. 强迫风冷气流的方向**

强迫空气冷却电子设备时，冷却气流的方向及风机的放置位置对冷却效果影响很大。对于轴流式鼓风系统，风机位于冷空气的入口处，把冷空气直接吹进机箱内，可以提高机箱内的空气压力，并产生一部分涡流，改善换热性能。但是，在鼓风系统中，风机电机的热量也被冷空气带入机箱，影响散热效果。非密封式设备还有漏风现象。

对于轴流式抽风系统，由于是从机箱内抽出受热的空气，故将减小机箱内的空气压力。风机电机的热量不仅不会进入机箱内，而且还可以从机箱的其它缝隙中吸入一部分冷空气，提高冷却效果。

轴流式风机叶片安装位置也将影响其冷却效果。由气流流场分布测量结果可知，叶片应装在风道的下游，这时风道较长，气流速度分布可以得到改善。图 6.16 给出了两种不同位置的速度分布。

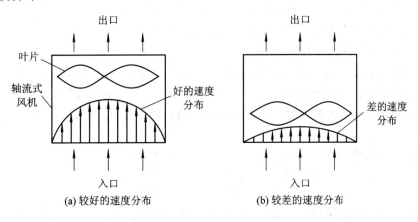

图 6.16　叶片不同位置的速度分布

如果风机安装在一个受限制的位置，例如风道 90°的弯曲处，则叶片应装在气流的下游。如果安装在气流的上游，则在出口处容易形成涡流，从而影响冷却效果。图 6.17 给出了两种不同安装形式的比较：图(a)是叶片安装在气流的下游，速度分布较好，冷却效果也较好；图(b)是叶片安装在气流的上游，速度分布和冷却效果较差。

**3. 通风管道设计**

对于有专门通风管道的强迫通风系统，正确地设计和安装通风管道对散热效果有较大影响。通风管道设计应注意以下几个问题：

(1) 通风管道应尽量短，缩短管道长度可以降低风道的阻力损失，制造和安装简单。

(2) 避免采用急剧弯曲的管道，以减小阻力损失。

(3) 避免骤然扩展或骤然收缩。扩展的张角不得超过 20°，收缩的锥角不得大于 60°。

(4) 为了取得最大空气输送能力，应尽量使矩形管道接近于正方形；矩形管道长边与

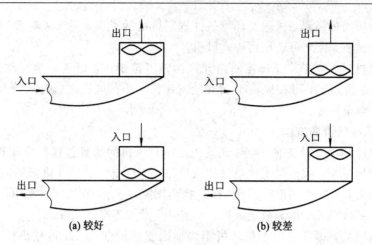

图 6.17  风机两种安装形式的比较

短边之比不得大于 6∶1。

(5) 尽量使管道密封，所有搭接台阶都应顺着流动方向。

(6) 对一些大机柜尽可能采用直的锥形风道。直管不仅容易加工，且局部阻力小；锥形直管能保证气流在风道中不产生回流(负压)，可达到等量送风的要求。

(7) 进风口结构应使其气流的阻力最小，且要起到滤尘作用。

(8) 应采用光滑材料做通风道，以减小摩擦损失。

### 4. 大机柜中屏蔽插盒的通风冷却

一些大型电子设备(如计算机、载波通信机等)，采用了大量的印制电路板。为了提高电子线路对电磁干扰的屏蔽能力，常常把印制板装在一个用金属板件制成的密封小盒内，元件产生的热量通过盒内的对流、导热和辐射传给盒壁，再由盒壁传给冷却空气，把热量散掉。

大型机柜内部的强迫对流的换热系数可按下式计算：

$$h_c = JC_p G\left(\frac{C_p\mu}{K}\right)^{-2/3} \quad (W/(m^2 \cdot ℃)) \tag{6-22}$$

式中：$C_p$ 为比热(J/(kg · ℃))；$\mu$ 为空气动力黏度(kg/(m · s))；$G$ 为通过盒间通道的重量流速(kg/(m² · s))；$J$ 为考尔本数；$K$ 为空气导热系数(W/(m · ℃))。

考尔本数 $J$ 取决于雷诺数 Re 及风道长宽比的大小。当 $200 \leqslant Re \leqslant 1800$、风道长宽比等于或大于 8 时，

$$J = \frac{6}{Re^{0.98}} \tag{6-23}$$

风道为正方形时，

$$J = \frac{2.7}{Re^{0.95}} \tag{6-24}$$

当 $10^4 \leqslant Re \leqslant 1.2 \times 10^5$，湍流时，

$$J = \frac{0.023}{Re^{0.2}} \tag{6-25}$$

重量流速：

$$G = \frac{W}{A_W} \tag{6-26}$$

式中：$W$ 为质量流量（kg/s）；$A_W$ 为通风道的横截面面积（$m^2$）。

$$W = \frac{\Phi}{\Delta t C_p} = \rho Q_f \quad (\text{kg/s}) \tag{6-27}$$

式中：$\Phi$ 为热流量（W）；$\rho$ 为空气密度（kg/$m^3$）；$Q_f$ 为体积流量（$m^3$/s）。

**5. 空心印制板的通风冷却**

　　冷却空气常常带有能够桥接印制电路和电连接器接触件的水汽。潮湿空气将影响电路板的电气性能。因此，有的电子设备技术条件规定，不允许冷却空气直接与电子元器件或电子线路接触，冷却空气通过由电子机箱壁形成的热交换器以及由印制板背靠背形成的空心冷却空气通道，如图 6.18 所示。印制板用金属板或导热条作为导热材料。这样可以缩短从电子元件至冷却空气的热流路径的长度，减小元件的温升。印制板上元件的引线不宜伸入空心通道，以免增加风阻。

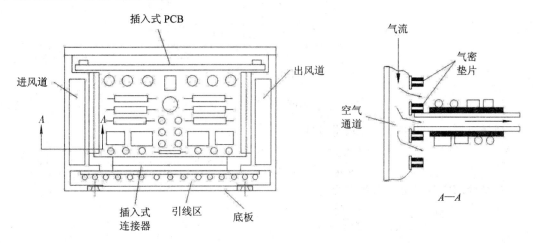

图 6.18　空气冷却空心电路板

　　空心印制板风冷设计的主要问题是密封。要保证冷却空气不从印制板通道上泄露，有三种常用的密封方法：以锥形印制板边缘与软的密封垫界面接触形成密封结构；搭接界面，以密封垫密封印制板端边的外表面；将有通道的印制板重叠在一起，四角用四个螺栓夹紧，印制板之间用 O 形密封圈进行密封。

　　扁平肋片式冷板或热交换器常用作电子设备的侧壁。印制板安装在两侧壁之间，是为了改进印制板热传导性能，常用铝或铜片作为印制板的叠层。

　　**例题 6.2**　具有大量分立式、混合式和大规模集成元件的电子设备，采用几块 10 cm×16 cm 的插入式印制电路板，其周围环境温度为 55℃，采用强迫空气冷却。印制板的示意图如图 6.19 所示。每块印制板的最大功耗为 50 W，并均匀分布在印制板上。元件安装表面的最高允许温度为 100℃，由于功耗大，采用具有扁平肋片式热交换器的空心结构形式，试确定通过每块印制板的冷却空气的重量流量，以及具有多层肋片热交换器的印制板中心的换热系数。

　　**解**　假设冷却空气的出口温度为 65℃，已知 $\phi_1 = 50$ W，按定性温度 $t_f = 0.5(55+65) = 60$℃，查得空气物性参数：$C_p = 1005$ J/(kg·℃)；$K = 2.9 \times 10^{-2}$ W/(m·℃)；Pr=

$0.696$；$v = 18.97 \times 10^{-6}$ m$^2$/s；$\mu = 2.05 \times 10^{-5}$ kg/(m·s)。

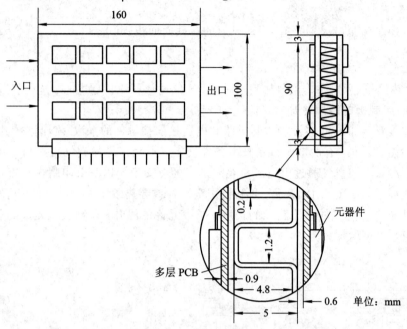

图 6.19　带翅片热交换器的空心 PCB

质量流量可由热平衡方程求得，即

$$W = \frac{2\phi_1}{C_p \Delta t} = \frac{50 \times 2}{1005 \times 10} \approx 1 \times 10^{-2}\,\text{kg/s} \qquad (6-28)$$

每个冷却空气通道的当量直径为

$$d = \frac{4A}{U} = \frac{4 \times 4.8 \times 1.2}{2(4.8 + 1.2)} = 1.92\,\text{mm} = 1.92 \times 10^{-3}\,\text{m} \qquad (6-29)$$

由空心印制板结构计算冷却空气通道数为 67 个，每个通道的质量流量 $W'$ 为

$$W' = \frac{W}{67} = \frac{10^{-2}}{67} = 1.5 \times 10^{-4}\,\text{kg/s} \qquad (6-30)$$

每个通道质量流速 $G'$ 为

$$G' = \frac{W'}{A'} = \frac{1.5 \times 10^{-4}}{4.8 \times 1.2 \times 10^{-6}} = 26\,\text{kg/(s·m}^2) \qquad (6-31)$$

每个通道的雷诺数为

$$\text{Re} = \frac{\omega d}{v} = \frac{\rho \omega d}{\mu} = \frac{G'd}{\mu} = \frac{26 \times 0.192 \times 10^{-2}}{2.05 \times 10^{-5}} = 2435 \qquad (6-32)$$

由于是肋片式热交换器，考尔本数为

$$J = \frac{0.72}{\text{Re}^{0.7}} = \frac{0.72}{2435^{0.7}} = 0.0031$$

换热系数

$$h_c = JC_p G(\text{Pr})^{-2/3} = 0.0031 \times 1005 \times 26(0.696)^{-2/3}$$
$$= 103.26\,\text{W/(m}^2 \cdot \text{℃}) \qquad (6-33)$$

　　由于是肋片式热交换器，应考虑肋片效率。元件是安装在相互对称的印制板上，热量从两个不同表面传入，已知肋厚 $\delta = 0.2$ mm，肋长 $l = \dfrac{5}{2} = 2.5$ mm，肋片材料为铝，取其导热系数 $K = 204$ W/(m·℃)，所以

$$\left\{ \begin{aligned} &m = \sqrt{\frac{2hc}{k\delta}} = \sqrt{\frac{2 \times 103.26}{204 \times 0.2 \times 10^{-3}}} = 71.1 \\ &ml = 71.1 \times 2.5 \times 10^{-3} = 0.1778 \\ &\eta = \frac{\tanh ml}{ml} = \frac{\tanh 0.1778}{0.1778} = 0.99 \\ &h_c = \eta hc = 0.99 \times 103.26 = 102.2 \ \text{W/(m}^2 \cdot ℃) \end{aligned} \right. \tag{6-34}$$

### 6.3.3　MCM 组装的 PCB 微通道散热

　　空气制冷成本低，便于应用，是热管理中最常用的方法。到目前为止，有许多经验数据和分析已经公开，并且设计标准也很成熟。但是，该方法的制冷能力局限在相对较低的芯片热通量的情况，对于高热流密度的电子器件，采用常规的空气冷却方法无法获得较高的冷却效果，须采用其它更高效的冷却方法。下面介绍微通道冷却技术。

**1. 微通道的结构特点**

　　通常将水力学直径为 $1 \sim 1000 \ \mu m$ 的通道或管道定义为微通道，流体在流过微通道时通过蒸发或者直接将热量带走。研究表明，液体在微通道内被加热时会迅速发展为核态沸腾，此时液体处于一个高度不平衡状态，具有很大的换热能力，通道壁面过热度也比常规尺寸下的情况要小得多。在 20 世纪 80 年代初期，美国学者 Tuckerman 和 Pease 提出微尺度散热器的概念，并从理论上证明了水冷式微通道冷板的散热能力可以达到 $1000 \ \text{W/cm}^2$。他们提出的微通道散热器的结构形式如图 6.20 所示。该结构由高导热系数的材料（如硅）构成，通道宽和通道壁厚均为 $50 \ \mu m$，通道高宽比约为 10。

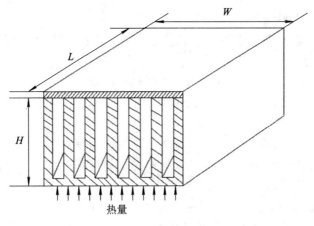

图 6.20　微通道散热器

　　当前对微通道传热机理的解释为通道的微小尺寸极大地提高了对流换热系数，即流体在充分发展的条件下，换热系数反比于通道的当量直径，这是经典传热学得出的解释。可以想象，由于流体黏性，流体在通过几十微米的通道时会产生很大的压力损失。但实际试验表明：在微通道中流体的流动和传热都会出现"超常性"，即微通道因毛细力引起"热毛

细现象"而降低流动阻力,由层流向湍流转折的临界雷诺数远小于常规值,却又显著地提高了换热强度。因此,当前国际上对微通道传热技术的研究成为了热点。

微通道冷却技术的散热能力明显高于直接液体冷却和蒸发冷却,达到了 1 kW/cm² 的级别,然而由于迄今为止学术界尚无对微通道冷却的系统机理与理论研究,而且微通道冷板还有一些固有缺点(如进出口压降较大,温度分布不均,加工成本较高),因而微通道冷却技术并没有被广泛应用到电子设备的散热系统中。

**2. 微通道冷板**

冷板是一种单流体的热交换器。由于冷板具有一组扩展表面的结构、较小当量直径的冷却通道和采用有利于增强对流换热的肋表面几何形状等特点,使其换热系数较高。微通道冷却技术通常被应用在冷板上,将发热器件安装或紧贴在冷板上,器件产生的热量通过冷板散发到外部环境中。微通道冷板可以更有效地冷却功率器件、印制板组装机及电子机箱所耗散的热量。

微通道冷板通常指流道当量直径为 10～1000 μm 的冷板,其换热能力可以达到普通冷板的 4 倍以上甚至更高。微通道冷板的结构原理如图 6.21 所示。

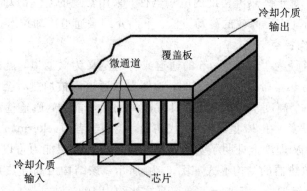

图 6.21　微通道冷板结构原理图

微通道冷板的主要特点如下:

(1) 结构简单:截面主要采用矩形、三角形、圆形肋片结构,采用精密机械加工或MEMS 技术进行加工。

(2) 体积小:可以直接作用于毫米级尺寸的热源位置。

(3) 高换热效率:微通道冷板由于通道的尺寸效应,热阻很小,换热效率非常高。

通过对微通道冷板研究已获得如下结论:

(1) 通道宽度同换热性能密切相关,随着通道宽度尺寸的缩小,换热系数增大。

(2) 微通道冷板的设计中,通道占空比对换热性能有较大影响。以换热系数进行比较,在占空比为 20% 时,换热性能最佳。

(3) 若不计冷板体积的影响,微通道冷板中槽道的高宽比越大,换热性能越好。

研究表明微通道中的流动性能与传统大槽道的经典公式有所偏离,但是微通道的研究可以在假定与大槽道经典公式符合的条件下进行。

**3. 微通道冷板的换热计算及换热系数**

1) 微通道冷板的换热计算

冷板的换热计算取决于换热方程和能量方程:

$$\Phi = h\eta_0 A\Delta t_{\mathrm{m}} \tag{6-35}$$

$$\Phi = q_{\mathrm{m}} C_{\mathrm{p}}(t_2 - t_1) \tag{6-36}$$

式中：$h$ 为对流换热系数（W/(m² · ℃)）；$\eta_0$ 为冷板总效率；$A$ 为参与对流换热的总面积（m²）；$\Delta t_{\mathrm{m}}$ 为对数平均温差（℃）；$q_{\mathrm{m}}$ 为冷却剂质量流量（kg/s）；$C_{\mathrm{p}}$ 为冷却剂定压比热（J/(kg · ℃)）；$t_1$ 为冷却剂入口温度（℃）；$t_2$ 为冷却剂出口温度（℃）。

　　由于冷板所用材料的导热系数较高，加之冷板传热的均温特点，可近似认为其温度分布为横壁温的工况，实际冷板的工况类似于图 6.22 所示。

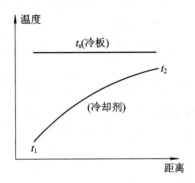

图 6.22　冷板温度曲线

　　冷板的对数平均温差 $\Delta t_{\mathrm{m}}$ 为

$$\Delta t_{\mathrm{m}} = \frac{t_2 - t_1}{\ln \dfrac{t_{\mathrm{s}} - t_1}{t_{\mathrm{s}} - t_2}} \tag{6-37}$$

式中，$t_{\mathrm{s}}$ 为冷板的平均温度（℃）。

　　由式（6-35）～式（6-37）可得

$$\ln \frac{t_{\mathrm{s}} - t_1}{t_{\mathrm{s}} - t_2} = \frac{h\eta_0 A}{q_{\mathrm{m}} C_{\mathrm{p}}}$$

　　设传热单元数 $\mathrm{NTU} = \dfrac{h\eta_0 A}{q_{\mathrm{m}} C_{\mathrm{p}}}$，则

$$\mathrm{e}^{\mathrm{NTU}} = \frac{t_{\mathrm{s}} - t_1}{t_{\mathrm{s}} - t_2} \tag{6-38}$$

　　冷板表面的平均温度 $t_{\mathrm{s}}$ 为

$$t_{\mathrm{s}} = \frac{\mathrm{e}^{\mathrm{NTU}} t_2 - t_1}{\mathrm{e}^{\mathrm{NTU}} - 1} \leqslant [t_{\mathrm{s}}] \tag{6-39}$$

应将 $t_{\mathrm{s}}$ 值控制在许用温度 $[t_{\mathrm{s}}]$ 范围内，以保证冷板上电子元器件的温度不超过规定值。

　　由图 6.22 可知，当冷却剂的出口温度 $t_2$ 达到冷板的表面温度 $t_{\mathrm{s}}$ 时，此时的效率最高。冷板的有效度定义为

$$\varepsilon = \frac{t_2 - t_1}{t_{\mathrm{s}} - t_1} \tag{6-40}$$

　　冷却剂在通道的入口、出口以及沿程流动的过程中，存在沿程摩擦阻力和局部阻力，其总压力损失为

$$\Delta P = \frac{G^2}{2\rho_1}\left[(K_{\mathrm{c}} + 1 - \sigma) + 2\left(\frac{\rho_1}{\rho_2} - 1\right) + f\left(\frac{A}{A_{\mathrm{c}}}\right)\left(\frac{\rho_1}{\rho_{\mathrm{m}}}\right) + (1 - \sigma^2 - K_{\mathrm{c}})\frac{\rho_1}{\rho_2}\right]$$

$$\tag{6-41}$$

式中：$G$ 为单位面积的质量流量（kg/(s·m²)）；$\rho_1$ 为冷却剂入口时的密度（kg/m³）；$\rho_2$ 为冷却剂出口时的密度（kg/m³）；$\rho_m$ 为冷却剂平均密度；$\sigma$ 为通道截面与冷板截面面积之比，即 $\sigma = A_c/A_{fr}$；$K_c$ 为冷却剂入口时的损失系数，$K_c = f(Re, \sigma)$；$K_e$ 为冷却剂出口时的损失系数，$K_e = f(Re, \sigma)$；$f$ 为摩擦系数，与肋片结构形式有关，$f = f(Re)$。

2）冷板的换热系数

冷板的换热系数为

$$h = JGC_p Pr^{-2/3} \tag{6-42}$$

式中：$h$ 为冷板的换热系数（W/(m²·℃)）；$J$ 为考尔本数；$G$ 为单位面积的质量流量（kg/(s·m²)）；$C_p$ 为冷却剂的定压比热（J/(kg·℃)）；$Pr$ 为普朗特数。

**4. 均温冷板的设计计算**

确定一个满足 PCB 温升控制要求的微通道冷板，设计时应先确定以下条件：冷板的流通形式（顺流、逆流或交叉流）；根据流体的温度及腐蚀电位，选择合适的冷板材料；根据工作压力和使用的环境，选择肋片参数，如肋高、肋厚、肋距等。根据 PCB 的结构布置形式，预选一个冷板结构尺寸。

具体步骤如下：

（1）根据预选的冷板结构尺寸，选取肋片参数和其它参数（重量、体积、强度等）、当量直径（$d_c$）、单位面积冷板的传热面积（$A_1$）和单位宽度冷板通道的横截面积（$A_2$）等参数。

（2）取温度为 $t_2$ 时冷却剂的物理性质参数。

（3）确定冷却剂的温差：

$$\Delta t = \frac{\Phi}{q_m C_p}$$

（4）确定冷却剂的出口温度：

$$t_2 = t_1 + \Delta t$$

（5）确定定性温度：

$$t_f = 0.25(2t_s + t_1 + t_2)$$

（6）设冷板的宽度为 $b_1$，则通道的截面积为

$$A_c = b_1 A_2$$

（7）确定单位面积冷却剂的质量流量：

$$G = \frac{q_m}{A_c}$$

（8）确定雷诺数：

$$Re = \frac{d_c G}{\mu}$$

（9）确定换热系数：

$$h = JGC_p Pr^{-2/3}$$

（10）确定肋片效率及总效率：

$$\eta_f = \frac{th(ml)}{ml}, \quad \eta_0 = 1 - (1 - \eta_f)\frac{A_f}{A}$$

其中：th( )为双曲正切函数；$m = \sqrt{\dfrac{2h_c}{k\delta}}$，$h_c$ 为对流换热系数，$k$ 为热传导系数，$\delta$ 为肋厚；$l$ 为肋长。

（11）确定有效度：

$$\varepsilon = \frac{t_2 - t_1}{t_s - t_1}$$

（12）确定传热单元数：

$$e^{NTU} = \frac{1}{1 - \varepsilon}$$

（13）确定总面积：

$$A = \frac{NTU q_m C_p}{h \eta_0}$$

（14）确定冷板的深度：

$$D_1 = \frac{A}{A_1 b_1}$$

（15）确定压降

$$\Delta P \leqslant [\Delta P]$$

（16）比较 $A \leqslant [A]$、$\Delta P \leqslant [\Delta P]$，若不满足，则重新设定 $b$、$D$ 值，重新继续计算直至满足要求为止。

## 6.3.4　液态金属散热简介

液态金属散热系新兴的一项热管理技术，即借助室温下成液态的低熔点金属及其合金，利用其循环流动将目标器件所产生的热量迅速携运至远端并予以释放。液态金属散热技术集高效导热和对流散热特性于一体，因而非常适合用于解决超高功率密度场合下的热管理问题。液态金属散热技术已从最初的芯片散热技术逐渐延伸至信息通信、先进能源等领域，也是大功率光电器件热问题的绝佳解决方法。液态金属更渴望成为航空热控技术中大功率器件的理想热控工质。

液态金属散热器与传统散热器相比具有如下特点：

（1）液态金属具有远高于水、空气及许多非金属介质的热导率，因此液态金属芯片散热器相对传统水冷可实现更加高效的热量输运及极限散热能力。

（2）液态金属的高电导属性使其可采用无任何运动部件的电磁泵驱动，驱动效率高，能耗低，而且没有任何噪音。

（3）液态金属不易蒸发，不易泄漏，安全无毒，物化性质稳定，极易回收，是一种非常安全的流动工质，可以保证散热系统的高效、长期、稳定运行。

文献[48]介绍了一种液态金属冷却系统，该系统以电磁泵作为动力源，驱动管路中的液态金属定向流动。该系统由液态金属冷却剂、冷头、电磁泵、远端散热器及管路组成，如图 6.23 所示。在电磁泵作用下，液态金属循环通过贴附在芯片上的冷头，并借助液体流动，将热量从发热的芯片传到较冷的液体，受热的液态金属之后流到远端散热器将热量传到外部环境中，经散热冷却后的液体重新流回到贴附在 CPU 处的冷头，如此循环，持续不断地将热量从芯片中带走。

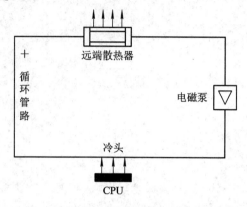

图 6.23　液态金属冷却系统结构示意图

2011 年，中国科学院理化技术研究所与依米康公司共同研发出第一款液态金属散热器 Coolion 波浪系列 BMR A-1，如图 6.24 所示。

图 6.24　液态金属散热器

在散热器顶部的是磁力泵，它高效无噪音且只能用于输送液态金属；另外液态金属通过 CPU 的管道共有 6 条，液态金属在其中流动，将热量快速传递给上方密集的散热翅片，再通过风冷的方式散热，简单高效。

任何新技术的诞生都有其明确的应用背景。高密集度光电器件技术应用的需求，促成了各类先进散热方法从原理、材料到结构上的突破。随着高端芯片的推出，采用液冷方式替代已趋于极限的气冷方式将不可避免。显然，优于常规液冷技术的低熔点液体金属散热方式的引入，必将大大推动超高功率密度散热技术的进步。随着对液态金属强化散热规律的深化认识以及新工质的发现、新结构和新工艺的开发，将促成更多先进芯片技术的应用。与此同时，液态金属芯片冷却技术的内涵也必将继续得到丰富。

# 习　　题

6.1　PCB 中热量的来源主要有哪些？

6.2　排列元器件时应考虑哪些因素？

6.3　元器件在 PCB 上的排列有哪几种方式？各有什么优缺点？

6.4　元器件有哪些排列方法？

6.5　如何对元器件布局进行检查？

6.6　PCB 走线形式有几种，各有什么特点？

6.7　PCB 布线有哪些原则？

6.8　印制板的性能由哪些参数决定，并解释各参数的含义。

6.9　基板材料应具有哪些特性？

6.10　何为多芯片组件并叙述其结构特点。

6.11　在自然对流条件下，如何计算垂直板与水平板的对流系数？

6.12　试述强迫风冷结构因素如何影响风冷效果。

6.13　PCB 强迫风冷的风道设计应注意哪些问题？

6.14　试述空心印制板的热计算方法。

6.15　何为微通道冷板，并叙述其主要特点。

6.16　冷板的换热计算如何进行？

6.17　叙述均温冷板设计计算的基本步骤。

6.18　一尺寸为 $1.4\ \text{cm} \times 1.4\ \text{cm}$ 的芯片水平地放置于机箱的地面上。设机箱内空气温度 $t_\infty = 25\ ℃$，芯片的散热量为 $0.23\ \text{W}$。试确定：

（1）当散热方式仅有自然对流时芯片的表面温度，设芯片周围物体不影响其自然对流运动。

（2）如果考虑辐射传热的作用，则对芯片表面温度有什么影响，并分析此时应怎样确定芯片的表面温度。

6.19　一种冷却计算机芯片的有效方法是在芯片的一侧表面上粘上一块"冷板"，其中设置有一系列并行布置的小冷却通道，如图 6.25 所示。试针对下列情形确定冷板的热负荷：$d = 1\ \text{mm}$，$l = 12\ \text{mm}$，$s/d = 2$，$q = 2 \times 10^5\ \text{W/m}^2$，$t' = 33\ ℃$。假设在每个小通道中的冷却水流量是均匀的，总流量 $q_\text{m} = 9.34 \times 10^{-4}\ \text{kg/s}$，冷却通道壁温 $t_\text{w} = 80℃$。

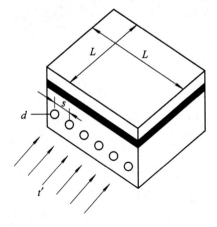

图 6.25　题 6.19 图

6.20　为保证微处理机正常工作，采用一个小风机将气流平行地吹过集成电路块表面，如图 6.26 所示。试分析：

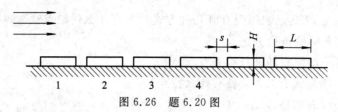

图 6.26　题 6.20 图

（1）如果每个集成电路块散热量相同，在气流方向上不同编号的集成电路的表面温度是否一样，为什么？对温度要求较高的组件应当放在什么位置上？

（2）哪些无量纲量影响对流传热？

6.21　一根 $L/D=10$ 的金属柱体，从加热炉中取出置于静止空气中冷却。从加速冷却的观点，柱体应水平放置还是竖直放置（设两种情况下辐射散热相同）？试估算开始冷却的瞬间在两种放置情形下自然对流冷却散热量的比值。两种情形下流动均为层流（不计端面散热）。

6.22　一种冷却电子线路板的方法示于图 6.27 中。线路板两侧紧贴两个带有多个平行通道的冷板，冷空气流过平行通道带走热量。已知：线路板的功率为 100 W；平行通道的截面尺寸为 6 mm×25 mm；常压下空气以 0.010 m³/s 的流量流经平行通道，入口气温为 25℃；两块冷板的通道总数为 24。试估算线路板的平均运行温度。

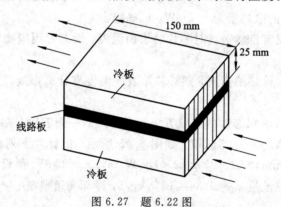

图 6.27　题 6.22 图

# 第7章 高速电路

## 7.1 高速信号和高速电路系统

随着电子技术、微电子技术和电子封装技术的不断发展，芯片尺寸越来越小，单片器件集成的功能越来越多；另外，电子设备中使用的信号频率和元器件集成度也不断提高，电路中信号的上升沿也越来越陡峭，这使得电路中的信号完整性（Signal Integrity，SI）问题变得越来越突出。与此同时，电子系统也向低电压、大电流、高速度、高集成度、高功耗的趋势发展，因此电路中的电源完整性（Power Integrity，PI）、电磁兼容（Electro Magnetic Compatibility，EMC）的分析设计对产品的成败也起着至关重要的作用。在高密度封装以及高速电路系统中，SI、PI 以及 EMC 特性对系统功能的影响尤其突出，高速电路 PCB 的布局布线设计也越来越重要。本章将介绍高速电路系统的基本概念以及常用的 PCB 设计原则及布局布线策略。

### 7.1.1 低速信号和高速信号

高速信号与低速信号的区别，不仅取决于信号本身的频率，还取决于信号传输路径的长度，仅仅依靠信号频率，并不能做出信号属于高速还是低速的结论。

综合考虑信号频率与其传输路径的长度，可以简单地认为低速信号为传输路径上各点的电平大致相同的信号，高速信号为传输路径上各点电平存在较大差异的信号。对于低速信号，传输路径上各点的状态相同，在分析时，可被集中成一点；对于高速信号，传输路径上各点的状态不相同，在分析时，应视为多个状态不同的点。

如何判断信号传输路径上的各点状态是否相同呢？一般而言，在信号传输路径的长度（即信号线走线长度）小于信号有效波长的 1/6 时，可认为在该传输路径上，各点的电平状态近似相同。

信号波长与信号频率的关系如下：

$$\lambda = \frac{c}{f} \tag{7-1}$$

式中：$\lambda$ 为信号波长；$c$ 为信号在 PCB 上传输的速度，该速度略低于光速，与信号走线所在的层有关，为讨论方便，此处将 $c$ 视为常数；$f$ 为信号的频率。

在 $c$ 为常数的前提下，$\lambda$ 与 $f$ 成反比，即信号频率 $f$ 越高，其波长越短，则低速信号和高速信号分界点的信号线长度越短，反之亦然。

因此，在信号频率已知的前提下，可以确定低速信号和高速信号分界点的信号线长度。此处的信号频率应采取信号的有效频率而不是信号的周期频率。如何获得信号的有效频率呢?

当信号周期频率不是很高(如频率小于 1 GHz)时,在有现场测试电路的情况下,可直接测量信号的 10%～90%上升时间,再利用式(7-2)计算得到信号的有效频率:

$$F = \frac{0.5}{T_{r(10\%\sim 90\%)}} \qquad (7-2)$$

其中,$T_{r(10\%\sim 90\%)}$ 为信号的 10%～90%上升时间。

在没有现成电路的情况下,可假设信号的上升时间为信号周期的 7%,此时,信号有效频率约为周期频率的 7 倍。例如,周期频率为 10 MHz 的时钟信号,可估计其有效频率约为 70 MHz。

当信号周期频率很高(如大于 1 GHz)时,判断信号属于高速还是低速,本身已没有意义。

综上所述,获得信号的有效频率,根据式(7-1)可计算出信号的有效波长,然后根据 1/6 有效波长与和走线长度的关系便可判断是高速信号还是低速信号。

### 7.1.2 低速电路、高速电路和射频电路

当信号在电路中从驱动端到接收端传输时间大于信号的上升沿(下降沿)的 1/2 时,此电路就被视为高速电路,其定义式为

$$t_j = 2t_{pd} \qquad (7-3)$$

式中:$t_j$ 为信号上升沿的上升时间(ns);$t_{pd}$ 为信号从驱动端到接收端的传输延时(ns)。

在数字电路中,通常认为当导线的长度大于信号波长的 1/7 时,即视为高速电路,反之则为低速电路。

从以上的定义可以看出,时钟信号频率的高低并不是决定高速电路的唯一条件,还要考虑电路中器件的开关速度以及导线的长度。

在高速电路中,逻辑设计的正确性已经不是影响电路正常工作的唯一因素,必须考虑在低速设计中很少关心的物理方面的影响,而且物理方面的影响已经占了主导地位。

由麦克斯韦方程可知,当电信号通过一个导体时,会产生电磁波。当信号频率高于最高的音频频率(15～20 kHz)时,电磁波就开始从这个导体向外辐射。当频率高于数百兆赫时,这个辐射很强,通常将这个频率或更高的频率称为射频或微波,含有这种电信号的电路称为射频电路或者微波电路。

与分析低速电路不同,分析高速电路或射频电路时,不仅要考虑电路或器件的集总特性,还需要考虑电路或器件的分布特性。比如,分布式电感是其电感量分布在导体的整个长度上,而普通电感(集总特性)的电感值是集中在线圈中;分布式电容是其电容量分布在一段导线上,而非集中在一个电容器中。

# 7.2　高速电路系统 PCB 设计简介

## 7.2.1　传统的 PCB 设计方法

传统的 PCB 设计依次经过原理图设计、版图设计、PCB 制作、测量调试等流程,如图

7.1 所示。

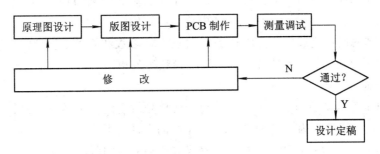

图 7.1 传统的 PCB 设计流程

在原理图设计阶段，由于缺乏有效的分析方法和仿真工具，要求对信号在实际 PCB 上的传输特性做出预分析，原理图的设计一般只能参考元器件数据手册或者过去的设计经验来进行。而对于一个新的设计项目而言，可能很难根据具体情况对元器件参数、电流拓扑结构、网络端接等做出正确的选择。

在 PCB 版图设计时，同样缺乏有效的手段对叠层规划、元器件布局、布线等所产生的影响做出实时分析和评估，那么版图设计的好坏就通常依赖于设计者的经验。

在传统的 PCB 设计过程中，PCB 的性能只有在制作完成后才能评定。如果不能满足性能要求，就需要经过多次的检测，尤其是对有问题的很难量化的原理图设计和版图设计中的参数需要反复多次。在系统复杂程度越来越高、设计周期要求越来越短的情况下，需要改进 PCB 的设计方法和流程，以适应现代高速系统设计的需要。

## 7.2.2 针对高速电路的 PCB 设计方法

在高速电路设计中，信号边沿速率快，器件之间的干扰大，敷铜走线往往要视为传输线，许多传统 PCB 设计中忽略的因素已经成为影响高速数字系统性能的首要因素。传统的设计方法将无法适应新的挑战，基于 SI、PI 和 EMC 分析的现代高速 PCB 设计方法应运而生。

基于信号完整性分析的高速 PCB 设计流程如图 7.2 所示。

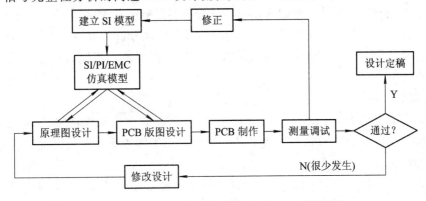

图 7.2 基于信号完整性分析的高速 PCB 设计流程

设计流程主要包含以下步骤：

（1）因为整个设计流程是基于信号完整性分析的，所以在进行 PCB 设计之前，必须建立或获取高速数字信号传输系统各个环节的信号完整性模型。

（2）在设计原理图过程中，利用信号完整性模型对关键网络进行信号完整性预分析，依据分析结果来选择合适的元器件参数和电路拓扑结构等。

（3）在原理图设计完成后，结合 PCB 的叠层设计参数和原理图设计，对关键信号进行信号完整性原理分析，获取元器件布局、布线参数等的解空间，以保证在此解空间中，最终的设计结果满足性能要求。

（4）在 PCB 版图设计开始之前，将获得的各信号解空间的边界值作为版图设计的设计规则（约束条件），以此作为 PCB 版图布局、布线的设计依据。

（5）在 PCB 版图设计过程中，对部分完成或全部完成的版图设计进行设计后的信号完整性分析，以确定实际的版图设计是否符合预计的信号完整性要求。如果仿真结果不能满足性能要求，则需修改版图设计甚至原理图设计，及时纠正错误以降低整个设计完成后才发现产品失败的风险。

（6）在 PCB 设计完成后，就可以进行 PCB 制作，PCB 制作参数的公差应控制在规则允许范围内。

（7）当 PCB 制作完成后，要进行一系列的测量调试。一方面测试产品是否满足性能要求，另一方面通过测量结果验证信号完整性分析模型来分析过程的正确性，并以此作为修正模型的依据。

采用这套设计方法，通常不需要或只需要很少的重复修改设计及制作就能够最终定稿，从而可以缩短产品开发周期，降低开发成本。

## 7.2.3　高速电路系统 PCB 设计关键技术

### 1. 信号完整性

信号完整性是指信号在信号线上的质量，即信号在电路中以正确的时序和电压做出响应的能力。如果电路中信号能够以要求的时序、持续时间和电压幅度到达接收器，则可确定该电路具有较好的完整性。反之，当信号不能正常响应时，就会出现信号完整性问题。

高速 PCB 的信号完整性问题主要包括信号反射、串扰、信号延时和时序错误等。

基于信号完整性分析的高速数字系统设计分析不仅能够有效地提高产品的性能，而且可以缩短产品开发周期，降低开发成本。随着信号完整性分析的模拟及计算分析方法的不断完善和提高，利用信号完整性进行计算机设计与分析的数字系统设计方法将会得到广泛、全面的应用。

### 2. 电磁兼容性

国家标准 GB/T4365—1995《电磁兼容术语》对电磁兼容定义为："设备或系统在其电磁环境中能正常工作且不对该环境中的任何事物构成不能承受的电磁骚扰的能力。"它包括两方面的含义：

（1）设备、分系统或系统不应该产生超过标准或规范规定的电磁骚扰发射限值，电磁骚扰发射是从骚扰源向外发出电磁能量的现象，它是引起电磁干扰的原因。

（2）设备、分系统或系统应满足标准或规范规定的电磁敏感性限值或抗扰度限值的要求。电磁敏感性是指存在电磁骚扰的情况下，设备、分系统或系统不能避免性能降低能力；抗扰度是指设备、分系统或系统面临电磁骚扰而不降低运行性能的能力。

一般电子系统的电磁兼容设计，依据其设计的重要性可以分三个层次：器件及 PCB 一级的设计、接地系统的设计及屏蔽系统设计和滤波设计。

实际高速电路 PCB 设计中，时钟产生电路、塑料封装内部元件的辐射、不正确的布线、太大尺寸的走线、不良的阻抗控制等都可能成为电磁辐射源。PCB 上的元件可能是射频能量的接收器，它们很容易从 I/O 电缆接收有害的辐射干扰，并将这个有害能量传送到容易受损的电路和设备中。

在 PCB 设计阶段处理好 EMC 问题，是使设备、分系统或系统达到电磁兼容标准最有效、成本最低的手段。

### 3. 电源完整性

电源完整性是指系统运行过程中电源波动的情况，或者指电源波形的质量。在高速数字电路中，当数字集成电路上电工作时，它内部的门电路输出会发生从高到低或者从低到高的状态转换，这时会产生一个瞬间变化的电流，这个电流在流经返回路径上存在的电感时会形成交流压降，从而引起地弹噪声。当同时发生状态转换的输出缓冲器较多时，这个压降将足够大，从而影响电源质量，导致电源完整性问题。

随着电路系统速度的提升，SI、EMC 和 PI 三者之间的互相影响和制约关系表现得越来越突出，尤其是在非理想高速互连中。例如，穿越参考平面（电源/地平面）的信号对互连线上的信号造成很大的影响，使信号边沿畸变和退化。同时，回路面积的增大和引入的阻抗突变也可能向电源/地平面注入足够的能量，从而导致电源/地平面发生谐振，加剧了电源电压波动，在 PCB 边缘处产生电磁辐射。著名的 EMC 专家 Keith Armstrong 指出，SI、PI 与 EMC 有本质的内在联系，高速 SI 和 PI 设计方法往往与 EMC 设计殊途同归。因此，将 SI、PI 和 EMC 三者进行一体化分析将是高速电路设计方面的一个重要研究方向。

# 7.3 高速电路相关电子学术语

## 7.3.1 电流

导体中的自由电子在电场力的作用下做有规则的定向运动就形成了电流。电流的大小称为电流强度，是指单位时间内通过导线某一截面的电荷。电流的国际单位为安培（A），其它常用的单位还有毫安（mA）、微安（μA）等。

在高速电路中，电流在导体中呈现出趋肤效应，频率越高，PCB 电流越趋于在导体的表面流动，导线实际的电阻就越大。趋肤效应是高速电路设计中要特别注意的问题。

## 7.3.2 电压

电压也称电势差或电位差，是衡量单位电荷在静电场中由于电势不同所产生的能量差的物理量。电压在数值上等于电场强度沿一规定路径从一点到另一点的线积分，也可以说是将单位正电荷沿电路中的一点推向另一点所做的功。做功越多电压就越大，电路中电压表现了电场力推动电荷做功的能力。在无旋场条件下，电压与路径无关，它等于两点之间的电位差。

电压的大小可以用下面的公式计算：

$$U_{AB} = \frac{W_{AB}}{q} \tag{7-4}$$

其中，$U_{AB}$ 代表 $A$、$B$ 两点之间的电压，$W_{AB}$ 代表 $A$、$B$ 两点间的电功率，$q$ 代表电量。

电压的国际单位是伏特（V），其它常用的单位还有千伏（kV）、毫伏（mV）、微伏（μV）等。

在进行高速电路设计时，要特别注意电压纹波对电路性能的影响。纹波就是一个直流电压中的交流成分，纹波是由于对电源滤波不干净或者负载波动引起的。纹波的频率通常与交流电源的频率相同，因此电路设计时，应尽量避免电路中信号频率工作在与电源频率相近的频段内。

## 7.3.3　直流和交流

强度与方向都随时间做周期性变化的电流叫做交变电流，简称交流电。其电流的方向、大小会随时间改变。

直流电则是电流方向不随时间做周期性变化的电流。直流分为交变直流、标准直流、脉冲直流等。电池及开关电源输出的，一般认为是标准直流；交变直流类似交流电，但它不呈周期性变化，电流方向会对调但不是周期性的；脉冲直流则为周期性的冲击电流，电流方向是一定的。一般只考虑标准直流，所以直流电一般认为是标准直流。

实际电路中，基本没有理想的直流，电压或者电流纹波始终存在。电路设计时，要根据电路性能要求设计滤波电路，使纹波系数在系统性能要求范围内。

## 7.3.4　频率

频率通常用 $f$ 表示，是指每秒中包含的完整正弦波周期数，单位是 Hz。角频率以弧度每秒来度量。弧度像度数一样，描述了周期的一部分，一个完整周期的弧度为 $2\pi$。通常用希腊字母 $\omega$ 来表示角频率。正弦波的频率与角频率的关系如下：

$$\omega = 2\pi f \tag{7-5}$$

式中：$\omega$ 为角频率（rad/s）；$\pi$ 为常量，为 3.141 59；$f$ 为正弦波频率（Hz）。

信号频率是高速电路设计中最关键的参数之一，如果电路原理、布局、布线设计不合理，电路中的信号频率高于拐点频率，信号就会失真，进而影响电路性能，甚至直接导致电路功能丧失。

## 7.3.5　谐波

从严格的意义来讲，谐波是指电流中所含有的频率为基波的整数倍的电量，一般是指对周期性的非正弦电量进行傅立叶级数分解，其余大于基波频率的电流产生的电量。从广义上讲，由于交流电网有效分量为工频单一频率，因此任何与工频频率不同的成分都可以称为谐波。谐波产生的原因主要有：由于正弦电压加压于非线性负载，基波电流发生畸变产生谐波。谐波会降低系统容量，加速设备老化，缩短设备使用寿命甚至损坏设备，浪费电能等。

### 7.3.6 滤波

滤波是将信号中特定波段频率滤除的操作，是抑制和防止干扰的一项重要措施。只允许一定频率范围内的信号成分正常通过，而阻止另一部分频率成分通过的电路，叫做滤波电路或者滤波器。实际上，任何一个电子系统都具有自己的频带宽度（对信号最高频率的限制），频率特性反映出了电子系统的这个基本特点。而滤波器则是根据电路参数对电路频带宽度的影响而设计出来的工程应用电路。

在高速电路中，信号对频率特性更加敏感，不管是电源滤波还是关键信号的滤波设计对系统性能都有重要的影响，对滤波电路设计方法的研究一直是高速电路设计领域研究的关键问题之一。

### 7.3.7 时序

数字电路系统中对信号的每个操作都会占用一定的时间，称之为工作周期。不同操作的执行是有顺序的，但是如何确定这些操作的执行顺序呢？时序信号就是一个用来确定何时执行何种操作的标志，也就是说时序信号可确定各种操作的执行顺序。

在高速数字系统中，很高的时钟频率和高速的数据传输对系统的时序设计提出了苛刻的要求。时序设计是在满足系统性能要求的条件下，设计能够保证电路正常工作所需要的各种时间参量。系统的时序设计是苛刻的，是系统能够按照时序正常工作的保证。

要进行合理的时序设计，必须对信号传输中的几个时间概念有充分的理解。这些时间概念有建立时间（Setup Time）、保持时间（Hold Time）和时钟有效到输出的时延（Delay of Clock to Output）。建立时间是指在触发器的时钟信号上升沿到来以前，器件能够接收数据而要求数据保持稳定的最小时间，如果建立时间不够，数据将不能在这个时钟上升沿被打入触发器；保持时间是指在触发器的时钟信号上升沿到来以后，器件能够接收数据而要求数据保持稳定的最小时间，如果保持时间不够，数据同样不能被打入触发器。时钟有效到输出的时延是从时钟有效到触发器件的时刻到器件输出数据的时刻这两个时刻的时间差。图 7.3 说明了建立时间 $T_{SU}$、保持时间 $T_H$ 和输出时延 $T_{CO}$ 的含义。在进行时序设计时，就要保证设计的时序逻辑能满足信号正常传输的时间要求。

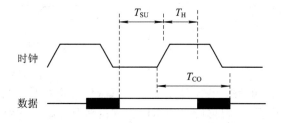

图 7.3 建立时间、保持时间和输出时延示意图

实际 PCB 布局布线时，改变信号线长度是一种简单的时序设计方法。下面介绍一个实际设计例子。

某 PCB 设计要求所用的 FPGA 芯片要兼容支持两个厂家的存储器，而这两个厂家的存储器虽然引脚兼容，但是时序参数却略有差异。经时序计算后，厂家 B 的存储器芯片时钟信号线要比厂家 A 的长 600 mil。设计时，可以采用 0 Ω 电阻实现时序性能要求。

如图 7.4 所示，当采用厂家 A 的存储器时，将 $R_1$ 加入物料单，$R_2$ 和 $R_3$ 不加入物料单（不焊接）；当采用厂家 B 的存储器时，将 $R_2$ 和 $R_3$ 加入物料单，$R_1$ 不加入物料单。这样通过 0 Ω 电阻 $R_3$ 调整信号线长度满足了电路的时序设计要求。

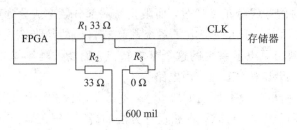

图 7.4　FPGA 兼容两种存储器的设计

### 7.3.8　相移

相移是描述信号相位变化的度量，通常以度（角度）作为单位。当信号以周期的方式变化时，信号波形循环一周为 360°。在信号传输过程中，由于电抗元件（电感、电容等）的存在，或者各种信号的干扰，电路输入端和输出端的信号在相位上会存在差别（相位差），这个相位的差别就是相移。

信号相移会导致输入、输出信号在时间上的不同步，进而影响系统性能。在高速电路设计中，有时候很小的相位噪声就会对系统性能产生严重的影响，因此，在电路设计和布局布线时要尽可能减小发生相移的可能性。电路设计时可以通过以下两种关键技术降低板上的确定性信号抖动：

（1）完全以差分形式收发信号。诸如 LVDS（Low-Voltage Differential Signaling，低电压差分信号）或 PECL（Positive Emitter-Coupled Logic，正射极耦合逻辑电平）等一些以差分方式收发信号的惯例，都能极大降低确定性抖动的影响，而且这种差分通路还能消减信号通路上的所有干扰和串扰。由于这种信号收发系统对共模噪声本来就有高度抑制能力，因此差分形式本来就有消除抖动的趋向。

（2）仔细布线。只要可能，就要避免出现寄生信号，因为这种信号可能会通过串扰或干扰对信号通路产生影响。走线应该越短越好，而且不应与承载高速开关数字信号的走线交叉。如果采用了差分信号收发系统，那么两条差分信号线就应尽可能靠近，这样才能更好地利用其固有的共模噪声抑制特性。

### 7.3.9　阻抗

阻抗是电路中电阻、电感、电容对交流电的阻碍作用的统称。当通过电路的电流是直流电时，电阻与阻抗相等，电阻可以视为相位为零的阻抗。阻抗包括导线和回路之间的阻抗以及一对电源回路之间的阻抗，是导线及其回路或电源回路之间电感和电容的函数。

电路设计时，从 EMI 控制的角度来说，希望电路的阻抗越低越好。当电容较大、电感较小时，只要使导线和其回路间保持紧密耦合（紧密布局），就能满足要求；当电容减小时，阻抗增大，电场屏蔽能力减弱，EMI 增大；当电感增加时，阻抗增大，磁场屏蔽能力减弱，EMI 也会增大。

实际电路中，零阻抗的导线或者传输介质是不存在的，随着信号频率的提高，阻抗对信号质量的影响不断增大。实际电路设计时，为了减小阻抗对信号质量的影响，通常的做法是要求负载阻抗和传输线的特征阻抗相等，即阻抗匹配。特征阻抗是这样定义的：当信号在传输线上传播时，信号感受到的瞬态阻抗与单位长度电容和材料的介电常数有关，对于均匀传输线，恒定的瞬态阻抗说明了传输线的特性，称为特征阻抗。特征阻抗与 PCB 导线所在的板层、PCB 所用的材质（介电常数）、走线宽度、导线与平面的距离等因素有关，与走线长度无关，特征阻抗可以使用软件计算。高速 PCB 布线中，一般把数字信号的走线阻抗设计为 50 Ω，这是个大约的数字。一般规定同轴电缆基带为 50 Ω，频带为 75 Ω，对绞线（差分）为 100 Ω。数字信号走线的阻抗确定后，可以设计负载的阻抗，使输出阻抗等于传输线的特征阻抗，达到阻抗匹配的目的。常用的阻抗匹配方法有串联终端匹配、并联终端匹配等，具体匹配方法本书不做详细介绍。

### 7.3.10 去耦和旁路

去耦是去除在元件切换时从高频元件进入到电源分配网络中的 RF（射频）能量。去耦电容的主要功能就是提供一个局部的直流电源给有源器件，将噪声引导到地，以减少开关噪声在板上的传播。去耦电容还可以为元件提供局部化的直流电压源，降低跨板浪涌电流的干扰。

旁路是从元件或走线中转移出不需要的共模 RF 能量。这主要是通过产生一个通交流的分路，将噪声干扰能量导入地，交流旁路消除无用的能量进入敏感的部分，另外还可以提供基带滤波功能。

旁路电容和去耦电容都应该尽可能放在靠近电源输入处以帮助滤除高频噪声。去耦和旁路可以防止能量从一个电路传播到另一个电路上，进而提高电源分配系统的质量。从电路来说，总是存在驱动源和被驱动的负载。如果负载电容太大，驱动电路要给电容充电、放电，才能完成信号的跳变，在上升沿比较陡峭的时候，电流比较大，这样驱动的电流就会吸收很大的电源电流，由于电路中的电感、电阻（特别是芯片管脚上的电感会产生反弹）的存在，这种电流相对于正常情况来说实际上就是一种噪声，会影响前级的正常工作，这就是耦合。去耦电容就是起到一个电池的作用，满足驱动电路电流的变化，避免相互间的耦合干扰。旁路电容实际也是去耦合的，只是旁路电容一般是指高频旁路，也就是给高频的开关噪声提供一条低阻抗的泄防通道。旁路是把输入信号中的干扰作为滤除对象，而去耦是把输出信号的干扰作为滤除对象，防止干扰信号返回电源。

### 7.3.11 差分信号

差分信号指在一对存在耦合的传输线上传输的信号。一条传输线上传输信号本身，另一条上传输它的互补信号，通常采用两个输出驱动器驱动两条传输线。典型的差分信号传输原理结构如图 7.5 所示。在接收端被识别的信号就是两条传输线的电位差，通过比较这两个电压的差值来判断逻辑状态"0"还是"1"，它携带了传递的信息。

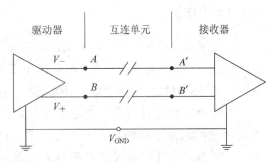

图 7.5　差分信号传输原理结构图

在实际电路中,差分信号走线与单端信号走线相比,具有抗干扰能力强、抑制 EMI 性能强、时序定位准确等优点,这种优势在高速电路中体现得更加明显。但是实际走线时,差分走线必须等长、等宽、紧密靠近,因此对电路板的面积要求比单端信号走线要高。虽然对电路板面积要求相对较大,但是在高速电路中,除非有特殊要求,关键的信号线还是建议用差分信号走线。

实际布线中,对差分信号走线常规的要求有两点:一是两条线的长度要尽量一样长,等长是为了保证两个差分信号时刻保持相反极性,减小共模分量;二是两线的间距(此间距由差分阻抗决定)要一直保持不变,也就是要保持平行。

## 7.3.12　传播时间

在计算机通信网络中,传播时间是这样定义的:数据在收、发两端的线路间传输所用的时间。

在实际电路中,信号在传输线上的绝对传播时间实际上非常短,是可以忽略不计的。但是考虑信号的同步性和时序操作的一致性,一般要求有特定时序关系的导线(如差分信号线等)最好有相同的长度,且长度越短越好。这实际上与 PCB 一般的布局、布线规则是一致的。

## 7.3.13　时间常数

时间常数是表征电路瞬态过程中响应变化快慢的物理量,具有时间量纲。电路的时间常数越小其响应变化越快,反之就越慢。

在电阻、电容的电路中,时间常数是电阻和电容的乘积。若电容的单位是 F(法拉),电阻的单位是 Ω(欧姆),则时间常数的单位就是 s(秒)。在电阻、电感电路中,电流是按指数规律从初值单调地衰减到零,其时间常数等于电感除以电阻。

高速电路设计中,电路时间常数的设计通常与带宽的设计紧密联系,电路的时间常数越小,电路对信号变化的响应越快,对高频信号的处理能力就强;反之,时间常数越大,电路对信号变化的响应越慢,对高频信号的处理能力就弱。但是,时间常数也并不是越小越好,在一些场合,为了增加系统的稳定性或者是对干扰信号的不敏感性,需要设计合适的时间常数,既要满足对正常信号的快速响应,又要避免对干扰信号的误响应。

## 7.3.14　带宽

带宽用来表示频谱中有效的最高正弦波频率分量,为了充分近似时域波形的特征,这是需要包含的最高正弦波频率,所有高于带宽的频率分量都可忽略不计。值得注意的是,带宽的选择对时域波形的最短上升时间有直接的影响。

在高速电路设计阶段,带宽设计是非常重要的环节。相同参数的电路在不同的频段会表现出截然不同的特性,因此要求设计的电路既要保证在频率允许范围内的信号质量,又要避免其它频段的信号进入电路引起干扰。带宽电路的设计通常涉及滤波器电路的设计。

### 7.3.15  传输线

当时钟频率超过 100 MHz、边沿率小于 1 ns 时，长度超过 1 英寸的互连线就开始表现出传输线和天线效应。传输线的主要效应就是当信号通过互连线时，会引起时延、色散和衰减。通常，当传输线的物理长度大于数字信号上升边延伸的 1/6 时，就必须将互连线视为传输线。

高速电路中的信号通常具有高速、高频的特性，为了避免出现上述的时延、色散和衰减现象，在高速电路布局布线设计时，要避免使传输线通过或者靠近互连线。从本质上而言，对于传输线，布局布线时要避免由于信号传输路径上阻抗不匹配带来的反射现象。

### 7.3.16  反射

反射是由于传输线的阻抗突变(即不连续)引起的。信号沿传输线在传播过程中都会感受到一个瞬态阻抗，如果这个瞬态阻抗发生变化，信号将在阻抗变化处发生反射，一部分信号将沿着与原传播方向相反的方向传播，而另一部分则发生失真并继续传播下去。反射的信号量和继续向前传播的信号量大小由瞬态阻抗的变化量决定。

信号反射是信号完整性最基本的问题之一，是单一网络中所有信号质量问题的根源。反射噪声可能会引起延时、过冲和振铃现象，使信号质量下降。产生反射的最根本原因是信号传输路径的阻抗不连续。这种阻抗的不连续可能会在驱动端或接收端产生过大的过冲电压，从而导致元器件损坏；接收端的过冲和振铃都有可能造成电路误触发，从而影响电路的稳定性与性能。

反射引起的信号失真程度受两个重要参数影响：信号的上升时间与传输线的阻抗突变大小。在高速 PCB 设计中，设计一个绝对没有反射的传输路径是不可能的，而能够接受的噪声量取决于噪声预算和给每个噪声源分配多大的噪声。根据大致的经验法则，反射噪声应该被控制在电压摆幅的 10% 之内，比如对于 3.3 V 的信号，反射噪声应该被控制在 330 mV 之内。

下面介绍一个反射计算的具体实例。

**例 7.1**  如图 7.6 所示，信号的发送端在 $A$ 点，接收端在 $B$ 点，信号线为传输线，$A$ 点到 $B$ 点的走线传输延时为 5 ns，信号输出电平为 3.3 V。发送端器件的输出阻抗和传输线阻抗都是 50 Ω，试分析在接收端器件的输入阻抗为 0 Ω 和无穷大这两种情况下，$A$ 点的波形分别如何。

图 7.6  反射计算

**讨论**  在 $A$ 点，由于发送端器件输出阻抗和传输线阻抗都是 50 Ω，因此在 $A$ 点存在分压，信号电平为发送端输出电平的一半，即 1.65 V。

当接收端器件的输入阻抗为 0 Ω 时，

$$\rho = \frac{0-50}{0+50} = -1 \tag{7-6}$$

$\rho = -1$，表示在 $B$ 点，信号将以反向电平全反射，即反射电平为 $-1.65$ V。

反射信号回到 $A$ 点后，

$$\rho = \frac{50-50}{50+50} = 0 \tag{7-7}$$

$\rho = 0$，表示在 $A$ 点，信号全部被吸收而不再发生反射。

因此，$A$ 点波形图如图 7.7 所示。

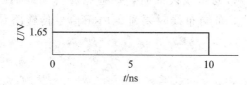

图 7.7　反射示例 $A$ 点波形（$\rho = 0$ 时）

当接收器件的输入阻抗为无穷大时，

$$\rho = \frac{\infty - 50}{\infty + 50} = 1 \tag{7-8}$$

$\rho = 1$，表示在 $B$ 点，信号将以正向电平全反射，即反射电平为 $1.65$ V。

反射信号回到 $A$ 点后，同样全部被吸收而不再发生反射。

因此，$A$ 点波形图如图 7.8 所示。

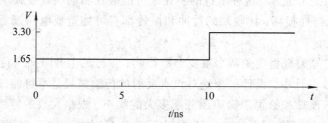

图 7.8　反射示例 $A$ 点波形（$\rho = 1$ 时）

始端、传输路径、终端阻抗的不匹配，都会造成信号的反射。为减小反射，需尽可能地减小反射系数，即要求反射点前后的阻抗尽可能相等。通过在电路上增加元器件以减小反射系数的方法称为阻抗匹配设计。高速电路设计时常用的匹配方法有五种：发送端串联匹配、接收端并联匹配、接收端分压匹配、接收端阻容并联匹配、接收端二极管并联匹配等。

## 7.3.17　串扰

在一根信号线上有信号通过时，在 PCB 上与之相邻的信号线上就会感应出相关的信号，这种现象称为串扰。信号线距离地线越近，线间距越大，产生的串扰信号越小。异步信号和时钟信号更容易产生串扰。

串扰是高速、高密度 PCB 设计中需要重点考虑的问题。在高速数字系统设计中，串扰现象非常普遍。串扰可能会出现在 PCB、连接器、芯片封装与连接器电缆等器件上。串扰会产生两方面的影响：首先，串扰会通过改变传输线的传输特性（特性阻抗与传输速度）来影响信号完整性以及时序特性；其次，串扰会对其它传输线产生噪声，更进一步降低信号质量，导致噪声裕量变小。时钟网络中过大的串扰噪声可能会引发电路的误触发，导致系统无法正常工作。

### 7.3.18　电磁干扰

电磁干扰（EMI）指电路板发出的杂散能量或外部进入电路板的杂散能量，它包括传导型（低频）EMI、辐射型（高频）EMI 和静电放电或雷电引起的 EMI。传导型和辐射型 EMI 具有差模和共模表现形式。对于静电放电和雷电引起的 EMI，必须利用 EMI 抑制器件在静电放电和雷电进入系统之前予以消除，防止由此导致的系统工作异常或损坏。

### 7.3.19　信号完整

信号完整是指信号在电路中能够以正确的时序和电压做出响应。信号完整性是指信号在信号线上的质量。如果电路中的信号能够以要求的时序、持续时间和电压幅度到达接收器，则可确定该电路具有较好的完整性。反之，当信号不能正常响应时，就会出现信号完整性问题。

# 7.4　高速电路中常用电子元件特性分析

### 7.4.1　电阻

在低速电路中，等效理想电阻器的参数只与结构的几何尺寸和材料特性有关，PCB 中的传输线电阻也是固定的。

在高速电路中，随着频率的升高，传输线中的电流重新分布以减小回路阻抗。趋肤效应使得电流分布在传输线的表面，电流趋向表面分布使得传输线的有效面积减小了，从而增加了传输线的等效电阻；另外，传输线的电感量也随着频率的增加而增大。传输线在高频段的等效模型如图 7.9 所示。

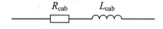

7.9　传输线高频等效模型

图 7.9 中 $R_{cab}$ 为传输线等效电阻，$L_{cab}$ 为传输线等效电感。

因此，在高频电路中要特别重视传输线的作用，要尽可能地缩短长度或者增加截面积，以减小导线高频特性对电路性能的影响。但是，在一些特殊的情况下，也可以利用传输线的阻抗实现滤波作用。

对于 PCB 中的电阻器，随着频率的升高，其寄生电容和寄生电感特性也越来越明显。高速电路中，电阻的高频等效电路如图 7.10 所示。

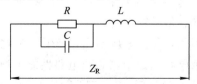

图 7.10　电阻高频等效电路图

图 7.10 中，$R$ 为理论电阻值，$L$ 为寄生电感值，$C$ 为寄生电容值，$Z_R$ 为等效阻抗值。等效阻抗可以用下式计算得到：

$$Z_R = \frac{R + \mathrm{j}\omega L - \omega^2 LCR}{1 + \mathrm{j}\omega CR} \tag{7-9}$$

其中，$\omega$ 为信号频率。

不同种类的电阻，其高频特性也不同，如绕线电阻的寄生电感要比金属膜电阻的寄生电感高。因此，在高速电路设计中，随着信号传输速度和信号频率的不断提高，电阻的选型以及 PCB 的电磁兼容设计也越来越重要。

## 7.4.2　电容

任意两个导体间的电容量本质上是对两个导体在一定电压下的储存电荷能力的度量。电容器的电容量取决于电容器两个电极的几何结构和周围介质的材料属性，而与施加的电压完全无关。

由于实际电容器存在漏电阻和系统等效串联电阻，即使是在低频下，实际电容器也并不是纯粹的电容，它存在绝缘漏电阻 $R_p$ 和等效串联电阻 $R_s$。除此之外，在高频情况下还会有漏电抗存在。实际电容器的等效电路如图 7.11 所示。

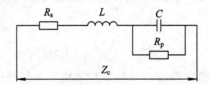

图 7.11　实际电容器等效电路图

图 7.11 中，$L$ 为寄生电感，$C$ 为理论电容值，$Z_c$ 为电容器实际阻抗。

由于漏电阻远小于系统等效串联电阻，实际分析时可以简化不计漏电阻的影响，这样实际电容器的阻抗可以用下式近似表示：

$$Z_c \approx R_s + \mathrm{j}\omega L + \frac{1}{\mathrm{j}\omega C} \tag{7-10}$$

其中，$\omega$ 为信号频率。

由此可见，随着频率的增加，电容器的阻抗更多地取决于寄生电感的大小。这意味着在高频段，电容器实际上更像是一个电感而不是电容。

除了电容器以外，实际 PCB 中任意两个相邻的导体之间都存在电容，电容对描述信号如何与互连线相互影响起着重要的作用，而且它也是互连线建模的四个基本理想电路元件之一。电容的微妙之处在于即使两个导体间没有直接的连接线，导体之间也总是有电容的。电流可以流经这些电容，从而造成了串扰和其它信号完整性问题。PCB 的走线与邻近导体存在寄生电容。这个寄生电容随着电路频率的增加而增大，在高频时可能流过足够大的电流而影响信号的质量，导致信号畸变退化。

电路设计时，如果考虑不周，电容选型不当，轻则会影响电路性能，重则会导致电路功能无法实现。下面介绍一个电容选型不当导致电路性能不稳定的实例。

某交换机产品在进行降成本设计后，在 55℃ 下测试时发现有丢数据包现象。该问题只发生在降成本设计后的批次上，查询改板记录，发现设计人员将单板上为交换芯片供电的电源的 10 $\mu$F 滤波电容类型由 X7R 更改为 Y5V。根据厂家提供的仿真软件，计算出在 85℃时，电容容量仅为 3.775 $\mu$F。而在环境温度为 55℃时，单板上该电容附近的温度达到了近 80℃，因此实际有效电容值相对标称值大为减小，无法满足滤波的要求，造成电源上噪声过大。将电容类型更改为同容值的 X7R 后，问题得到解决。

对于 X7R 和 Y5V 这两种类型的陶瓷电容，标称的电容值都是在环境温度为 25℃、工作电压等于 0 V 时得到的值。如果环境温度和工作电压发生改变，则有效电容值将会发生变化。三者的区别在于变化程度的不同，其中 Y5V 这种类型的电容变化最为剧烈。图 7.12 所示为不同类型电容的容值随温度变化的曲线示意图。

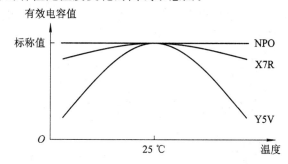

图 7.12　不同类型电容的容值随温度变化的曲线示意图

单板工作时，电容的工作电压不可能是 0 V，附近的环境温度也不可能保持在 25℃。因此，芯片选型时，必须考虑电路的实际工作环境情况，必要时要进行降额设计。由图 7.12 可见，对 X7R 应至少降额 20% 使用，而 Y5V 则不建议在高速电路或者环境温度变化剧烈的情况下使用。

### 7.4.3　电感和磁珠

电感由磁芯和线圈组成，磁珠由氧磁体组成，虽然可以说电感和磁珠都是磁性元件，但是两者却有本质的区别。磁珠把交流信号转化为热能，电感把交流信号存储起来，缓慢地释放出去，因此说电感是储能元件，而磁珠是能量转换（或消耗）器件。

电感的磁材是不封闭的，典型结构是磁棒，磁力线一部分通过磁棒，还有一部分是在空气中的；而磁珠的磁材是封闭的，典型结构是磁环，几乎所有磁力线都在磁环内，不会散发到空气中。磁环中的磁场强度不断变化，会在磁材里感应出电流，选用高磁滞系数和低电阻率的磁材就能把这些高频能量转换成热能，进而消耗掉。而电感则相反，要选低磁滞系数和高电阻率的磁材，以尽可能使电感在整个频带内呈现一致的电感值。所以，结构和磁材的差异决定了磁珠和电感的本质差异。磁珠把高频消耗掉了，而且没有对外的“磁泄漏”，而电感则因为磁材不封闭，会把大量的高频信号传到外部空间，引起电磁兼容问题，因此在高速电路使用中要特别注意。在实际应用中，电感多用于电源滤波回路，磁珠多用于信号回路；磁珠主要用于抑制电磁辐射干扰，而电感用于这方面则侧重于抑制传导性干扰。

电感和磁珠随着电路中频率的变化，其对外表现的特性也随着变化。对于电感，在低频段，阻抗由电感决定，在直流时等于线圈的电阻；在电感的谐振频率段，等效电感和寄生电容产生并联谐振，此时阻抗达到最大；随着频率的增加，寄生电容起主要作用，此时的电感器更像是一个电容器。对于磁珠，在高频段，其阻抗主要由电阻成分构成，随着频率的升高，磁芯的磁导率降低，感抗成分减小，电阻成分增加，这时磁芯的损耗增加；在低频段，其阻抗主要由感抗构成，磁芯的磁导率较高，电感量较大，此时磁芯的损耗较小，可以看做是一个低损耗、高品质因素特性的电感，这种电感容易造成谐振，因此在低频段时要慎重选用磁珠。

下面介绍一个磁珠使用不当造成电路功能失效的实例。

单板上某电源 $V_{OUT}$ 由来自背板的电源10 V通过DC/DC电源电路产生，并利用电源芯片的电流监控功能实现过流保护，电路如图 7.13 所示。图中 BEAD1 为磁珠，在此串联在电路中想实现滤波的功能。在强度测试时发现，即使将 0.025 Ω 的电阻换为 0.1 Ω 电阻，也无法关断 DC/DC 电源芯片的 GATE 输出。

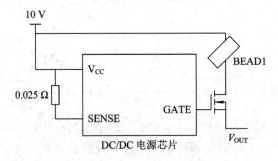

图 7.13　带电流监控功能的 DC/DC 电源电路

图 7.14 所示为该芯片的电流监控原理框图。该芯片电源监控的原理是利用 $V_{CC}$ 引脚和 SENSE 引脚之间的电阻压降与芯片内部50 mV电压源相比较的结果，控制偏差放大器的输出。当电阻压降大于 50 mV 时，偏差放大器将 GATE 关断。通过选择不同的电阻 R 的阻值，可以设置电源电路正常工作时的极限电流，$I_{max}=50$ mV$/R$。在本例中，当电阻 $R=0.025$ Ω 时，$I_{max}=2$ A；$R=0.1$ Ω 时，$I_{max}=0.5$ A。对 $V_{OUT}$ 进行电流测试发现，单板稳定工作时，10 V 电源上的电流为 0.8 A，此时选用的电阻为 0.1 Ω，电源芯片为何没有过流保护呢？

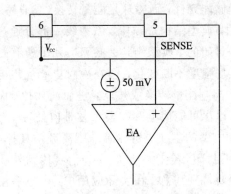

图 7.14　DC/DC 电源芯片电流监控原理框图

仔细检查原理图，发现电流监控和 $V_{OUT}$ 的产生，二者实际上走了两条不同的路径。10 V电源进入单板后，分开两路，一路通过电阻连接到电源芯片的 SENSE 引脚，一路通过 BEAD1 与 MOSFET(金属氧化物半导体场效应管)相连后产生 $V_{OUT}$。在这两路中，第一条路径是不耗电流的，第二条路径才是真正需要被监控的。但是在图 7.14 所示的设计中，实际得到监控的是第一条不耗电流的路径，所以在强度测试中即使将 $R$ 改为 $0.1\ \Omega$ 也不会过流保护。

在电源电路中，设计者往往喜欢串接磁珠以实现滤波，这几乎成了最常规的设计方法。但从这个案例可以看出，过度使用磁珠也会带来副作用，而且问题往往比较隐蔽。

在改板设计中，将磁珠 BEAD1 去掉，电路修改为如图 7.15 所示，过流保护功能得以实现。

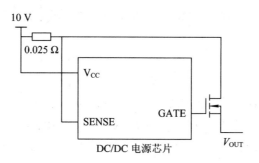

图 7.15　改板后的 DC/DC 电源电路

# 7.5　高速电路的 PCB 设计

## 7.5.1　PCB 基础知识

在绝缘材料上，按预定设计制成印制线路、印制元件或者二者组合而成的导电图形称为印制电路。而在绝缘基材上提供元器件之间电气连接的导电图形称为印制线路。印制电路或印制线路的成品板称为印制电路板（PCB）。PCB 是重要的电子部件，是电子元件的支撑体，是电子元器件线路连接的提供者。

现在的电子设备几乎都离不开 PCB，小到手机、智能手表、掌上电脑，大到计算机、通信电子设备、军用武器系统，只要有集成电路等电子元器件，它们之间的电气互连都要用到 PCB。PCB 提供各种电子元器件固定装配的机械支撑，实现各种电子元器件之间的布线和电气连接或电绝缘，提供电路所要求的电气特性，同时为自动锡焊提供阻焊图形，为元器件插装、贴装、检查、维修提供识别字符和图形。

按照 PCB 的层数不同，PCB 可分为单面板、双面板和多层板。常见的多层板一般为 4 层板或 6 层板，复杂的多层板可达几十层。单面板是指在最基本的 PCB 上，零件集中在其中一面，导线则集中在另一面上（有贴片元件时和导线为同一面，插件器件在另一面）。双面板的两面都有布线，不过要用上两面的导线，必须要在两面间有适当的电路连接才行。这种电路间的"桥梁"叫做导孔或过孔。导孔是在 PCB 上充满或涂上金属的小洞，它可以与两面的导线相连接。因为双面板的面积比单面板大了一倍，因此解决了单面板中因为布线交错的难点（可以通过导孔通到另一面），它更适合用在比单面板更复杂的电路上。多层板是指为了增加可以布线的面积，用上了更多单面或双面的布线板，通过定位系统及绝缘黏结材料交替在一起且导电图形按设计要求进行互连的印制线路板。

随着 PCB 密度的不断增加和电路中信号传输速度的不断提高，对 PCB 的设计及加工技术要求也越来越高，电路设计的要求不再局限于电路原理图的正确性，对 PCB 的布局布线合理性的要求也越来越高。本节将简单介绍 PCB 的设计软件以及 PCB 布局布线原则和策略。

## 7.5.2　常用 PCB 设计软件

### 1. Protel

Protel 公司于 1985 年始创于澳大利亚塔斯马尼亚州霍巴特，并致力于开发基于 PC 的软件，为印制电路板提供辅助的设计。

20 世纪 80 年代末期，Protel 公司开始以 Microsoft Windows 作为平台开发电子设计自动化的 EDA 软件。在以后的几年里，凭借各种产品附加功能和增强功能所带来的好处，Protel 形成了具有创新意识的 EDA 软件开发商的地位。

1997 年，Protel 公司把所有的核心 EDA 软件工具集中到一个集成软件包里，从而实现了从设计到生产的无缝集成。因此，Protel 发布了专为 Windows NT 平台构建的 Protel 98。

目前还在普遍使用的 Protel 99SE 因其简单易用的操作方法而在低端市场得到了广泛应用。它主要由以下五个部分组成：

（1）原理图设计系统。它是用于原理图设计的 Advanced Schematic 系统。这部分包括用于设计原理图的原理图编辑器 Sch 以及用于修改、生成零件的零件库编辑器 SchLib。

（2）印制电路板设计系统。它是用于电路板设计的 Advanced PCB。这部分包括用于设计电路板的电路板编辑器 PCB 以及用于修改、生成零件封装的零件封装编辑器 PCBLib。

（3）信号模拟仿真系统。它是用于原理图上进行信号模拟仿真的 Spice3f5 系统。

（4）可编程逻辑设计系统。它是基于 CUPL 的集成于原理图设计系统的 PLD 设计系统。

（5）Protel 99 内置编辑器。这部分包括用于显示、编辑文本的文本编辑器 Text 和用于显示、编辑电子表格的电子表格编辑器 Spread。

为了更好地凸显 Protel 公司在嵌入式领域、FPGA 设计领域以及 EDA 市场拥有多个品牌的市场地位，Protel 公司于 2001 年 8 月 6 日更名为 Altium 有限公司。Altium 公司可以代表所有产品品牌，并为未来发展提供一个统一的平台。

2002 年，Altium 公司重新设计了设计浏览器（DXP）平台，并且发布了第一个在新 DXP 平台上使用的产品——Protel DXP。

Protel DXP 具备了当今所有先进的设计特点，通过把设计输入仿真、PCB 绘制编辑、拓扑自动布线、信号完整性分析和设计输出等技术相融合，为用户提供了全新的设计解决方案。

### 2. OrCAD

OrCAD 是世界上使用最广泛的 EDA 软件之一，早在 DOS 环境下的版本就集成了电路原理图设计、PCB 设计、数字电路仿真和可编程逻辑器件设计等功能。

1998 年 OrCAD 公司与 Microsim 公司合并后，将该公司著名的 PSpice 产品纳入

OrCAD套装中，进一步增强了 OrCAD 的仿真功能。随后 OrCAD 公司在 2005 年与 Cadence公司合并。而作为 Allegro PCB 设计解决方案的有效补充，Cadence 将其定义为面向小规模设计团队和个人设计者的高性能 PCB 设计软件。下面简单介绍该软件的常用模块及其功能。

1) OrCAD/CaptureR

OrCAD 中原理图输入工具具有快捷通用的设计输入能力，它提供了设计一个新的电路原理图、修改现有 PCB 的原理图，以及绘制一个 HDL（Hardware Description Language，硬件描述语言）模块的方框图所需要的全部功能，并可以迅速验证设计。除了可设计模拟电路、数字电路和数/模混合电路的电路原理图外，还集成了元器件信息系统（Component Information System，CIS），以保证对元器件的高效管理。同时该软件的互联网组件助手（Internet Component Assistant，ICA）功能可在设计电路图的过程中从互联网上的元器件数据库中查阅、调用上百万种元器件。

2) OrCAD/PSpiceRA/D

OrCAD/PSpiceRA/D 电路仿真软件是一个全功能的模拟与混合信号仿真器，支持从高频到低功耗 IC 设计的电路设计。PSpice 仿真工具已和 OrCAD Capture 及 Concept HDL 电路编辑工具整合在一起，让工程师方便地在单一的环境里建立设计、控制仿真并得到结果。

3) OrCAD/LayoutR

OrCAD/LayoutR 是 PCB 设计软件，在新版本中为 OrCAD PCB Editor。可以直接将 OrCAD/Capture 生成的电路图通过手工或自动布局、布线方式转为 PCB 设计。

4) OrCAD SPECCTRA

OrCAD SPECCTRA 软件是市面上最先进的自动及手动布线软件。它能与 OrCAD PCB Editor 兼容，设计者能将电路板甚至是线路图上所定义的参数及设计规则传至SPECCTRA，内建的自动布线软件可以同时对 6 个信号层布线。

**3. ZUKEN CR5000**

成立于 1976 年的 ZUKEN INC（图研株式会社），是 EDA 行业一家专门从事 PCB/MCM/Hybrid 和 IC 封装设计软件开发、销售和提供支持服务的著名厂商。

ZUKEN CR5000 是一个功能强大而又直观的开放式设计环境，它提供无角度超强布线算法、自动化的表层过孔生成功能、自动化的网状层面生成功能等，同时还允许器件封装设计者方便快捷地进行芯片的 BGA、CSP、MCM 等高密度和高精细复杂封装设计。ZUKEN CR5000 Board Designer 是一款非常强大的电子整机系统 PCB 设计软件，也是业界最强大的 PCB 自动布线系统。

遗憾的是 ZUKEN CR5000 价格很昂贵，一个 ZUKEN CR5000 的 License 就要花费约 10 万美元，所以一般应用于高端的场合。

**4. Cadence Allegro 系统互联设计平台**

Cadence 公司是全球最大的 EDA 软件厂商和 PCB 设计的领导性厂商。Cadence Allegro 系统互连设计平台是一个从芯片设计到封装设计再到板级设计的一体化设计平台。该平台采用协同设计方法,可以帮助工程师迅速优化 I/O 缓冲、IC 封装和 PCE 之间的互连,能够有效缩短产品设计周期,降低硬件成本。

整个 Allegro 系统互连设计平台主要包括 PCB 专家系统、PCB 设计工具、FPGA 设计系统、自动布线专家系统、Allegro 浏览器、高速电路板系统设计和分析、高密度 IC 封装设计和分析以及模拟混合信号仿真系统等。其功能包括原理图输入,数字/模拟及混合电路仿真,FPGA 可编程逻辑器件设计,印制电路板布局、布线设计,自动布局和布线,信号完整性仿真等。在高速设计方面,该平台提供了一整套包括分析控制 SI、PI、EMI/EMC 等问题于一体的高速设计工具,并在传统物理约束的基础上扩充了电气约束功能,可以解决在设计环节中存在的与电气性相关的问题。通过对时序、反射、串扰、电源构造和电磁兼容等多方面因素进行分析,可以在进行实际布局和布线之前对系统的 SI、PI、EMI 等问题做一个最优化的设计,为用户的高速设计提供有力保证。Allegro 的高速设计工具包括一套科学、系统的思想方法,使用它可以避免设计过程中的盲目性,在设计过程中就能事先做到心中有数,保证设计的每一个产品都可靠、稳定,从而提高产品开发效率和性能。因此,Allegro 工具广泛应用于通信、计算机和家电等领域,并成为公司的设计标准平台。

**5. Mentor Graphics PADS**

Mentor Graphics 是电子设计自动化行业的先导,为客户的软硬件设计提供完整的解决方案,最大限度地帮助客户缩短开发周期,降低成本。当今电路板与半导体元件变得更加复杂,要把一个具有创意的想法转换成市场上的产品,要面临更多的挑战,为此,Mentor Graphics 提供了创新的产品与完整的解决方案,让工程师得以克服他们所面临的挑战。

Mentor Graphics 是面向高端 PCB 设计推出的 PADS 软件套装,为高速 PCB 设计提供信号完整性分析、原理输入、版图设计、自动布线等一整套解决方案。该系列产品包括如下内容:

(1) HyperLynx:工程化的高速 PCB 信号完整性与电磁兼容性分析环境。

(2) PADS Logic:工程化的多层/层次式的原理图创建环境。

(3) PADS Layout/Router:高效率的布局布线功能,解决复杂的高速/高密度互连。

(4) DxDesigner:功能强大的原理图创建设计数据管理环境。

### 7.5.3 高速电路 PCB 设计原则

要使电子电路获得最佳性能,元器件的布局及导线的布设很重要。虽然不同功能的电路有不同的设计要求,但是为了设计高可靠性和高性价比的 PCB,PCB 设计也有应遵循的一般性原则,这些原则简单总结如下。

**1. 布局**

首先,要考虑 PCB 尺寸大小。PCB 尺寸过大时,印制线条长,阻抗增加,抗噪声能力下降,成本也增加;尺寸过小时,则散热不好,且临近线条易受干扰。因此,PCB 尺寸大小要根据实际电路性能要求确定,不能简单地根据元器件数量和尺寸确定。

PCB 设计开始阶段的设计步骤:在确定 PCB 尺寸后,再确定特殊元件的位置;最后,根据电路的功能单元,对电路的全部元器件进行布局。

确定特殊元件的位置时要遵循以下原则:

（1）尽可能缩短高频元器件之间的连线，设法减少它们的分布参数和相互之间的电磁干扰。易受干扰的元器件不能相互挨得太近，输入和输出元件应尽量远离。

（2）某些元器件或导线之间可能有较高的电位差，应加大它们之间的距离，以免放电引出意外短路。带高压电的元器件应尽量布置在调试时手不易触及的地方。

（3）重量超过 15 g 的元器件，应当用支架加以固定，然后焊接。那些又大又重、发热量多的元器件，不宜装在印制板上，而应装在整机的机箱底板上，且应考虑散热问题。热敏元件应远离发热元件。

（4）对于电位器、可调电感线圈、可变电容器、微动开关等可调元件的布局应考虑整机的结构要求。若是机内调节，应放在印制板上方便调节的地方；若是机外调节，其位置要与调节旋钮在机箱面板上的位置相适应。

（5）应留出印制板定位孔及固定支架所占用的位置。

根据电路的功能单元，对电路的全部元器件进行布局时，要符合以下原则：

（1）按照电路的流程安排各个功能电路单元的位置，使布局便于信号流通，并使信号尽可能保持一致的方向。

（2）以每个功能电路的核心元件为中心，围绕它来进行布局。元器件应均匀、整齐、紧凑地排列在 PCB 上。应尽量减少和缩短各元器件之间的引线和连接。

（3）在高频下工作的电路，要考虑元器件之间的分布参数。一般电路应尽可能的最佳形状为矩形，长宽比为 3：2 或 4：3。电路板面尺寸大于 200 mm×150 mm 时，应考虑电路板所受的机械强度。

**2．布线**

布线应遵循以下原则：

（1）输入/输出端用的导线应尽量避免相邻平行。最好加线间地线，以免发生反馈耦合。

（2）印制板导线的最小宽度主要由导线与绝缘基板间的黏附强度和流过它们的电流值决定。当铜箔厚度为 0.5 mm、宽度为 1～15 mm 时，通过 2A 的电流，温度不会高于 3℃。因此，导线宽度为 1.5 mm 可满足要求。对于集成电路，尤其是数字电路，通常选 0.02～0.3 mm 导线宽度。当然，只要允许，还是尽可能用宽线，尤其是电源线和地线。导线的最小间距主要由最坏情况下的线间绝缘电阻和击穿电压决定。对于集成电路，尤其是数字电路，只要工艺允许，可使间距小于 5～8 mil。

（3）印制导线拐弯处一般取圆弧形，直角或夹角在高频电路中会影响电气性能。此外，应尽量避免使用大面积铜箔，否则，长时间受热时易发生铜箔膨胀和脱落现象。必须用大面积铜箔时，最好用栅格状，这样有利于排出铜箔与基板间黏合剂受热产生的挥发性气体。

**3．焊盘**

焊盘中心孔要比器件引线直径稍大一点，焊盘太大易形成虚焊。焊盘外径 $D$ 一般不小于 $(d+1.2)$mm，其中 $d$ 为引线孔径。对高密度的数字电路，焊盘最小直径可取 $(d+1.0)$mm。

**4．PCB 及电路抗干扰措施**

PCB 的抗干扰设计与具体电路有着密切的关系，这里仅就 PCB 抗干扰设计的几项常用措施作一些说明。

1) 电源线设计

根据印制电路板电流的大小，尽量加粗电源线宽度，减小环路电阻。同时，使电源线、地线的走向和数据传递的方向一致，这样有助于增强抗噪声能力。

2) 地线设计

在电子产品设计中，接地是控制干扰的重要方法。如能将接地和屏蔽正确结合起来使用，可解决大部分干扰问题。电子产品中地线结构大致有系统地、机壳地、数字地和模拟地等。在地线设计中应注意以下几点：

(1) 正确选择单点接地与多点接地。在低频电路中，信号的工作频率小于 1 MHz，它的布线和器件间的电感影响较小，而接地电路形成的环流对干扰影响较大，因而应采用一点接地的方式。当信号工作频率大于 10 MHz 时，地线阻抗变得很大，此时应尽量降低地线阻抗，应采用就近多点接地。当工作频率为 1～10 MHz 时，如果采用一点接地，其地线长度不应超过波长的 1/20，否则应采用多点接地。

(2) 数字地与模拟地分开。电路板上既有高速逻辑电路，又有线性逻辑电路，应使它们尽量分开，而二者的地线不要相混，分别与电源端地线相连。低频电路的地应尽量采用单点并联接地，实际布线有困难时可部分串联后再并联接地。高频电路宜采用多点串联接地，地线应短而粗，高频元件周围应尽量用栅格状大面积地箔。要尽量加大线性电路的接地面积。

(3) 接地线应尽量加粗。若接地线用很细的线条，则接地电位随电流的变化而变化，致使电子产品的定时信号电平不稳，抗噪声性能降低。因此应将接地线尽量加粗，使它能通过三倍于印制电路板的允许电流。如有可能，接地线的宽度应大于 3 mm。

(4) 接地线构成闭环路。设计只由数字电路组成的印制电路板的地线系统时，将接地线做成闭路可以明显地提高抗噪声能力。其原因在于：印制电路板上有很多集成电路元件，尤其遇到耗电多的元件时，因受接地线粗细的限制，会在地线上产生较大的电位差，引起抗噪声能力下降，若将接地线构成环路，则会缩小电位差值，提高电子设备的抗噪声能力。

3) 退耦电容配置

PCB 设计的常规做法之一是在印制板的各个关键部位配置适当的退耦电容。退耦电容的一般配置原则如下：

(1) 电源输入端跨接 10～100 μF 的电解电容器。如有可能，接 100 μF 以上的电容更好。

(2) 原则上每个集成电路芯片都应布置一个 0.01 μF 的瓷片电容，如遇印制板空隙不够，可每 4～8 个芯片布置一个 1～10 μF 的钽电容。

(3) 对于抗噪能力弱、关断时电源变化大的器件，如 RAM、ROM 存储器件，应在芯片的电源线和地线之间直接引入退耦电容。

(4) 电容引线不能太长，尤其是高频旁路电容不能有引线。

此外，应注意以下两点：

(1) 在印制板中有接触器、继电器、按钮等元件时，操作它们时均会产生较大火花放电，必须采用 $RC$ 电路来吸收放电电流。一般 $R$ 取 $1\sim2$ k$\Omega$，$C$ 取 $2.2\sim47$ $\mu$F。

（2）CMOS 的输入阻抗很高，且易受感应，因此在使用时对不用端要接地或接正电源。

### 7.5.4 高速电路 PCB 的布局布线策略

如上节所述，电路功能多种多样，信号性能各异，很难总结一种万能的 PCB 布局布线策略。关于高速电路 PCB 的布局布线策略参考资料很多，基于现有的资料和作者在此方面的设计经验，本小节将对高速电路 PCB 具体的布局布线策略进行简单总结。

**1. 布局**

（1）布局安排时，不同单元电路必须有各自独立的布局空间，禁止将它们混杂在一起。这些电路包括数字电路与模拟电路、高频电路与低频电路、其它的敏感电路与干扰源电路等。

（2）布局安排时，要考虑使板上的信号走线，特别是高速信号的走线和大电流信号走线的距离尽可能短。

（3）通常将电流较大、频率较高的电路靠近电源模块放置，有时敏感电路也需要尽可能靠近电源放置，但要注意和干扰源电路之间保持一定的间距，晶振等类似的驱动器器件应尽可能靠近被驱动电路放置。

（4）禁止将不相干信号线上的电感和类似器件就近平行放置，同时这些器件也要尽可能远离大电流信号线和高速信号线。

**2. 布线**

（1）对于一般的信号走线，为了减小线间的串扰，通常可遵循 $3W$（$W$ 表示线宽）规则走线，即从线的中点至相邻线中点的距离为 $3W$。当信号走线需要弯曲时，通常禁止直接成直角转弯，一般可以成 $45°$ 角连续转弯，对高频信号线建议采用圆弧形弯曲布线。高速差分信号线和类似信号线，尽可能在单板上同层、等长、对称、就近平行地走线。差分线对的中间不能走其它信号线，特别是高频、大电流的信号线。

（2）对于信号线，特别是高速信号线，要保证它们在走线方向上有一个连续的镜像平面。板上的信号走线构成的回路面积尽可能小。这个回路既包括地回路，也包括电源回路。电源与地之间同样需要使它们的回路面积尽可能小。

（3）对于多层板，必须尽可能保持地平面的完整性，通常不允许有信号线在地平面内走线，可能的情况下，通常更多将它们在电源平面内走线，而且将它们放置在板的边缘，并避免其它信号线，特别是高速信号线跨越它们走线。

（4）对于晶振或者其它一些高速敏感器件，尽可能不让信号线从器件下穿越，较好的做法是在器件底下铺一层地。

（5）对于相邻的两层信号走线，如果不可避免地需要相交，通常使它们十字相交。即使它们是平行走线，也建议使它们之间保持足够的间距。

# 习 题

7.1 如何区分高速信号和低速信号？

7.2 简述分析高速电路和低速电路的不同点。

7.3　试述传统 PCB 设计方法与针对高速电路 PCB 设计方法的异同点。

7.4　简述高速电路系统 PCB 设计的关键技术。

7.5　电阻、电容、电感及磁珠等电子元器件分别在低速电路和高速电路中的特性有哪些不同?

7.6　试述去耦电容和旁路电容功能上的不同点。

7.7　简述电感和磁珠在实际应用中的异同点。

7.8　判断以下信号的走线是否属于传输线:

信号 1:周期频率 100 MHz,上升沿时间 2 ns,走线长度 6 in。

信号 2:周期频率 100 MHz,上升沿时间 0.5 ns,走线长度 6 in。

# 参 考 文 献

[1] Tummala R R, Rymaszewski E J. Microelectronics Packaging Handbook. Van Nostrand Reinhold, 1988.

[2] Seraphim D P, Lasky R C, Che-Yu Li. Principles of Electronics Packaging. McGraw-Hill, 1989.

[3] Steinberg D S. Cooling Techniques for Electronic Equipment. 2nd ed. Wiley Interscience, 1991.

[4] Steinberg D S. Vibration Analysis for Electronic Equipment, 2nd ed. J. Wiley & Sons, 1989.

[5] Accelerated Testing Handbook. Technology Associates, 1987.

[6] Harris C M. Shock and Vibration. 3rd ed. McGraw-Hill, 1987.

[7] Klein-Wassink R J. Soldering in Electronics. 2nd ed. Electrochemical Publications, 1989.

[8] John Lau. Solder Joint Reliability. Van Nostrand Reinhold, 1991.

[9] Colin Lea. A Scientific Guide to Surface Mount Technology. Electrochemical Publications, 1988.

[10] Anderson D M. Design for Manufacturability. CIM Press, 1990.

[11] Coombs, C F, Jr. Printed Circuits Handbook. 4th ed. Mc-Graw Hill, Inc. , 1996.

[12] 林金堵，龚永林. 现代印制电路基础. 印制电路行业协会，2001 年 2 月.

[13] 杨宏强，龚永林，等. 印制电路板机械加工技术. 上海印制电路行业协会，2008.

[14] 金鸿，陈森，等. 印制电路技术. 北京：化学工业出版社，2009.

[15] 田文超. 电子封装、微机电与微系统. 西安：西安电子科技大学出版社，2012.

[16] 田文超. MEMS 原理、设计与分析. 西安：西安电子科技大学出版社，2009.

[17] 杨世铭，陶文铨. 传热学. 北京：高等教育出版社，2006.

[18] 刘焕玲. 典型等截面直微通道对流换热特性研究. 西安电子科技大学，2010.

[19] 周旭. 现代电子设备设计制造手册. 北京：电子工业出版社，2008.

[20] 马宁伟. 电子产品结构材料特性及其选择方法. 北京：人民邮电出版社，2010.

[21] 马永健. EMC 设计工程务实. 北京：国防工业出版社，2008.

[22] K. U. 理查德，B. D. 威廉. 高级电子封装. 李虹，等译. 北京：机械工业出版社，2010.

[23] 邱成悌，赵惇殳，蒋全兴. 电子设备结构设计原理. 南京：东南大学出版社，2005.

[24] 赵春林. 电子设备的热设计. 电子机械工程，2002，18(5)：40 - 42.

[25] 张瑜. 电子设备热设计与分析. 航空兵器，2011(2)：57 - 60.

[26] 徐超，何雅玲，杨卫卫，等. 现代电子器件冷却方法研究动态. 制冷与空调，

2003，3(4)：10 - 13.

[27]　李兵强. 微通道液冷冷板技术研究进展. 科技视界，2013(7)：60.

[28]　徐德好. 微通道液冷冷板设计与优化. 电子机械工程，2006，22(2)：14 - 18.

[29]　方润，王建卫，黄连帅，等. 电子封装的发展. 科协论坛，2012(2)：84 - 86.

[30]　黄春华，王麦成. 芯片封装技术知多少. 计量与测试技术，2005，32(1)：36 - 37.

[31]　Steinberg D S. 电子设备冷却技术. 李明锁，丁其伯，译. 北京：北京航空工业出版社，2012.

[32]　罗文功. BGA 封装的热应力分析及其热可靠性研究. 西安电子科技大学，2009.

[33]　郑建勇，张志胜，史金飞. 三维(3D)叠层封装技术及关键工艺. 2009 年全国博士生学术会议暨科技进步与社会发展跨学科学术研讨会，2009.

[34]　王文利，梁永生. 三维立体封装(3D)结构与热设计面临的挑战. 深圳信息职业技术学院学报，2007，5(4)：40 - 43.

[35]　陆晋，成立，王振宇，等. 先进的叠层式 3D 封装技术及其应用前景. 半导体技术，2006，31(9)：692 - 695.

[36]　戴锅生. 传热学. 2 版. 北京：高等教育出版社，1999.

[37]　李景. 有限元法. 北京：北京邮电大学出版社，1999.

[38]　严宗达，王洪礼. 热应力. 北京：高等教育出版社，1993.

[39]　王勖成，劭敏. 有限单元法基本理论和数值方法. 北京：清华大学出版社，1997.

[40]　徐芝纶. 弹性力学简明教程. 北京：高等教育出版社，2002.

[41]　周旭. 现代电子设备设计制造手册. 北京：电子工业出版社，2008.

[42]　马宁伟. 电子产品结构材料特性及其选择方法. 北京：人民邮电出版社，2010.

[43]　马永健. EMC 设计工程务实. 北京：国防工业出版社，2008.

[44]　中国电子学会生产技术学分会丛书编委会. 微电子封装技术. 合肥：中国科学技术大学出版社，2011.

[45]　季爱林，钟剑锋，帅立国. 大热流密度电子设备的散热方法. 电子机械工程，2013，29(6)：30 - 35.

[46]　魏超，刘召军，陶文铨. 电子器件空气自然冷却研究. 中国工程热物理学会 2008 年传热传质学学术会议，2008.

[47]　徐德好. 微通道液冷冷板设计与优化. 电子机械工程，2006，22(2)：14 - 18.

[48]　谢开旺，刘明，饶伟，等. 台式计算机液态金属冷却系统设计及评估. 计算机工程与科学，2010，32(3)：155 - 158.

[49]　李玉山，李丽平. 信号完整性分析. 北京：电子工业出版社，2005.

[50]　王剑宇，苏颖. 高速电路设计实践. 北京：电子工业出版社，2010.

[51]　Bogati E. 信号完整性分析：英文版. 北京：电子工业出版社，2007.

[52]　周润景，王伟亭. Cadence 高速电路板设计与仿真. 北京：电子工业出版社，2007.

[53]　张木水，李玉山. 信号完整性分析与设计. 北京：电子工业出版社，2010.

[54]　陈伟，周鹏. 高速电路信号完整性分析与设计. 北京：电子工业出版社，2009.

[55] 张华. 高速互连系统的信号完整性研究. 南京：东南大学，2005.

[56] 张建新. 高速 PCB 的信号和电源完整性问题研究. 西安电子科技大学，2012.

[57] 朱亚地. 高速 PCB 信号反射及串扰仿真分析. 西安电子科技大学，2012.

[58] 吴剑锋，李建清. 陶瓷与有机 PTC 热敏电阻高频特性研究. 东南大学学报：自然科学版，2002，32(4)：631 - 633.

[59] 王珂. EMC 元件高频特性的研究. 机电元件，2012，32(2)：19 - 21.